"十二五"普通高等教育本科国家级规划教材

高等学校遥感科学与技术系列教材

国家精品课程教材

数字图像处理

(第四版)

贾永红　编著

武汉大学出版社

图书在版编目(CIP)数据

数字图像处理/贾永红编著. —4版.—武汉:武汉大学出版社,2023.2
(2023.12重印)
高等学校遥感科学与技术系列教材 "十二五"普通高等教育本科国家级规划教材
ISBN 978-7-307-21336-4

Ⅰ.数… Ⅱ.贾… Ⅲ.数字图象处理—高等学校—教材 Ⅳ.TN911.73

中国版本图书馆 CIP 数据核字(2019)第 266346 号

责任编辑:鲍 玲　　责任校对:李孟潇　　版式设计:马 佳

出版发行:武汉大学出版社　　(430072 武昌 珞珈山)
(电子邮箱:cbs22@whu.edu.cn 网址:www.wdp.com.cn)
印刷:湖北金海印务有限公司
开本:787×1092　1/16　印张:19.75　字数:468 千字　插页:1
版次:2003 年 9 月第 1 版　2010 年 2 月第 2 版
　　2015 年 7 月第 3 版　2023 年 2 月第 4 版
　　2023 年 12 月第 4 版第 2 次印刷
ISBN 978-7-307-21336-4　　定价:49.00 元

版权所有,不得翻印;凡购买我社的图书,如有质量问题,请与当地图书销售部门联系调换。

高等学校遥感科学与技术系列教材
编审委员会

顾 问 李德仁 张祖勋

主 任 龚健雅

副主任 龚 龑 秦 昆

委 员（按姓氏笔画排序）

方圣辉 王树根 毛庆洲 付仲良 乐 鹏 朱国宾 李四维 巫兆聪

张永军 张鹏林 孟令奎 胡庆武 胡翔云 秦 昆 袁修孝 贾永红

龚健雅 龚 龑 雷敬炎

秘 书 付 波

序

  遥感科学与技术本科专业自2002年在武汉大学、长安大学首次开办以来，全国已有40多所高校开设了该专业。同时，2019年，经教育部批准，武汉大学增设了遥感科学与技术交叉学科。在2016—2018年，武汉大学历经两年多时间，经过多轮讨论修改，重新修订了遥感科学与技术类专业2018版本科培养方案，形成了包括8门平台课程(普通测量学、数据结构与算法、遥感物理基础、数字图像处理、空间数据误差处理、遥感原理与方法、地理信息系统基础、计算机视觉与模式识别)、8门平台实践课程(计算机原理及编程基础、面向对象的程序设计、数据结构与算法课程实习、数字测图与GNSS测量综合实习、数字图像处理课程设计、遥感原理与方法课程设计、地理信息系统基础课程实习、摄影测量学课程实习)，以及6个专业模块(遥感信息、摄影测量、地理信息工程、遥感仪器、地理国情监测、空间信息与数字技术)的专业方向核心课程的完整体系。

  为了适应武汉大学遥感科学与技术类本科专业新的培养方案，根据《武汉大学关于加强和改进新形势下教材建设的实施办法》，以及武汉大学"双万计划"一流本科专业建设规划要求，武汉大学专门成立了"高等学校遥感科学与技术系列教材编审委员会"，该委员会负责制定遥感科学与技术系列教材的出版规划、对教材内容进行审查等，确保按计划出版一批高水平遥感科学与技术类系列教材，不断提升遥感科学与技术类专业的教学质量和影响力。"高等学校遥感科学与技术系列教材编审委员会"主要由武汉大学的教师组成，后期将逐步吸纳兄弟院校的专家学者加入，逐步邀请兄弟院校的专家学者主持或者参与相关教材的编写。

  一流的专业建设需要一流的教材体系支撑，我们希望组织一批高水平的教材编写队伍和编审队伍，出版一批高水平的遥感科学与技术类系列教材，从而为培养遥感科学与技术类专业一流人才贡献力量。

2019年12月

前　言

《数字图像处理》第一版于2003年出版，此后2010年出版了第二版（普通高等教育"十一五"国家级规划教材），2015年出版了第三版（"十二五"普通高等教育本科国家级规划教材）。多年来，该书受到众多高等院校的重视并被选用为教材。当前我国已进入第二个百年建设社会主义现代化强国的发展征程，社会、经济和科学技术的持续快速发展对人才培养提出了新的更高要求。数字图像处理教材作为培养数字图像处理技术人才和拔尖创新人才的重要载体，为贯彻落实党的二十大报告提出的"加快建设教育强国、科技强国、人才强国，坚持为党育人，为国育才，全面提高人才自主培养质量"要求，第三版教材修订紧贴建设社会主义现代化强国需求，着眼于新一轮科技革命、大数据、人工智能、"互联网+"和遥感科技前沿领域等，并且充分采纳了多所高校师生的教材使用反馈意见。适逢全面贯彻落实党的二十大精神的开局之年，《数字图像处理》（第四版）的出版，以希为建设遥感科学与技术交叉学科和中国特色、世界一流的大学，为提高育人育才质量作出贡献。

该书为保证读者能全面了解数字图像处理的基本概念、方法及应用，并能进一步在图像处理与分析领域开展研究和技术开发，在内容上既选取了有代表性的经典内容，着重介绍了图像处理的基本概念和方法，又结合数字图像处理的发展前沿，积极吸纳新的科研成果反哺教学，保证教材内容的广度、深度和新颖性。在结构上依然由简到难，循序渐进地展开。从图像处理的应用特点出发，将理论与实践结合，以培养读者分析问题和解决问题的能力。本书中列举了许多示例；在每章最后附有习题、部分编程和上机操作内容。

本书主要包括四部分内容。第一部分是数字图像处理的基础，由导论、数字图像处理基础、图像变换和数学形态学四章组成；第二部分是狭义数字图像处理的理论、方法和实例，包括图像增强、图像复原与重建、图像编码与压缩；第三部分是图像特征提取与分析的理论、方法和实例，包括图像分割、二值图像处理与形状分析、影像纹理分析与应用、模板匹配与模式识别技术；第四部分是数字图像处理的应用。

本书可作为高校计算机科学与技术、电子工程、遥感、地理信息系统、自动化、医学、地质、矿业、通信、气象、农业等相关专业本科生和研究生教材，也可作为相关领域的大学教师、科研人员和工程技术人员的参考用书。

在本书编写过程中，参考了国内外已出版的大量书籍和已发表的论文，本人对该书中所引用论文和书籍的作者深表感谢。王玲、邹勤和贾文翰等同学参与了部分录入、校对工作，在此对以上人员表示衷心的感谢。

由于作者水平有限，书中难免有不足和不妥之处，恳请读者批评指正。

贾永红

2023年1月于武汉大学

目　录

第1章　导论 ·· 1
1.1　数字图像处理的概念 ·· 1
1.1.1　图像 ··· 1
1.1.2　图像处理 ··· 3
1.1.3　数字图像处理的内容 ······································ 3
1.1.4　数字图像处理与其他相关学科的关系 ············· 4
1.2　数字图像处理系统 ··· 5
1.2.1　硬件系统 ··· 5
1.2.2　软件系统 ··· 9
1.3　数字图像处理的特点及其应用 ···································· 10
1.3.1　数字图像处理的特点 ······································ 11
1.3.2　数字图像处理的应用 ······································ 11
习题 ·· 12

第2章　数字图像处理基础 ·· 13
2.1　人眼的视觉原理 ··· 13
2.1.1　人眼的构造 ··· 13
2.1.2　图像的形成 ··· 14
2.1.3　视觉亮度范围和分辨率 ·································· 14
2.1.4　视觉适应性和对比灵敏度 ······························ 15
2.1.5　亮度感觉与色觉 ··· 15
2.1.6　马赫带 ·· 17
2.2　连续图像的描述 ··· 18
2.3　图像数字化 ·· 19
2.3.1　采样 ·· 20
2.3.2　量化 ·· 21
2.3.3　数字图像的表示 ··· 21
2.3.4　采样、量化参数与数字化图像间的关系 ········· 22
2.3.5　图像数字化设备的组成及性能 ······················· 24
2.4　图像灰度直方图 ··· 28

2.4.1 概念 ·· 28
　　2.4.2 直方图的性质 ··· 28
　　2.4.3 直方图的应用 ··· 29
2.5 数字图像处理算法的形式 ·· 31
　　2.5.1 基本功能形式 ··· 31
　　2.5.2 几种具体算法形式 ··· 31
2.6 图像的数据结构与文件格式 ·· 35
　　2.6.1 图像的数据结构 ·· 35
　　2.6.2 图像文件格式 ··· 37
2.7 图像的特征与噪声 ·· 42
　　2.7.1 图像的特征类别 ·· 42
　　2.7.2 特征提取与特征空间 ·· 44
　　2.7.3 图像噪声 ··· 44
习题 ··· 46

第3章 图像变换 ·· 48
3.1 预备知识 ·· 48
　　3.1.1 点源和狄拉克函数 ··· 48
　　3.1.2 二维线性位移不变系统 ··· 49
3.2 傅里叶变换 ··· 51
　　3.2.1 连续函数的傅里叶变换 ··· 51
　　3.2.2 离散函数的傅里叶变换 ··· 53
　　3.2.3 二维离散傅里叶变换的若干性质 ····························· 55
3.3 其他可分离图像变换 ··· 59
　　3.3.1 通用公式 ··· 59
　　3.3.2 沃尔什变换 ·· 61
　　3.3.3 哈达玛变换 ·· 62
　　3.3.4 离散余弦变换 ··· 64
3.4 小波变换 ·· 65
　　3.4.1 连续小波变换 ··· 66
　　3.4.2 离散小波变换 ··· 69
3.5 多尺度几何分析 ··· 70
习题 ··· 71

第4章 图像增强 ·· 72
4.1 图像增强的点运算 ·· 73
　　4.1.1 灰度级校正 ·· 73
　　4.1.2 灰度变换 ··· 73

| 4.1.3　直方图修正法 · 74
| 4.1.4　局部统计法 · 82
4.2　图像的空间域平滑 · 83
    4.2.1　局部平滑法 · 83
    4.2.2　超限像素平滑法 · 83
    4.2.3　灰度最相近的 K 个邻点平均法 · 85
    4.2.4　梯度倒数加权平滑法 · 85
    4.2.5　最大均匀性平滑 · 85
    4.2.6　有选择保边缘平滑法 · 86
    4.2.7　空间低通滤波法 · 86
    4.2.8　中值滤波 · 87
4.3　空间域锐化 · 90
    4.3.1　梯度锐化法 · 90
    4.3.2　Laplacian 增强算子 · 93
    4.3.3　钝化掩蔽和高提升滤波 · 93
4.4　频率域增强 · 94
    4.4.1　频率域平滑 · 95
    4.4.2　频率域锐化 · 98
    4.4.3　同态滤波增强 · 99
4.5　彩色增强技术 · 100
    4.5.1　伪彩色增强 · 101
    4.5.2　彩色图像增强技术 · 103
4.6　图像代数运算 · 107
    4.6.1　加运算 · 107
    4.6.2　减运算 · 108
    4.6.3　乘运算 · 108
    4.6.4　除运算 · 108
习题 · 109

第 5 章　图像复原与重建 · 112

5.1　图像退化 · 112
    5.1.1　图像的退化 · 112
    5.1.2　图像退化的数学模型 · 112
5.2　代数恢复方法 · 114
    5.2.1　无约束复原 · 114
    5.2.2　约束最小二乘复原 · 115
5.3　频率域恢复方法 · 116
    5.3.1　逆滤波恢复法 · 116

5.3.2 去除由匀速运动引起的模糊 ································· 118
5.3.3 维纳滤波复原方法 ································· 120
5.4 几何校正 ································· 120
5.4.1 空间坐标变换 ································· 121
5.4.2 像素灰度内插 ································· 124
5.5 图像重建 ································· 126
5.5.1 计算机断层扫描的二维重建方法与应用 ································· 127
5.5.2 三维形状的复原 ································· 130
习题 ································· 132

第6章 图像编码与压缩 ································· 133
6.1 概述 ································· 133
6.1.1 图像数据压缩的必要性与可能性 ································· 133
6.1.2 图像编码系统与方法分类 ································· 134
6.2 图像保真度准则 ································· 135
6.2.1 客观保真度准则 ································· 135
6.2.2 主观保真度准则 ································· 135
6.3 统计编码方法 ································· 136
6.3.1 图像冗余度和编码效率 ································· 136
6.3.2 霍夫曼编码 ································· 137
6.3.3 费诺-香农编码 ································· 139
6.3.4 算术编码 ································· 139
6.3.5 行程编码 ································· 141
6.4 预测编码 ································· 142
6.4.1 线性预测编码 ································· 142
6.4.2 非线性预测编码 ································· 144
6.5 正交变换编码 ································· 144
6.5.1 变换编码原理 ································· 145
6.5.2 正交变换的性质 ································· 145
6.5.3 变换压缩的数学分析 ································· 145
6.5.4 最佳变换与准最佳变换 ································· 147
6.5.5 各种准最佳变换的性能比较 ································· 149
6.5.6 编码方法 ································· 150
6.6 图像编码的国际标准简介 ································· 151
6.6.1 静止图像压缩标准 ································· 151
6.6.2 运动图像压缩标准 ································· 152
6.6.3 二值图像压缩标准 ································· 152
习题 ································· 152

第7章 图像分割 ... 153
7.1 概述 ... 153
7.2 边缘检测 ... 154
7.2.1 梯度算子 ... 155
7.2.2 Roberts 梯度算子 ... 156
7.2.3 Prewitt 和 Sobel 算子 ... 156
7.2.4 方向算子 ... 156
7.2.5 拉普拉斯算子 ... 158
7.2.6 马尔算子 ... 158
7.2.7 Canny 边缘检测算子 ... 160
7.2.8 曲面拟合法 ... 162
7.3 边缘跟踪 ... 162
7.3.1 光栅扫描跟踪 ... 163
7.3.2 全向跟踪 ... 164
7.4 线检测 ... 165
7.4.1 Hough 变换检测直线 ... 165
7.4.2 广义 Hough 变换检测曲线 ... 166
7.5 区域分割 ... 168
7.5.1 最简单图像的区域分割 ... 168
7.5.2 复杂图像的区域分割 ... 170
7.5.3 特征空间聚类 ... 171
7.5.4 分水岭算法 ... 172
7.6 区域增长 ... 173
7.6.1 简单区域扩张法 ... 173
7.6.2 质心型增长 ... 174
7.6.3 混合型增长 ... 174
7.7 分裂合并法 ... 175
习题 ... 178

第8章 二值图像处理与形状分析 ... 179
8.1 二值图像的连接性和距离 ... 179
8.1.1 邻域和邻接 ... 179
8.1.2 像素的连接 ... 180
8.1.3 连接成分 ... 180
8.1.4 欧拉数 ... 181
8.1.5 像素的可删除性和连接数 ... 181
8.1.6 区域邻接图 ... 183
8.1.7 包含、击中、不击中 ... 184

8.1.8 距离 ··· 184
 8.2 连接成分的变形处理 ·· 185
  8.2.1 标记 ··· 185
  8.2.2 膨胀和收缩 ·· 186
  8.2.3 线图形化 ··· 188
 8.3 形状特征提取与分析 ·· 192
  8.3.1 区域内部形状特征提取与分析 ··· 193
  8.3.2 区域外部形状特征提取与分析 ··· 196
 8.4 关系描述 ··· 201
  8.4.1 字符串描述法 ·· 201
  8.4.2 树结构描述法 ·· 203
 习题 ·· 204

第9章 影像纹理分析 ·· 205
 9.1 概述 ·· 205
 9.2 直方图分析法 ··· 206
 9.3 Laws 纹理能量测量法 ··· 207
 9.4 自相关函数分析法 ·· 208
 9.5 灰度共生矩阵分析法 ··· 209
  9.5.1 灰度共生矩阵 ·· 209
  9.5.2 灰度共生矩阵特征的提取 ··· 210
  9.5.3 灰度-梯度共生矩阵分析法 ·· 212
 9.6 行程长度统计法 ··· 214
 9.7 傅里叶频谱分析法 ·· 215
 9.8 马尔可夫随机场分析法 ·· 217
  9.8.1 马尔可夫随机场的定义和基本性质 ··· 217
  9.8.2 纹理 MRF 模型参数提取与分析 ··· 218
 9.9 影像纹理的小波分析 ··· 219
 9.10 影像纹理的分形分析法 ··· 220
  9.10.1 分形 ·· 220
  9.10.2 分维 ·· 221
  9.10.3 分维特征提取与分析 ·· 222
 9.11 影像纹理的句法结构分析法 ··· 222
 9.12 影像纹理区域分割与边缘检测 ·· 223
  9.12.1 纹理区域分割 ··· 223
  9.12.2 纹理边缘检测 ··· 224
 习题 ·· 224

第 10 章　模板匹配与模式识别技术 ·················· 225
10.1　模板匹配 ························· 225
10.1.1　模板匹配方法 ···················· 225
10.1.2　模板匹配方法的改进 ················ 226
10.2　统计模式识别 ······················ 227
10.2.1　特征处理 ······················ 228
10.2.2　统计分类法 ···················· 229
10.3　结构模式识别法 ····················· 232
10.3.1　结构模式识别原理 ················· 232
10.3.2　树分类法 ······················ 234
10.4　智能模式识别 ······················ 235
10.4.1　机器学习 ······················ 235
10.4.2　人工神经网络 ···················· 236
10.4.3　深度学习与卷积神经网络 ·············· 241
习题 ······························· 246

第 11 章　数字图像处理的应用 ··················· 248
11.1　多源遥感影像像素级融合技术 ·············· 248
11.1.1　基本概念 ······················ 248
11.1.2　像素级影像融合过程与特点 ············ 248
11.1.3　多源遥感影像的空间配准方法 ··········· 249
11.1.4　像素级影像融合方法及其特点 ··········· 251
11.2　道路交通标志检测与识别 ················ 258
11.2.1　交通标志的基本特征 ················ 259
11.2.2　经典的交通标志检测与识别方法 ·········· 260
11.2.3　交通标志智能检测与识别方法 ··········· 264
11.3　OCR 文字识别技术 ··················· 269
11.3.1　版面分析方法 ···················· 270
11.3.2　文字识别技术 ···················· 271
11.4　运动图像分析 ······················ 275
习题 ······························· 277

第 12 章　数学形态学 ······················· 278
12.1　二值图像数学形态学 ··················· 278
12.1.1　膨胀与腐蚀 ····················· 278
12.1.2　开运算与闭运算 ··················· 280
12.1.3　击中击不中变换 ··················· 281
12.1.4　二值形态学实用算法 ················ 282

12.2 灰度形态学分析 ··· 286
　12.2.1 腐蚀 ·· 286
　12.2.2 膨胀 ·· 287
　12.2.3 开运算和闭运算 ·· 287
　12.2.4 基本运算性质 ·· 288
　12.2.5 灰度形态学实用算法 ·· 289
习题 ·· 292

附录　英汉专业术语对照 ·· 293

参考文献 ·· 300

第1章 导　　论

数字图像处理起源于20世纪20年代，当时通过海底电缆从英国的伦敦到美国的纽约采用数字压缩技术传输了第一幅数字照片。由于技术手段的限制，图像处理科学与技术的发展相当缓慢，直到第三代计算机问世后，数字图像处理才开始迅速发展并得到普遍应用。尤其是高级工程师 Godfrey N. Hounsfield 和 Allan M. Cormack 教授发明了计算机断层成像(Computerized tomography, CT)，获得了备受瞩目的诺贝尔奖，数字图像处理技术大放异彩。当今，数字图像处理技术在工农业生产、军事、公安、医疗、遥感、测绘、资源与环境调查检测、气象、安防等各个领域得到广泛应用。随着大数据、人工智能、机器人、汽车自动驾驶研究热潮的到来，特别是智能图像处理在人脸识别、智能机器人等领域取得的突破性进展，对数字图像处理技术的需求与日俱增。数字图像处理技术已成为一门与国计民生紧密相联的应用科学，为人类带来了巨大的经济和社会效益。在第四次工业革命中，数字图像处理科学无论是在理论上还是在实践上都存在着巨大的潜力。因此，学习钻研数字图像处理理论与方法以推动图像处理科学的发展及应用，为全面建设社会主义现代化国家和改善人民生活水平作出贡献，既是培养时代新人逐梦新时代、奋进新征程的使命要求，也是落实党的二十大精神的具体体现。

本章将概括地介绍数字图像处理的基本概念、系统组成、特点及其应用。

1.1 数字图像处理的概念

1.1.1 图像

图像是对客观对象的一种相似性的、生动性的描述或写真。或者说图像是客观对象的一种表示，它包含了被描述对象的有关信息。它是人们最主要的信息源。据统计，一个人获取的信息大约75%来自视觉。俗话说"百闻不如一见""一目了然"，都反映了图像在信息传递中的独特效果。

图像种类有很多，根据人眼的视觉特性可将图像分为可见图像和不可见图像，见图1.1.1。其中可见图像的一个子集为图片，它包括照片、线画图；另一个子集为光图像，即用透镜、光栅和全息技术产生的图像。不可见的图像包括不可见光成像，如红外、微波等的成像，和不可见量按数学模型生成的图像，如温度、压力及人口密度的分布图等。

图1.1.2是电磁波谱图。电磁波可视为以波长 λ 传播的正弦波，或视为没有质量的粒子流，每个粒子以波的形式传播并以光速运动。每个无质量的粒子都是具有一定(一束)能量的粒子，称为光子。电磁波谱可用波长、频率或能量来表示。波长(λ)和频率(v)的

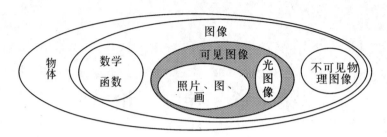

图1.1.1 图像种类

关系为

$$\lambda = c/v \tag{1.1.1}$$

式中，c是光速；波长λ的单位是米(m)，常用的单位是微米(表示为$1\mu m = 10^{-6} m$)和纳米(表示为nm，$1nm = 10^{-9} m$)；频率v用赫兹(Hz)来表示。

电磁波谱各分量的能量为

$$E = hv \tag{1.1.2}$$

式中，h是普朗克常数。常用的能量单位是电子伏特。

根据每个光子的能量对光谱波段进行分组，可以得到图1.1.2所示的光谱。由式(1.1.2)可以看出电磁现象的每个光子能量与频率成正比，频率高的更短波长的光子携带更多的能量。因此电磁波谱按波长由小到大(或能量由高到低)依次为γ射线、X射线、紫外线、可见光、红外、微波到无线电波。

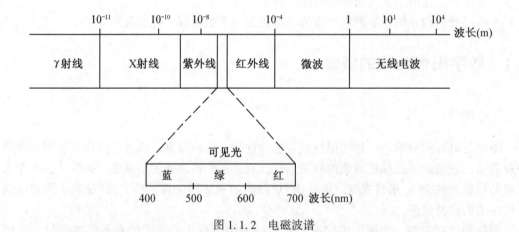

图1.1.2 电磁波谱

按图像所含波段数可分为单波段、多波段和超波段图像。单波段图像上每个点只有一个亮度值；多光谱图像上每个点具有多个特性。例如彩色图像上每个点具有红、绿、蓝三个亮度值；超波段图像上每个点具有几十个或几百个特性。

按图像空间坐标和亮度(或色彩)的连续性可分为模拟图像和数字图像。模拟图像指空间坐标和亮度(或色彩)都是连续变化的图像。数字图像是一种空间坐标和灰度均不连续的、用离散数字(一般用整数)表示的图像。

1.1.2 图像处理

对图像进行一系列的操作,以达到预期目的的技术称为图像处理。图像处理分为模拟图像处理和数字图像处理两种方式。

利用光学、照相的方法对模拟图像的处理称为模拟图像处理。光学图像处理方法已有很长的历史,在激光全息技术出现后,它得到了进一步的发展。尽管光学图像处理理论日臻完善,且并行处理速度快、信息容量大、分辨率高,但处理精度不高、稳定性差、设备笨重、操作不方便和工艺水平不高等缺点限制了它的发展速度。从20世纪60年代起,随着电子计算机技术的进步,数字图像处理获得了飞跃发展。

所谓数字图像处理,就是利用计算机对数字图像进行系列操作,从而达到某种预期目的的技术。数字图像处理离不开计算机,因此又称计算机图像处理。"计算机图像处理"与"数字图像处理"可视为同义语,为了与模拟图像处理相区别,本书采用"数字图像处理"。

1.1.3 数字图像处理的内容

自20世纪60年代以来,数字技术和微电子技术的迅猛发展为数字图像处理提供了先进的技术手段,数字图像处理也就从信息处理、自动控制系统论、计算机科学、数据通信、电子技术等学科中脱颖而出,成为研究"图像的获取、传输、存储、变换、显示、理解与综合利用"的一门崭新学科。

数字图像处理学所包含的内容是相当丰富的。根据抽象程度不同,数字图像处理可分为三个层次:狭义图像处理、图像分析和图像理解,如图1.1.3所示。

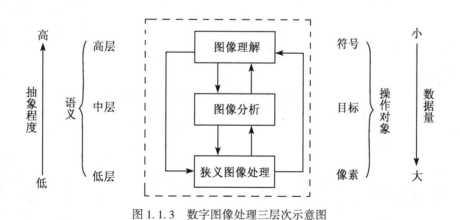

图1.1.3 数字图像处理三层次示意图

狭义图像处理是对输入图像进行某种变换得到输出图像,是一种图像到图像的过程。狭义图像处理主要指对图像进行各种操作以改善图像的视觉效果,或对图像进行压缩编码以减少所需存储空间或传输时间,降低对传输通道的要求。

图像分析主要是对图像中感兴趣的目标进行检测和测量,从而建立对图像目标的描述。图像分析是一个从图像到数值或符号的过程。

图像理解则是在图像分析的基础上，基于人工智能和认知理论研究图像中各目标的性质和它们之间的相互联系，对图像内容的含义加以理解以及对原来客观场景加以解译，从而指导和规划行动。如果说图像分析主要是以观察者为中心研究客观世界（研究可观察到的对象），那么图像理解在一定程度上是以客观世界为中心，借助知识、经验等来把握整个客观世界。

可见，狭义图像处理、图像分析和图像理解是相互联系又相互区别的。狭义图像处理是低层操作，它主要在图像像素级上进行处理，处理的数据量非常大；图像分析则进入了中层，经分割和特征提取，把原来以像素构成的图像转变成比较简洁的、非图像形式的描述；图像理解是高层操作，它是对描述中抽象出来的符号进行推理，其处理过程和方法与人类的思维推理有许多类似之处。由图1.1.3可见，随着抽象程度的提高，数据量逐渐减少。一方面，原始图像数据经过一系列的处理，逐步转化为更有组织和用途的信息。在这一过程中，语义不断引入，操作对象发生变化，数据量得到压缩。另一方面，高层操作对低层操作有指导作用，能提高低层操作的效率。

1.1.4 数字图像处理与其他相关学科的关系

数字图像处理是一门综合性边缘学科，它汇聚了光学、电子学、数学、摄影技术、计算机技术等众多方面的学科。从研究范围来看，它与计算机图形学、模式识别、计算机视觉等既有联系又有区别。

图1.1.4给出了数字图像处理三个层次的输入输出内容与计算机图形学、模式识别、计算机视觉等学科的联系。图形学原本指用图形、图表、绘图等形式表达数据信息的科学，目前计算机图形学研究利用计算机图形表示、处理与显示等的科学。和图像分析对比，两者的处理对象和输出结果正好相反。模式识别与图像分析比较相似，只是前者试图把图像抽象成用符号描述的类别。它们有相同的输入，而不同的输出结果之间可较方便地进行转换。至于计算机视觉，它主要强调用计算机去实现人的视觉功能，实现对客观世界

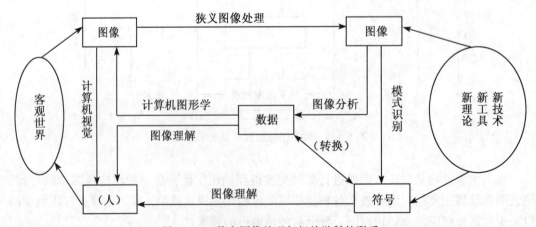

图1.1.4 数字图像处理与相关学科的联系

三维场景的感知、识别与推理。其中涉及图像处理的许多技术，研究内容主要与图像理解关系密切，图像理解是对图像的语文分析，研究图像中有什么目标及目标之间的相互关系，实现类似人类视觉系统理解客观世界的一门科学。

由此看来，以上学科相互联系，相互交叉，它们之间并没绝对的界限。虽各有侧重但又互为补充。另外，以上各学科都得到了人工智能、神经网络、遗传算法、模糊逻辑等新理论、新工具、新技术的支持，因此它们在近些年得到了快速的发展。

1.2　数字图像处理系统

图 1.2.1 是一个数字图像处理系统的基本组成框图。它包括图像处理硬件和软件。硬件部分由采集、显示、存储、网络通信、计算机五个模块组成。它与一般数据处理的计算机系统的不同之处在于，它必须有专用的输入输出和通信设备。图中各模块都有特定的功能，下面简要介绍各个模块。

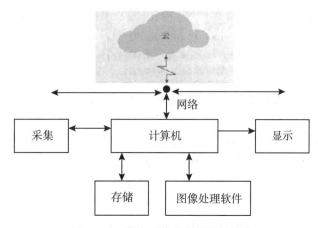

图 1.2.1　数字图像处理系统的构成

1.2.1　硬件系统

1) 数字图像采集

为采集数字图像，所用设备由两个部件组成：一个是对某一电磁波谱段(如 X 射线、紫外线、可见光、红外线等)敏感的物理传感器，它能产生与所接收到的电磁能量成正比的(模拟)电信号；另一个是模/数转换部件，它能将上述(模拟)电信号转化为数字(离散)的形式。所有数字图像采集设备都包含这两种部件。目前图像采集设备有照相机、数字摄像机和扫描仪等。此部分内容较详细的介绍见第 2 章 2.3 节。

2) 数字图像显示

对狭义图像处理来说，其目的是提供一幅便于分析、识别和解译的图像。对图像分析而言，可借助计算机图形学技术将分析的结果转换为更直观的图像形式进行展示，所以图像显示是图像处理中的重要内容之一。

图像的显示主要有两种形式：一种是通过 CRT 显示器、液晶显示器或投影设备等暂时性显示的软拷贝形式，商用计算机都配有显卡和 GPU，立体显示是通过用户所戴头盔中嵌入两个小显示屏来实现。另一种是通过胶片相机、激光打印机、热敏设备和喷墨设备等将图像输出到物理介质上的永久性硬拷贝形式。

打印设备一般用于输出较低分辨率的图像。以往打印灰度图像的一种简便方法是利用标准行打印机的重复打印功能输出图像，输出图像上任一点的灰度由该点打印的字符数量和密度来控制。近年来使用的各种热敏、喷墨、激光打印机和胶片相机等具有更好的性能，可打印出高分辨率的灰度图像和彩色图像。

值得一提的是，英伟达公司推出的图形处理芯片 GPU(Graphics Processing Unit)，其技术的发展速度以及应用的广泛程度令人瞩目。我国 2010 年推出的天河-1A 超级计算机，曾位列世界超级计算机 500 强的榜首，该计算机采用了 7168 片 GPU。"CPU+GPU"的异构结构成为超级计算机的主流架构。相对于其他多核计算技术，GPU 具有明显的高速、高精度浮点计算的优势，GPU 更拥有远远超过 CPU 的内存带宽。GPU 发展起步于图形，现在广泛应用于各种高速、高精度计算领域。英伟达公司在 2006 年推出了 GPU 的专用开发工具：CUDA(Compute Unified Device Architecture，统一计算架构)，允许 C 语言来编写 GPU 并行代码，这种软件生态环境大大促进了 GPU 的发展。

GPU 应用在图像处理方面已有较长时间了，GPU 技术已应用于视频智能分析。可以预见，嵌入式的 GPU 技术有望成为视频监控由"看"到"认知"这一飞跃的新贵。

3) 数字图像存储

图像的数据量往往很大，因而在图像处理和分析系统中，大容量和快速存取的图像存储器是必不可少的。在计算机中，图像数据量最小的度量单位是比特(bit)。存储器的存储单位有比特(bit)、字节(Byte)、千字节(KiloByte)、兆字节(MegaByte)、吉字节(GigaByte)、太字节(TeraByte)、拍字节(PetaByte)、艾字节(ExaByte)、泽字节(ZetaByte)、尧字节(YottaByte)等。例如，存储 1 幅 1024×1024 的 8bit 未压缩图像就需要 1Mbytes 的存储空间。用于图像处理和分析的数字存储可分为 3 类：快速短期的存储、相对快速的在线或联机存储、不频繁存取的数据库(档案库)存储。

计算机内存就是一种提供快速短期存储功能的存储器。目前微型计算机的内存容量范围在 128MB~192GB。另外一种提供快速存储功能的存储器是特制的硬件卡，即帧缓存或显存，它可存储多幅图像并以视频速度(每秒 25 幅或 30 幅图像)读取，也可以对图像进行放大和缩小、垂直翻转和水平翻转。显存容量从早期的 512KB、1MB、2MB 等极小容量，发展到 8MB、12MB、16MB、32MB、64M、128MB、256MB、512MB、1024MB，主流的是 2GB、4GB、8GB、16GB 的产品。专业显卡可达到 1TB 的显存。

固定硬盘是小型计算机和微型计算机必备的外部存储器。固定硬盘为计算机提供了大容量的存取介质，容量从早期几十 MB 提高到 12TB。硬盘技术还在继续向前发展，更大容量的硬盘将被推出。

软磁盘是一种最早使用的可移动存储介质，软磁盘有 8 英寸、5.25 英寸、3.5 英寸 3 种，但其中 3.5 英寸的 1.44MB 软盘最为常见。由于软磁盘存在可靠性差、容量小、速度慢、寿命短、容易损坏等缺点，逐步被光碟、闪存盘等移动存储介质所取代。

闪存盘是以闪存记忆体为存储介质，是由朗科发明的，朗科称之为"U 盘"。它是以 USB 为接口的一种存储介质，具有存储容量大、体积小、保存数据期长且安全可靠、方便携带、抗震性能强、防磁防潮、耐温、性价比高等突出优点，是软盘的理想替代品。

移动硬盘和 U 盘性能基本相同，可靠性高，数据保存可达十年以上，数据传输率较快，操作方便，支持热拔插，无需外接电源，只要插入主机的 USB 接口就可使用。但在外形和性价比上二者有很大的差别：U 盘重 1~20g，采用闪存技术，目前最大容量可达 1TB；1.8 寸和 2.5 寸移动硬盘重量轻，一般采用玻璃盘片存储技术，最大容量可达 1TB。3.5 寸移动硬盘较重，目前最大容量可达 12TB。除此之外，桌面式移动硬盘容量达到 50TB。

MO 是磁光盘（Magneto-optical Disk）的简称，它是传统磁盘技术与激光技术结合的产物，MO 盘片主要有 3.5 英寸和 5.25 英寸两种，3.5 英寸的存储容量有 128MB、230MB、540MB 和 640MB 等，5.25 英寸的有 1.3GB、2.6GB 和 5.2GB 等。MO 光盘一般都带有外保护盒，具有防尘和抗损伤的优点。MO 的致命缺点是无法在广泛使用的 CD-ROM 驱动器上读取，因而 MO 的应用范围受到了较大的限制。

CD-R 是英文 CD Recordable 的简称，指的是一种允许对 CD 进行一次性刻写的特殊存储技术。CD-RW 是英文 CD-rewritable 的简称，代表一种"重复写入"技术。CD-R/RW 光盘是现代多媒体应用的重要载体，CD-R 盘片直径为 12cm，可以保存大约 640MB 的数据，具有容量大、易保存、携带方便等特点。在各种大容量可擦写设备中 CD-R 光盘是记录成本最低的，因此 CD-R 盘片已逐渐成为大容量数据存储的主流产品。CD-RW 盘片是大容量存储产品中的后起之秀，它不仅解决了 CD-R 盘片只读不写的缺点，还使在光盘上刻录数据就像在磁盘上存储数据一样容易，可承担计算机工作过程中所有信息的暂存和永久保存。

PD 是"Phase Change Rewritable Optical Disk"的缩写，PD 盘片是松下电器公司采用相变光方式（phase change）存储的可重复擦写存储设备，是一种比 CD-RW 盘片性能更好、更稳定的光盘介质。

DVD 是"Digital Video Disc"的缩写。DVD 盘片是新一代的大容量光盘存储设备。目前有 DVD-R、DVD-RAM 和 DVD-RW 3 种盘片。和 CD-R 盘片一样，DVD-R 盘片只能够记录一次数据，而 DVD-RAM 和 DVD-RW 盘片则可以重写若干次。DVD 盘片根据容量的不同分成四种规格，分别是 DVD-5（4.7GB）、DVD-9（8.5GB）、DVD-10（9.4GB）与 DVD-18（17GB）盘片。在容量方面，DVD 盘片无疑是 CD 盘片的强有力竞争对手，DVD 盘片凭借其微小的道宽、高密度的记录线、缩短的激光波长、采用增大开光数的镜头等特点，跻身于大容量、高精度、高质量存储设备的前列。由于实现了两层化记录，DVD 盘片存储容量可达到 10GB 以上。可以预见，DVD-R/DVD-RW 盘片将是未来最有发展前途的大容量记录设备之一。

磁带是所有存储媒体中单位存储信息成本最低、容量最大、标准化程度最高的常用存储介质之一。采用离线硬拷贝方式，互换性好、易于保存。近年来，由于采用了具有高纠错能力的编码技术和即写即读的通道技术，大大提高了磁带存储的可靠性和读写速度。现在常用磁带主要有：QIC（Quarter Inch Cartridge，1/4 英寸磁带）磁带、DAT（Digital Audio Tape，4mm 磁带）磁带、8mm 磁带和 1/2 英寸磁带等。

在海量图像存储备份系统中，还常采用磁盘阵列、磁带库、光盘塔或光盘库等存储设备。

磁盘阵列又叫 RAID（Redundant Array of Inexpensive Disk，廉价磁盘冗余阵列），见图 1.2.2，它将多个硬磁盘组成一个阵列，数据以分段的方式存储在不同的磁盘中，能以快速、准确和安全的方式来读写相关磁盘数据。磁盘阵列有硬件磁盘阵列和软件磁盘阵列，根据不同的应用，磁盘阵列采用的技术分为 0、1、2、3、4、5 六个级别，最常用的是 0、1、3、4 四个级别。

图 1.2.2　磁盘阵列机

磁带库是一种可将多台磁带机整合到一个封闭机构中的箱式磁带备份设备。一般由数台磁带机、机械手和十盒到数十盒磁带构成，并可由机械手臂自动实现磁带拆卸和装填，存储容量可达到数百 PB，可以实现连续备份、自动搜索磁带，还可以在驱动管理软件控制下实现智能恢复、实时监控和统计，整个数据存储备份过程完全摆脱了人工干涉。

光盘塔由几台或十几台 CD-ROM 驱动器并联构成，由软件控制光驱读写信息的光盘柜装置。光盘库实际上是一种可存放几十张或几百张光盘，并带有机械臂和一个光盘驱动器的光盘柜。

以上信息存储器特点差异较大，应用环境也有较大区别。其中，磁带库更多地用于系统中的海量数据的定期备份，而磁盘阵列则主要用于系统中的海量数据的即时存取，光盘塔或光盘库主要用于系统中的海量数据的访问。

4）数字图像通信模块

图像通信是用来传送静止或活动图像信息的通信方式。图像通信可借助综合业务数字网、宽带网、公用交换电话网等实现。

近年来随着信息高速公路的建设，各种网络的发展非常迅速。因而，图像通信传输得到了极大的关注。另外，图像传输可使不同的系统共享图像数据资源，极大推动了图像在各个领域的广泛应用。图像通信可分为近程通信和远程通信两种。

近程图像通信主要指在不同设备间交换图像数据，现已有许多用于局域通信的软件和硬件以及各种标准协议。

远程图像通信主要指在图像处理系统间传输图像。长距离通信遇到的首要问题通常是图像数据量大而传输通道比较窄。例如目前常用的电话线的速率为 9600bit/s，如果以这样的速率传输 1 幅 512×512×8bit 的图像就需要 300s。利用中继站的无线传输速率比较高，但费用贵。因此，图像数据压缩与编码技术是解决这个问题的主要途径之一。

云通信是云计算（Cloud Computing）概念的一个分支，指用户利用软件即服务形式的瘦客户端或智能客户端，通过现有局域网或互联网线路进行通信，而无需经由传统电话线路的一种新型通信方式。在 ADSL 宽带、光纤、3G、4G 和 5G 等高速数据网络日新月异的年代，云通信给传统电信运营商带来了新的发展契机。基础网络运营商都瞄准了网络数据流量这个市场，随着运营商管道化趋势的不断发展，重要数据流量来源之一的云通信应用势必引领新一波 IT 产业。

5) 计算机

计算机无论是巨型机、小型机，还是微机，都可以用于图像处理。早期的数字图像处理系统为提高处理速度，增加容量，都采用大型计算机。现在小型机和微机都可用于图像处理。图像处理系统所用计算机正向两个方向发展：一个是以微机或工作站为主，配以图像卡和外设构成微型图像处理系统。其优点是系统成本低、设备紧凑、灵活、实用，便于推广。另一个是向大型机方向发展，具有并行处理功能，以解决数据量大、实时性与处理能力之间的矛盾。

1.2.2 软件系统

从图像处理的角度来看，计算机软件环境主要是指操作系统、计算机语言和数据库。操作系统的主要功能是管理、应用计算机的所有资源，如 CPU、存储体、硬盘、打印机，使整个计算机达到最佳使用状况，并让用户方便地完成计算任务。包括 DOS、Windows、Unix、Linux 和 MacOS 等操作系统。

在编程语言方面，早期的图像处理系统曾使用 BASIC、FORTRAN 语言编程，后来多用 C 语言，现在主要采用 Visual C++。Visual C++ 包含了功能强大的基于 Windows 的应用框架，具有很好的视窗功能和外设的管理功能。编制设备驱动程序和中断程序等使用汇编语言。

Java 语言的应用越来越普遍了。Java 源于嵌入计算，成长于网络计算，Java 体现的跨平台、面向对象、分布式、可靠性、安全性、可移植性、多线程等特性，为 Internet 的使用提供了一种良好的开发和运行环境。成为 Internet 适用的语言。Java 在图像处理系统中的应用是不容置疑的，用浏览器的方式可以方便地实现交互查询。

数据库是计算机软件的一个重要分支，它是为了解决文件系统管理数据时的冗余度大、缺乏数据独立性、数据无集中管理等问题而开发的，如今已经渗入计算机应用的各个领域。关系数据库是数据库的主流，关系数据库技术十分成熟，可靠性较高，有统一的标准查询语言 SQL 和比较方便的开发工具。成熟的大型关系数据库有 DB2、Oracle、Informix、Sybase、Microsoft SQL Server 等。关系数据库除了支持普通数据类型，还支持可变长度的大块二进制数据。这种数据类型可以用于存储图像、声音、视频等。大型网络关系数据库服务器必须运行于网络操作系统之上。针对不同的网络操作系统，大型关系数据库有不同的版本。由于 Linux 迅速发展，Oracle、JBM、Sybase 和 Informix 等公司都推出了运行于 Linux 的数据库系统。目前，数据库的另一个发展方向是内存数据库，利用内存计算获得了对数据库的高效访问。

在图像应用系统中，特别是基于图像内容的查询，较多地应用数据库。

不同时期，图像软件系统有不同的特点。但在一些基本功能上是一致的。图像软件系统一般应具有以下功能：

(1) 图像的输入和输出；
(2) 图像的存储与加载；
(3) 系统的管理；
(4) 图像处理；
(5) 图像的通信。

图像软件系统是分层构造的，图1.2.3给出了图像软件系统的分层结构。图中虚线框部分是图像软件系统；底层是硬件驱动层，主要解决和硬件的连接问题；中间层是处理层，主要实现各种各样的算法；最上面一层是数据的存储和通信。图像硬件驱动是一个复杂的问题，一般来说，驱动硬件设备，可以采用以下3种方法：

(1) 提供高级语言调用子程序；
(2) 提供可安装的设备驱动程序；
(3) 提供通用的设备驱动程序。

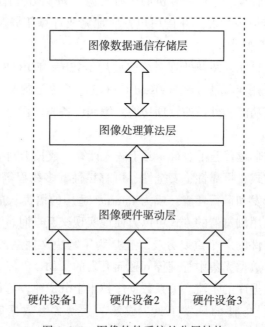

图1.2.3 图像软件系统的分层结构

1.3 数字图像处理的特点及其应用

在计算机出现之前，模拟图像处理(如借助光学、摄影等技术的处理)占据主导地位。随着计算机的发展，数字图像处理发展迅猛。但与人类对视觉机理着迷的历史相比，它是一门相对年轻的学科。尽管目前一般采用顺序处理的计算机，对大数据量的图像处理速度不如光学方法快，但是其处理的精度高，实现多种功能的、高度复杂的运算求解非常灵活方便。在其短短的历史中，它已成功地应用于几乎所有与成像有关的领域，并正在发挥相当重要的作用。

1.3.1 数字图像处理的特点

同模拟图像处理相比，数字图像处理有很多优点。主要表现在：

1. 精度高

对一幅图像数字化时，不管是用 4 bit、8 bit 还是其它比特量化，处理图像所用的计算机程序几乎是一样的。如果增加图像像素数使处理图像变大，也只需改变数组的参数，处理方法不变。因此从原理上讲，不管处理多高精度的数字图像都是可能的。而对于模拟图像处理，要想使精度提高一个数量级，就必须对模拟图像处理装置进行大幅度改进。

2. 再现性好

不管何种数字图像，均可用数组或数组集合表示，这样计算机容易处理。因此，在传送和复制数字图像时，都在计算机内部进行处理，数据就不会丢失或遭破坏，能保持图像数据不变，具备完好的再现性。而在模拟图像处理过程中，就会因为各种因素干扰而无法保持图像的再现性。

3. 通用性、灵活性强

不管是可见光成像还是 X 线、红外线、超声波等不可见光成像，尽管成像设备规模和精度各不相同，但把图像信号直接进行模拟/数字(A/D)变换，或记录成照片再数字化，对于计算机来说，数字图像都能用数组表示。不管何种数字图像都可以用同样的方法来处理，这就是数字图像处理的通用性。另外，可设计各种各样的处理程序，实现上下滚动、漫游、拼图、合成、变换、缩放和各种逻辑运算等功能，所以数字图像处理具有很强的灵活性。

1.3.2 数字图像处理的应用

数字图像处理和计算机、多媒体、智能机器人、专家系统等技术的发展紧密相关。近年来计算机识别和理解图像的技术发展很快，图像处理的目的除了直接供人观看(如医学图像用于医生观察诊断)外，在计算机视觉应用方面有进一步发展(如邮件自动分检、车辆自动驾驶等)。下面仅罗列一些典型应用事例，而实际应用更广。

1. 在生物医学中的应用

主要包括显微图像处理，DNA 显示分析，红、白血球分析计数，虫卵及组织切片的分析，癌细胞识别，染色体分析，心血管数字减影，内脏大小形状及异常检测，微循环的分析判断，心脏活动的动态分析，热像、红外像分析，X 光照片增强、冻结及伪彩色增强，超声图像增强及伪彩色处理，CT、MRI、γ 射线照相机，正电子和质子 CT 的应用，专家系统如手术 PLANNING 规划的应用，生物进化的图像分析等。

2. 在遥感航天中的应用

主要包括卫星图像分析与应用，地形、地图测绘，国土、森林、海洋资源调查，地质、矿藏勘探，水资源调查与洪水灾害监测，农作物估产与病虫害调查，自然灾害、环境污染的监测，气象图的合成分析与预报，天文、太空星体的探测与分析，交通选线等。

3. 工业应用

主要包括零部件无损检测、焊缝及内部缺陷检查，流水线零件自动检测识别，邮件自动分检，印制板质量、缺陷的检出，生产过程的监控，交通管制、机场监控，金相分析，运动车辆、船只的监控，密封元器件内部质量检查，自动驾驶等。

4. 在军事公安领域中的应用

主要包括巡航导弹地形识别，指纹自动识别，罪犯脸型的合成，侧视雷达的地形侦察，遥控飞行器的引导，目标的识别与制导，自动火炮控制，反伪装侦察，印章的鉴别，过期档案文字的复原，集装箱的不开箱检查等。

5. 其他应用

主要包括图像的远距离通信、可视电话、服装试穿显示、理发发型预测显示、电视会议、视频监控等。

习题

1. 什么是图像？模拟图像处理与数字图像处理主要区别表现在哪些方面？
2. 数字图像处理包括哪几个层次？各层次之间有何区别和联系？
3. 数字图像处理主要与哪些学科有关？
4. 数字图像处理系统由哪些模块组成？各模块起何作用？
5. 数字图像处理主要应用有哪些？举例说明。

第 2 章 数字图像处理基础

数字图像处理的目的之一是帮助人们更好地观察和理解图像中的信息,也就是说,其最终要通过人眼来判断所处理的结果。因此,首先有必要研究人类视觉系统的特点,熟悉与掌握数字图像处理基本知识。

2.1 人眼的视觉原理

2.1.1 人眼的构造

人眼是一个平均半径为 20mm 的球状器官。它由三层薄膜包围着,如图 2.1.1 所示。

眼球最外层是坚硬的蛋白质膜,由角膜、巩膜组成。其中位于前方的大约 1/6 部分为有弹性的透明组织,称为角膜,光线从这里进入眼内。其余 5/6 为白色不透明组织,称为巩膜,它的作用是维持眼球形状和保护眼内组织。

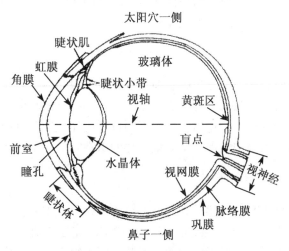

图 2.1.1 眼球的水平剖面图

中间一层由虹膜、睫状体和脉络膜组成。虹膜的中间有一个圆孔,称为瞳孔(直径在 2~8mm 之间)。虹膜的作用是调节晶状体厚度,控制瞳孔的大小,以控制进入眼睛内部的光通量大小,其作用和照相机中的光圈一样。由于人种的不同,虹膜也具有不同的颜色,如黑色、蓝色、褐色等。睫状体前接虹膜根部,后接脉络膜,外侧为巩膜,内侧则通过悬韧带与晶体赤道部相连。睫状体经悬韧带调节晶体的屈光度，以看清远近物。脉络膜位于巩膜和视网膜之间。脉络膜的血循环营养视网膜外层，其含有的丰富色素起遮光暗房作用。同时对人的视觉系统起保护作用，对整个视觉神经有调节作用。

最内层为视网膜，它的表面分布有大量光敏细胞。这些光敏细胞按照形状可以分为锥状细胞和杆状细胞两类。每只眼睛中有600万~700万个锥状细胞，并集中分布在视轴和视网膜相交点附近的黄斑区内。每个锥状细胞都连接一个神经末梢，因此，黄斑区对光有较高的分辨率，能充分识别图像的细节。锥状细胞既可以分辨光的强弱，也可以辨别色彩，白天视觉过程主要靠锥体细胞来完成，所以锥状视觉又称白昼视觉。杆状细胞数目更多，每只眼睛中有7600万~15000万个。然而，由于它广泛分布在整个视网膜表面上，并且有若干个杆状细胞同时连接在一根神经上，这条神经只能感受多个杆状细胞的平均光刺激，使得在这些区域的视觉分辨率显著下降，因此无法辨别图像中的细微差别，而只能感知视野中景物的总的形象。杆状细胞不能感觉彩色，但它对低照明度的景物往往比较敏感。夜晚所观察到的景物只有黑白、浓淡之分，而看不清它们的颜色差别，这是由于夜晚的视觉过程主要由杆状细胞完成，所以杆状视觉又称夜视觉。

除了三层薄膜以外，在瞳孔后面还有一个扁球形的透明体，称为水晶体。它由许多同心的纤维细胞层组成，由称作睫状小带的肌肉支撑着。水晶体的作用如同可变焦距的一个透镜，它的曲率可以由睫状肌的收缩进行调节。睫状肌是位于虹膜和视网膜之间的三角组织，其作用是改变水晶体的形状，从而使景象始终能刚好地聚焦于黄斑区。

角膜和水晶体包围的空间称为前室，前室内是对可见光透明的水状液体，它能吸收一部分紫外线。水晶体后面是后室，后室内充满的胶质透明体称为玻璃体，它起着保护眼睛的滤光作用。

2.1.2 图像的形成

人眼在观察景物时，光线通过角膜、前室水状液、水晶体、后室玻璃体，到达在视网膜的黄斑区周围。视网膜上的光敏细胞感受到强弱不同的光刺激，产生强度不同的电脉冲，并经神经纤维传送到视神经中枢，由于不同位置的光敏细胞可产生与接受光线强弱成比例的电脉冲，所以，大脑中便形成了一幅景物的感觉。

2.1.3 视觉亮度范围和分辨率

视觉亮度范围是指人眼所能感觉到的亮度范围。这一范围非常宽，从百分之几 cd/m^2 到几百万 cd/m^2。但是，人眼并不能同时感受这样宽的亮度范围。事实上，在人眼适应了某一平均亮度的环境以后，它所能感受的亮度范围要小得多。当平均亮度适中时，能分辨的亮度上、下限之比为1000∶1。而当平均亮度较低时，该比值可能只有10∶1。即使是客观上相同的亮度，当平均亮度不同时，主观感觉的亮度也不相同。人眼的明暗感觉是相对的，但由于人眼能适应的平均亮度范围很宽，所以总的视觉范围很宽。

人眼的分辨率是指人眼在一定距离上能区分开相邻两点的能力，可以用能区分开的最小视角 θ 之倒数来描述。如图2.1.2所示。

θ 的表达式为

$$\theta = \frac{d}{l} \quad (2.1.1)$$

式中：d 表示能区分的两点间的最小距离；l 为眼睛和这两点连线的垂直距离。

人眼的分辨率和环境照度有关，当照度太低时，只有杆状细胞起作用，则分辨率下降；但照度太高也无助于分辨率的提高，因为可能引起"眩目"现象。

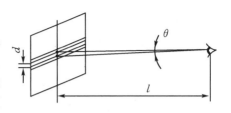

图 2.1.2 人眼分辨率的计算

人眼分辨率还和被观察对象的相对对比度有关。当相对对比度小时，对象和背景亮度很接近，会导致人眼分辨率下降。

2.1.4 视觉适应性和对比灵敏度

当我们从明亮的阳光下走进正在放映电影的影院里时，会感到一片漆黑，但过一会儿后，视觉便会逐渐恢复，人眼这种适应暗环境的能力称为暗适应性。通常这种适应过程约需 30s。人眼之所以产生暗适应性，一方面是由于瞳孔放大的缘故，另一方面更重要的是因为完成视觉过程的视敏细胞发生了变化，由杆状细胞代替锥状细胞工作。由于前者的视敏度约为后者的 10000 倍，所以，人眼受微弱的光刺激又恢复了感觉。

和暗适应性相比，明适应性过程要快得多，通常只需几秒钟。例如，在黑暗中突然打开电灯时，人的视觉几乎马上就可以恢复。这是因为锥状细胞恢复工作所需的时间要比杆状细胞少得多。

为了描述图像亮度的差异，需要给出对比度(反差)和相对对比度的概念。

图像对比度是图像中最大亮度 B_{max} 与最小亮度 B_{min} 之比。即

$$C_1 = \frac{B_{max}}{B_{min}} \quad (2.1.2)$$

它表示图像最大亮度对最小亮度的倍数。

相对对比度是图像中最大亮度 B_{max} 与最小亮度 B_{min} 之差同 B_{min} 之比。即

$$C_r = \frac{B_{max} - B_{min}}{B_{min}} \quad (2.1.3)$$

2.1.5 亮度感觉与色觉

人眼对亮度差别的感觉取决于相对亮度的变化，于是，亮度感觉的变化 ΔS 可用相对亮度变化 $\frac{\Delta B}{B}$ 来描述。即

$$\Delta S = k' \frac{\Delta B}{B} \quad (2.1.4)$$

经积分后得到的亮度感觉为

$$S = K' \ln B + K_0 \quad (2.1.5)$$

式中：K' 为常数，该式表明亮度感觉与亮度 B 的自然对数成线性关系。

图 2.1.3 表示主观亮度感觉与亮度的关系曲线，实线表示人眼能感觉的亮度范围，其大小为 $10^{-4} \sim 10^{4} \mathrm{cd/m^2}$（cd 代表坎德拉），但当眼睛已适应某一平均亮度时，其可感觉的亮度范围很窄，如图 2.1.3 中虚线所示。

由此可见，人眼在适应某一平均亮度时，黑、白感觉对应的亮度范围较小，随着平均亮度的下降，黑白感觉的亮度范围变窄。黑、白亮度感觉的相对性给图像传输与重现带来了方便，体现在以下两个方面：

(1)重现图像的亮度不必等于实际图像的亮度，只要保持两者的对比度不变，就能给人以真实的感觉。

(2)人眼不能感觉出来的亮度差别在重现图像时不必精确地复制出来。

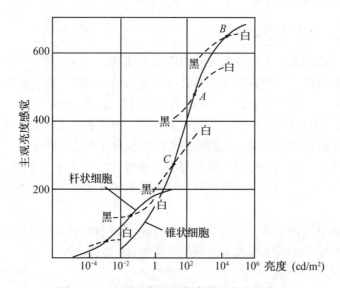

图 2.1.3 人眼的主观亮度感觉和亮度的关系

正常人的眼睛不仅能够感受光线的强弱，而且还能辨别不同的颜色。人辨别颜色的能力叫色觉，它是指视网膜对不同波长光的感受特性，即在一般自然光线下分辨各种不同颜色的能力。这主要是黄斑区中的锥体感光细胞的功劳，它非常灵敏，只要可见光波长相差 3~5nm 人眼即可分辨。

正常人色觉光谱的范围由 400nm 的紫色到 760nm 的红色，其间大约可以区别出 16 种色调。人眼视网膜锥体感光细胞内有三种不同的感光色素，它们分别对 570 nm 的红光、535 nm 的绿光和 445 nm 的蓝光吸收率最高，红、绿、蓝三种光混合比例不同形成不同的颜色，从而人眼会产生各种色觉。

色觉正常的人在明亮条件下能看到可见光谱的各种颜色，它们从长波一端向短波一端的顺序是：红色(700nm)，橙(620nm)，黄色(580nm)，绿色(510nm)，蓝色(470nm)，紫色(420nm)。此外，人眼还能在上述两个相邻颜色范围的过渡区域看到各种中间颜色。

物体的色是人的视觉器官受光后在大脑中的一种反映。物体的色取决于物体对各种波长光线的吸收、反射和透射能力。因此，物体分消色物体和有色物体。

1. 消色物体与有色物体

消色物体是指黑、白和灰色物体。这类物体对照明光线具有非选择性吸收的特性，即光线照射到消色物体上时，消色物体对各种波长入射光是等量吸收的，因而反射光或透射光的光谱成分与入射光的光谱成分相同。当白光照射到消色物体上时，反射率在75%以上的消色物体呈白色；反射率在10%以下的消色物体呈黑色；反射率介于两者之间的消色物体呈灰色。

有色物体对照明光线具有选择吸收的特性，即光线照射到有色物体上时，有色物体对入射光中各种波长光的吸收是不等量的，有的吸收多，有的吸收少。白光照射到有色物体上，有色物体反射或透射的光线与入射光线相比，不仅亮度减弱，而且光谱成分会变少，因此呈现出各种不同的颜色。

2. 光源的光谱成分对物体颜色的影响

当有色光照射到消色物体上时，物体反射光的光谱成分与入射光的光谱成分相同。当两种或两种以上有色光同时照射到消色物体上时，物体呈加色法效应。如图2.1.4(a)所示，红、绿、蓝三种色光称为三基色，黄、品、青三种色光称为三补色。加色法原理是利用三基色光相加获得彩色影像的方法。如强度相同的红光和绿光同时照射白色物体，该物体就呈黄色。

当有色光照射到有色物体上时，物体的颜色呈减色法效应。如图2.1.4(b)所示，减色法原理是利用白光中减去补色以获取彩色影像的方法。如黄色物体在品红光照射下会呈现红色，在青色光照射下会呈现绿色，在蓝色光照射下会呈现灰色或黑色。

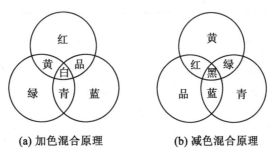

(a) 加色混合原理　　　　(b) 减色混合原理

图 2.1.4　色的混合原理

2.1.6　马赫带

马赫带效应是1868年由奥地利物理学家 E. 马赫发现的一种明度对比现象，是指人们在明暗交界处感到亮处更亮、暗处更暗的现象。它是一种主观的边缘对比效应。如图2.1.5所示。当观察两块亮度不同的区域时，边界处亮度对比加强，使轮廓表现得特别明显。

马赫带效应是人类的视觉系统造成的。生理学对马赫带效应的解释是：人类的视觉系统有增强边缘对比度的机制。在亮度突变处产生亮度过冲现象，这种过冲对人眼所见的景物有增强其轮廓的作用。

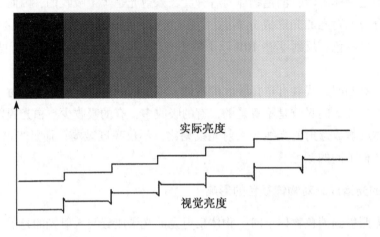

图 2.1.5　马赫带效应示意图

视错觉就是当人观察物体时，基于经验主义或不当的参照形成错误的判断和感知，亦是观察者在客观因素干扰或者自身的心理因素支配下，对图形产生的与客观事实不相符的错误的感觉。如图 2.1.6(a)～(c)所示，分别产生大小错觉、长短错觉、方向错觉。

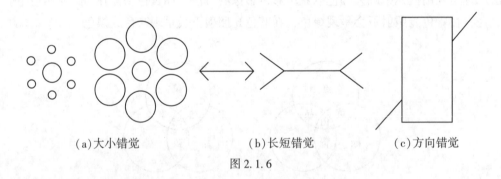

(a)大小错觉　　　　　　(b)长短错觉　　　　　　(c)方向错觉

图 2.1.6

2.2　连续图像的描述

一幅图像可以被看做空间上各点光强度的集合。假设二维图像中任意像点的光强为 g，则 g 与像点的空间位置 (x, y)、光线的波长 λ 和时间 t 有关。其数学表达式为

$$g = f(x, y, \lambda, t) \tag{2.2.1}$$

若只考虑光的能量而不考虑其波长，图像视觉上则表现为非彩色影像，称之为亮度图像，其图像函数为

$$g = f(x, y, t) = \int_0^\infty f(x, y, \lambda, t) V_s(\lambda) \mathrm{d}\lambda \tag{2.2.2}$$

式中：$V_s(\lambda)$ 为相对视敏函数。

若考虑不同波长光的色彩效应，则图像在视觉上表现为彩色图像，其图像函数为

$$g = \{f_r(x, y, t), f_g(x, y, t), f_b(x, y, t)\} \tag{2.2.3}$$

式中：

$$f_r(x, y, t) = \int_0^\infty f(x, y, \lambda, t) R_s(\lambda) \mathrm{d}\lambda$$

$$f_g(x, y, t) = \int_0^\infty f(x, y, \lambda, t) G_s(\lambda) \mathrm{d}\lambda \tag{2.2.4}$$

$$f_b(x, y, t) = \int_0^\infty f(x, y, \lambda, t) B_s(\lambda) \mathrm{d}\lambda$$

$R_s(\lambda)$、$G_s(\lambda)$、$B_s(\lambda)$ 依次为红、绿、蓝三原色视敏函数。

图像内容随时间变化的系列图像称为运动图像，图像内容不随时间变化的图像称为静止图像。静止图像是本书研究的重点，一般用 $f(x, y)$ 表示。因为光是能量的一种形式，故 $f(x, y)$ 大于或等于零，即

$$0 \leqslant f(x, y) < \infty \tag{2.2.5}$$

在每天的视觉活动中，人眼看到的图像一般都是由物体反射的光组成的。因此，$f(x, y)$ 可被看成由两个分量组成：一个分量是在所见场景上的入射光量；另一分量是场景中物体反射光量的能力，即反射率。这两个分量被称为照射分量和反射分量，分别表示为 $i(x, y)$ 和 $r(x, y)$。函数 $i(x, y)$ 和 $r(x, y)$ 之积形成 $f(x, y)$，即

$$f(x, y) = i(x, y) \cdot r(x, y) \tag{2.2.6}$$

式中：

$$0 \leqslant i(x, y) < \infty \tag{2.2.7}$$

$$0 \leqslant r(x, y) \leqslant 1 \tag{2.2.8}$$

式(2.2.8)表示反射分量在极限 0（全吸收）和 1（全反射）之间。$i(x, y)$ 的性质由光源确定，而 $r(x, y)$ 则由景物中物体的特性而定。

图像 $f(x, y)$ 在 (x, y) 处的强度称为图像在该点的亮度（l），由式(2.2.6) ~ 式(2.2.8)可知，l 的范围为

$$L_{\min} \leqslant l \leqslant L_{\max} \tag{2.2.9}$$

在理论上，对 $L_{\min}$ 的唯一要求是它必须为正，对 $L_{\max}$ 的要求是它必须有限。间隔 $[L_{\min}, L_{\max}]$ 叫做亮度范围。

2.3 图像数字化

图像数字化是将一幅画面转化成计算机能处理的形式——数字图像的过程。

具体来说，就是把一幅图画分割成如图 2.3.1 所示的一个个小区（像元或像素），并将各小区灰度用整数来表示，这样便形成一幅数字图像。小区域的位置和灰度称为像素的属性。

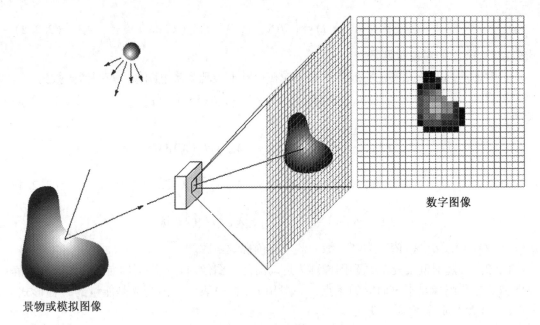

图 2.3.1　图像数字化

2.3.1　采样

将空间上连续的图像变换成离散点的操作称为采样。采样间隔和采样孔径的大小是两个很重要的参数。

当进行实际的采样时，怎样选择各采样点的间隔是个非常重要的问题。数字化图像包含何种程度的细微的浓淡变化，取决于希望真实反映连续图像的程度。严格地说，这是一个根据采样定理加以讨论的问题。如果把包含于一维信号 $g(s)$ 中的频率限制在 ν 以下，用间距 $T=\dfrac{1}{2\nu}$ 进行采样，那么根据式（2.3.1）由采样值 $g(iT)$ 能够完全恢复 $g(t)$。

$$g(t) = \sum_{t=-\infty}^{\infty} g(iT) s(t - iT) \tag{2.3.1}$$

式中：ν 为截止频率或奈奎斯频率，$s(t) = \dfrac{\sin(2\pi\nu t)}{2\pi\nu t}$

在采样时，若横向的像素数（列数）为 M，纵向的像素数（行数）为 N，则图像总像素数为 $M\times N$ 个像素。

采样孔径的形状和大小与采样方式有关。采样孔径通常有如图 2.3.2 所示圆形、正方形、长方形、椭圆形四种。在实际使用时，由于受到光学系统特性的影响，采样孔径会在一定程度上产生畸变，使边缘出现模糊，降低输入图像信噪比。

采样方式是指采样间隔确定后，相邻像素间的位置关系。通常有如图 2.3.3 所示的有缝、无缝和重叠采样三种方式。

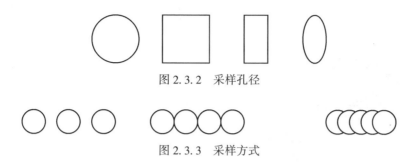

图 2.3.2 采样孔径

图 2.3.3 采样方式

2.3.2 量化

经采样，图像被分割成空间上离散的像素，但图像像素灰度是连续变化的，还不能用计算机进行处理。将像素灰度转换成离散的整数值的过程叫量化。一幅数字图像中不同灰度值的个数称为灰度级数，用 G 表示。若一幅数字图像的量化灰度级数 $G=256=2^8$ 级，灰度取值范围为 0~255，则用 8bit 就能表示这幅图像各像素的灰度值，因此常称 8bit 量化。从视觉效果来看，采用大于或等于 6bit 量化获得的灰度图像，其视觉效果就能令人满意。

数字化前需要决定影像大小（行数 M、列数 N）和灰度级数 G 的取值。一般数字图像灰度级数 G 为 2 的整数幂，即 $G=2^g$，g 为量化 bit 数。那么一幅大小为 $M\times N$、灰度级数为 G 的图像所需的存储空间 $M\times N\times g$(bit)，称为图像的数据量。

2.3.3 数字图像的表示

以一幅数字图像 F 左上角像素中心为坐标原点，像素中心沿水平向右方向离原点的单位距离数称为列坐标，沿垂直向下方向离原点的单位距离数称为行坐标，则一幅 $m\times n$ 的数字图像用矩阵表示为

$$F=\begin{bmatrix} f(0,0) & f(0,1) & \cdots & f(0,n-1) \\ f(1,0) & f(1,1) & \cdots & f(1,n-1) \\ \vdots & \vdots & & \vdots \\ f(m-1,0) & f(m-1,1) & \cdots & f(m-1,n-1) \end{bmatrix} \quad (2.3.2)$$

数字图像中的每一个像素对应矩阵中相应的元素。把数字图像表示成矩阵的优点在于能应用矩阵理论对图像进行分析处理。

在表示数字图像的能量、相关等特性时，采用图像的矢量（向量）表示比用矩阵表示方便。若按行的顺序排列像素，使该图像后一行第一个像素紧接前一行最后一个像素，可以将该幅图像表示成 $1\times mn$ 的列向量 f

$$f=[f_0, f_1, \cdots, f_{m-1}]^T \quad (2.3.3)$$

式中：$f_i=[f(i,0), f(i,1), \cdots, f(i,n-1)]^T$，$i=0,1,\cdots,m-1$。这种表示方法的优点在于：对图像进行处理时，可以直接利用向量分析的有关理论和方法。构成向量时，既可以按行的顺序，也可以按列的顺序，选定一种顺序后，后面的处理都要与之保持一致。

灰度图像是指每个像素的信息由一个量化的灰度来描述，没有彩色信息，如图 2.3.4

所示。若一幅灰度图像只有两个灰度级[通常取 0 和 1],这样的图像称二值图像,如图 2.3.5 所示。

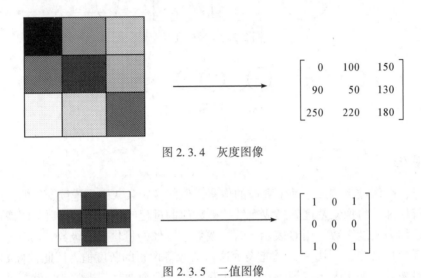

图 2.3.4 灰度图像

图 2.3.5 二值图像

彩色图像是由红、绿、蓝三分量(分别用 R、G、B 表示)构成的图像,彩色图像上每个像素的颜色由其在 R、G、B 对应的像素灰度值决定,如图 2.3.6 所示。

$$R = \begin{bmatrix} 255 & 240 & 240 \\ 255 & 0 & 80 \\ 255 & 0 & 0 \end{bmatrix} \quad G = \begin{bmatrix} 0 & 160 & 80 \\ 255 & 255 & 160 \\ 0 & 255 & 0 \end{bmatrix} \quad B = \begin{bmatrix} 0 & 80 & 160 \\ 0 & 0 & 240 \\ 255 & 255 & 255 \end{bmatrix}$$

图 2.3.6 彩色图像的 R、G、B

表 2.1 给出了各类图像的表示形式。

表 2.1 图像的类别

类别	形式	备注
二值图像	$f(x,y) = 0, 1$	文字、线图形、指纹等
灰度图像	$0 \leq f(x,y) \leq 2^n - 1$	普通照片,$n=6\sim 8$
彩色图像	$\{f_i(x,y)\}$,$i = R, G, B$	用彩色三基色表示
多光谱图像	$\{f_i(x,y)\}$,$i = 1, \cdots, m$	用于遥感
立体图像	f_L, f_R	用于摄影测量,计算机视觉
运动图像	$\{f_i(x,y)\}$,$t = t_1, \cdots, t_n$	动态分析,视频影像制作

2.3.4 采样、量化参数与数字化图像间的关系

数字化方式可分为均匀采样、量化和非均匀采样、量化。所谓"均匀",指的是采样、

量化为等间隔。图像数字化一般采用均匀采样和均匀量化方式。采用非均匀采样与量化,会使问题复杂化,因此很少采用。

一般来说,采样间隔越大,所得图像像素数越少,空间分辨率低,质量差,严重时出现像素呈块状的国际棋盘效应;采样间隔越小,所得图像像素数越多,空间分辨率高,图像质量好,但数据量大。如图 2.3.7 所示,图 2.3.7(a)至(f)是采用间距递增获得的图像,像素数从 256×256 递减至 8×8。

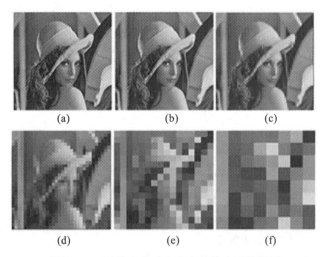

图 2.3.7　随像素数减少产生的数字图像效果

量化等级越多,所得图像层次越丰富,灰度分辨率越高,质量越好,但数据量大;量化等级越少,图像层次欠丰富,灰度分辨率低,质量变差,会出现假轮廓现象,但数据量小。如图 2.3.8 所示,图 2.3.8(a)至(f)是在采样间距相同时灰度级数从 256 逐次减少为

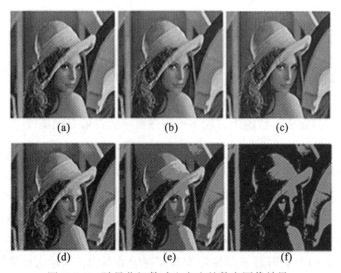

图 2.3.8　随量化级数减少产生的数字图像效果

64、16、8、4、2 所得到的图像。在极少数情况下当图像大小固定时，减少灰度级能改善质量，产生这种情况的最可能的原因是减少灰度级一般会增加图像的对比度。例如对细节比较丰富的图像数字化。

2.3.5 图像数字化设备的组成及性能

数字图像处理的一个先决条件就是将图像转化为数字形式。一个简易的数字图像处理系统就是一台计算机配备图像数字化器和输出设备。数字化设备是图像处理系统中的先导硬件，具有图像输入和数字化双重功能。在数字图像处理发展的初始阶段，数字化设备非常昂贵，只有很少的科研单位购买得起，导致数字图像处理技术的研究受到限制。随着科学技术的发展，数字化设备应用现已普及，并日益向高速度、高分辨率、多功能、智能化方向发展。

1. 数字化器的组成与类型

一台图像数字化器必须能够把图像划分为若干图像像素并给出它们的地址，能够度量每一像素的灰度，并把连续的度量结果量化为整数，以及能够将这些整数写入存储设备。为完成这些功能，该设备必须包含采样孔、图像扫描机构、光传感器、量化器和输出存储体五个组成部分。各部件的作用如下：

(1) 采样孔。使数字化设备能够单独观测特定的图像像素而不受图像其他部分的影响。

(2) 图像扫描机构。使采样孔按照预先规定的方式在图像上移动，从而按顺序观测每一个像素。

(3) 光传感器。通过采样孔测量图像每一像素的亮度，是一种将光强转换为电压或电流的变换器。

(4) 量化器。将传感器输出的连续量转化为整数。典型的量化器是一种被称为"模数转换器"的电路，它产生一个与输入电压或电流成比例的数值。

(5) 输出存储体。将量化器产生的灰度值按适当格式存储起来，用于后续的计算机处理。它可以是固态存储器，也可以是磁盘或其他合适的设备。

数字化器的类型很多，目前用得较多的图像数字化设备有扫描仪、数码相机和数码摄像机。

扫描仪内部具有一套光电转换系统，可以把各种图片信息转换成计算机图像数据，并传送给计算机，再由计算机进行图像处理、编辑、存储、打印输出或传送给其他设备。其工作过程如下：①扫描仪的光源发出均匀光线照到图像表面；②经过 A/D 模数转换，把当前"扫描线"的图像转换成电平信号；③步进电机驱动扫描头移动，读取下一次图像数据；④经过扫描仪 CPU 处理后，图像数据暂存在缓冲器中，为输入计算机做好准备工作；⑤按照先后顺序把图像数据传输至计算机并存储起来。

按扫描原理分类可将扫描仪分为以 CCD(电荷耦合器件)为核心的平板式扫描仪、手持式扫描仪和以光电倍增管为核心的滚筒式扫描仪;按色彩方式分为灰度扫描仪和彩色扫描仪;按扫描图稿的介质可将扫描仪分为反射式(纸质材料)扫描仪、透射式(胶片)扫描仪以及既可扫描反射稿又可扫描透射稿的多用途扫描仪。

手持式扫描仪体积较小、重量轻、携带方便,但扫描精度较低,扫描质量较差,如图 2.3.9(a)所示。平板式扫描仪是市场上的主力军,主要产品为 A3 和 A4 幅面扫描仪,其中又以 A4 幅面的扫描仪用途最广、功能最强、种类最多,分辨率通常为 600～1200dpi,高的可达 2400dpi,色彩数一般为 30 位,高的可达 36 位,如图 2.3.9(b)所示。滚筒式扫描仪一般用于大幅面图像扫描,如大幅面工程图纸的数字化。它通过滚筒带动图像旋转和扫描头相对位移实现扫描,如图 2.3.9(c)所示。

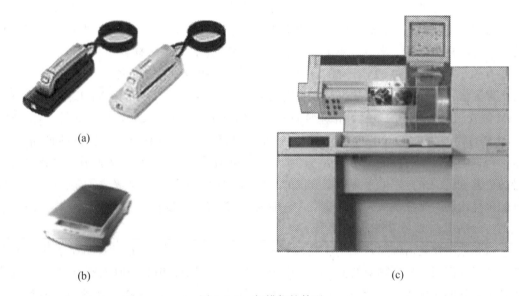

图 2.3.9 扫描仪的外观

扫描仪一般都配有相应的软件,这些软件可用来选择扫描时的工作参数。如扫描区域、对比度、分辨率、图像深度等。此外,有些扫描仪的配套软件还具有平滑、放大、缩小、旋转、编辑等功能。

如图 2.3.10 所示,数码相机由镜头、CCD、A/D(模/数转换器)、MPU(微处理器)、内置存储器、LCD(液晶显示器)、PC 卡(可移动存储器)和接口(计算机接口、电视机接口)等部分组成。它是一种能够进行拍摄,并通过内部处理把拍摄到的景物转换成以数据文件存放图像的新型照相机。与模拟相机不同,模拟相机是以胶卷为载体,而数码相机主要靠感光芯片及记忆卡。数码相机还可以直接连接到计算机、电视机或者打印机上输出图像。

图 2.3.10 数码相机

视频数字化是将输入的模拟视频信息进行采样与量化,并经编码使其变成数字化图像。对视频信号进行采样时必须满足三个方面的要求:①要满足采样定理;②采样频率必须是行频的整数倍;③要满足两种扫描制式。这样可以保证每行有整数个取样点,同时要使得每行取样点数目一样多,便于数据处理。数字视频信号的采样频率和现行的扫描制式主要有 625 行/50 场和 525 行/60 场两种,它们的行频分别为 15625Hz 和 15734.265Hz。为了保证信号的同步,采样频率必须是电视信号行频的倍数。CCIR 为 NTSC、PAL 和 SECAM 制式制定的共同的电视图像采样标准 $f_s = 13.5$MHz。这个采样频率正好是 PAL、SECAM 制行频的 864 倍,NTSC 制行频的 858 倍,可以保证采样时采样时钟与行同步信号同步。根据电视信号的特征,亮度信号的带宽是色度信号带宽的两倍。因此其数字化时对信号的色差分量的采样率低于对亮度分量的采样率。如果用 Y:U:V 来表示 Y、U、V 三分量的采样比例,则数字视频的采样格式一般为 4:2:2,亮度信号用 f_s 频率采样,两个色差信号分别用 $f_s/2 = 6.75$MHz 的频率采样。

视频数字化是由视频采集卡实现的。视频采集卡是一个安装在计算机扩展槽上的硬卡。它可以汇集多种视频源的信息,如电视、影碟、录像机和摄像机的视频信息,对被捕捉和采集到的画面进行数字化、冻结、存储、输出及其他处理操作,如编辑、修整、裁剪、按比例绘制、像素显示调整、缩放功能等。视频卡为多媒体视频处理提供了强有力的硬件支持。视频采集卡的工作原理如图 2.3.11 所示。

视频信号源、摄像机、录像机或激光视盘的信号经过 A/D 变换,送到多制式数字解码器进行解码得到 Y、U、V 数据,然后由视频窗口控制器对其进行剪裁,改变比例后存入帧存储器。帧存储器的内容在窗口控制器的控制下,与 VGA 同步信号或视频编码器的同步信号,再送到 D/A 变换器模拟彩色空间变换矩阵,同时送到数字式视频编辑器进行视频编码,最后输出到 VGA 监视器及电视机或录像机。采集视频的过程主要包括如下几个步骤:

(1)设置音频和视频源,把视频源外设的视像输出与采集卡相连、音频输出与多媒体计算机声卡相连。

(2)准备好多媒体计算机系统环境,如硬盘的优化、显示设置、关闭其他进程等。

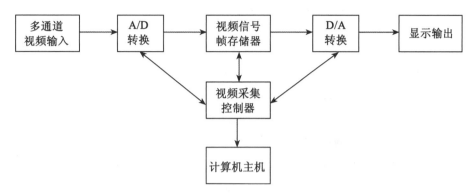

图 2.3.11　视频采集卡的工作原理

(3) 启动采集程序，预览采集信号，设置采集参数，启动信号源，然后进行采集。

(4) 播放采集的数据，如果丢帧严重，可修改采集参数或进一步优化采集环境，然后重新采集。

(5) 由于信号源是不间断地送往采集卡的视频输入端口的，可根据需要，对采集的原始数据进行简单的编辑。如剪切掉起始和结尾处无用的视频序列，剪切掉中间部分无用的视频序列等，以减少数据所占的硬盘空间。

数码摄像机将图像采集和数字化集成，使输出的信号能直接为计算机所接受。数码摄像机通配性好，携带方便，适用于现场数据采集，如图 2.3.12 所示。其详细结构、性能及使用方法参见有关书籍。

图 2.3.12　数码摄像机

2. 数字化器的性能

虽然各种图像数字化器的组成不同，但其性能可从表 2.2 所列的诸方面进行相对比较。

表 2.2　　　　　　　　　图像数字化器的性能评价项目

项　目	内　容
空间分辨率	单位尺寸能够采样的像素数。由采样孔径与间距的大小和可变范围决定
灰(色)度分辨率	量化为多少等级(位深度)，颜色数(色深度)
图像大小	仪器允许扫描的最大图幅
量测特征	数字化器所测量和量化的实际物理参数及精度
扫描速度	采样数据的传输速度
噪声	数字化器的噪声水平(应当使噪声小于图像内的反差)
其他	黑白/彩色、价格、操作性能等

2.4　图像灰度直方图

在数字图像处理中，一个简单而有用的工具是图像的灰度直方图，它能概括地反映一幅图像的灰度级内容和图像可观的信息。

2.4.1　概念

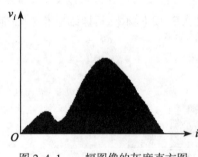

图 2.4.1　一幅图像的灰度直方图

灰度直方图反映的是一幅图像中灰度级与各灰度级像素出现的频率之间的关系。以灰度级为横坐标，纵坐标为灰度级的频率，绘制频率同灰度级的关系图就是灰度直方图。它是图像的重要特征之一，反映了图像灰度分布的情况。图 2.4.1 所示就是一幅图像的灰度直方图。频率的计算式为

$$v_i = \frac{n_i}{n} \qquad (2.4.1)$$

式中：n_i 是图像中灰度为 i 的像素数，n 为图像的总像素数。

2.4.2　直方图的性质

(1)灰度直方图只能反映图像的灰度分布情况，而不能反映图像像素的位置，即丢失了像素的位置信息。

(2)一幅图像对应唯一的灰度直方图，反之不成立。不同的图像可对应相同的直方图。图 2.4.2 给出了一个不同的图像具有相同直方图的例子。

(3)一幅图像分成多个区域，多个区域的直方图之和即为原图像的直方图。如图 2.4.3 所示。

2.4 图像灰度直方图

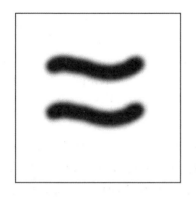

图 2.4.2 不同的图像具有相同的直方图

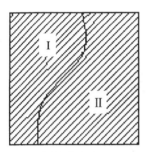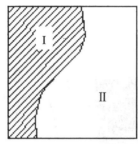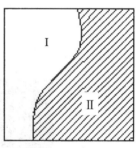

图像的直方图 $H(i)$ = 区域 I 的直方图 $H_1(i)$ + 区域 II 的直方图 $H_2(i)$

图 2.4.3 整幅直方图与每个区域直方图的关系

2.4.3 直方图的应用

1. 用于判断图像量化是否恰当

直方图给出了一个直观的指标,用来判断数字化一幅图像量化时是否合理地利用了全部允许的灰度范围。一般来说,数字化获取的图像应该利用全部可能的灰度级,图 2.4.4(a)就是恰当分布的情况,数字化器允许的灰度许可范围[0, 255]均被有效利用了。图 2.4.4(b)是图像对比度低的情况,图中 S、E 部分的灰度级未能有效利用,灰度级数少于 256,对比度减小。图 2.4.4(c)图像 S、E 处具有超出数字化器所能处理的范围的亮度,则这些灰度级将被简单地置为 0 或 255,亮度差别消失,相应的内容也随之失去。由此将在直方图的一端或两端产生尖峰。丢失的信息将不能恢复,除非重新数字化。可见数字化时利用直方图进行检查是一个有效的方法。直方图的快速检查可以使数字化中产生的问题及早地暴露出来。

2. 用于确定图像二值化的阈值

选择灰度阈值对图像二值化是图像处理中讨论得很多的一个课题。假定一幅图像

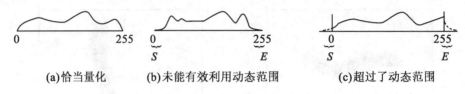

(a) 恰当量化　　(b) 未能有效利用动态范围　　(c) 超过了动态范围

图 2.4.4　直方图用于判断量化是否恰当

$f(x,y)$ 如图 2.4.5 所示，其中背景是黑色的，物体为灰色的。背景中的黑色像素产生了直方图上的左峰，而物体中各灰度级产生了直方图上的右峰。由于物体边界像素数相对而言较少，从而产生了两峰之间的谷。选择谷对应的灰度作为阈值 T，利用式(2.4.2)对该图像二值化，可得到一幅二值图像 $g(x,y)$，用于后续处理与分析。

$$g(x,y)=\begin{cases}0, & f(x,y)<T \\ 1, & f(x,y)\geqslant T\end{cases} \tag{2.4.2}$$

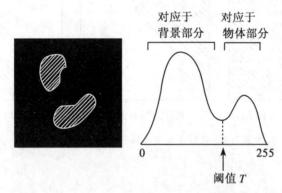

图 2.4.5　利用直方图选择二值化的阈值

3. 计算图像中物体的面积

当物体部分的灰度值比其他部分灰度值大时，可利用直方图统计出图像中物体的面积。

$$A = n\sum_{i\geqslant T} v_i \tag{2.4.3}$$

式中：n 为图像像素总数，v_i 是图像灰度级为 i 的像素出现的频率。

4. 计算图像信息量 H（熵）

假设一幅数字图像的灰度范围为 $[0, L-1]$，各灰度像素出现的概率分别为 P_0，P_1，P_2，$\cdots$，P_{L-1}。根据信息论可知，各灰度像素具有的信息量分别为：$-\log_2 P_0$，$-\log_2 P_1$，$-\log_2 P_2$，$\cdots$，$-\log_2 P_{L-1}$。则该幅图像的平均信息量（熵）为

$$H = -\sum_{i=0}^{L-1} P_i \log_2 P_i \tag{2.4.4}$$

熵 H 反映了图像信息的丰富程度,在图像编码和图像质量评价中有重要意义。

2.5 数字图像处理算法的形式

2.5.1 基本功能形式

按图像处理的输出形式,图像处理的基本功能可分为三种形式。
(1)单幅图像 →单幅图像,如图 2.5.1(a)所示。
(2)多幅图像 →单幅图像,如图 2.5.1(b)所示。
(3)单(或多)幅图像→数字或符号等,如图 2.5.1(c)所示。

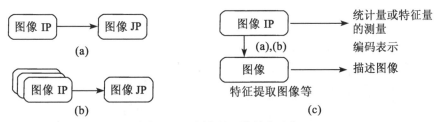

图 2.5.1 图像处理的基本功能

2.5.2 几种具体算法形式

1. 局部处理

对于任一像素(i, j),将其周围像素构成的集合$\{(i+p, j+q), p、q 取适当的整数\}$叫做像素$(i, j)$的邻域,如图 2.5.2(a)所示。常用的去心邻域如图 2.5.2(b)、(c)所示,分别表示中心像素的 4-邻域、8-邻域。

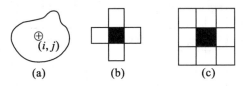

图 2.5.2 像素的邻域

在对输入图像进行处理时,计算某一输出像素 $\text{JP}(i, j)$ 值由输入图像 $\text{IP}(i, j)$ 像素的小邻域 $N[\text{IP}(i, j)]$ 中的像素值确定,这种处理称为局部处理,如图 2.5.3 所示。局部处理的数学表达式为

$$\text{JP}(i, j) = \phi_N(N(i, j)) \tag{2.5.1}$$

式中,ϕ_N 表示对(i, j)邻域中的像素进行的某种运算。

图像的移动平均平滑法和空间域锐化等属于局部处理。图 2.5.4 给出了利用 3×3 模板

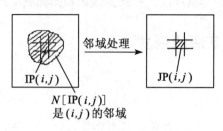

图 2.5.3 邻域处理

的局部处理过程。

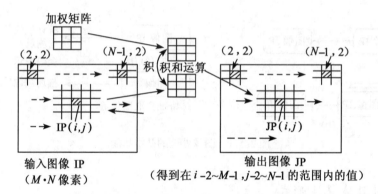

图 2.5.4 利用 3×3 模板的局部处理

在局部处理中,当输出值 JP(i, j) 仅与 IP(i, j) 像素灰度有关的处理称为点处理,如图 2.5.5 所示。点处理的数学表达式为

$$JP(i, j) = \phi_p(IP(i, j)) \tag{2.5.2}$$

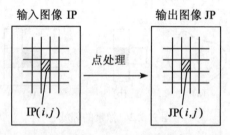

图 2.5.5 点处理

图像对比度增强、图像二值化等属于点处理。

在局部处理中,输出像素 JP(i, j) 的值取决于输入图像较大范围或整幅图像像素的值,这种处理称为大局处理,如图 2.5.6 所示。其数学表达式为

$$JP(i, j) = \phi_G(G(i, j)) \tag{2.5.3}$$

图像的傅里叶变换就是一种全局处理。

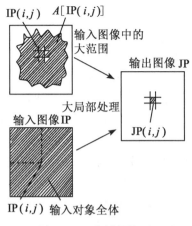

图 2.5.6　大局部处理

2. 迭代处理

反复对图像进行某种运算直至满足给定的条件，从而得到输出图像的处理形式称为迭代处理。如图 2.5.7 所示，图像的细化处理就是一种迭代处理。

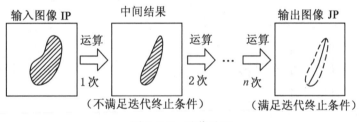

图 2.5.7　迭代处理

3. 跟踪处理

选择满足适当条件的像素作为起始像素，检查输入图像和已得到的输出结果，求出下一步应该处理的像素，进行规定的处理，然后决定是继续处理下面的像素，还是终止处理。这种处理形式称为跟踪处理。

跟踪处理有以下特点：

（1）对某个像素的处理，依赖于该像素以前的处理结果，从而也就依赖于起始像素的位置。因此，跟踪处理的结果与从图像哪一部分开始处理相关。

（2）能够利用在此以前的处理结果来限定处理范围，从而可避免徒劳的处理。另外，由于限制了处理范围，有可能提高处理精度。

（3）用于边界线、等高线等的跟踪（检测）方面。

4. 窗口处理和模板处理

对图像的处理，一般是对整幅图进行处理。但有时只要求对图像中特定的部分进行处理。这种处理方式包括窗口处理和模板处理。

对图像中选定矩形区域内的像素进行处理叫做窗口处理，如图 2.5.8 所示。矩形区域称为窗口，一般由矩形左上角的位置和行、列方向的像素数来确定。

如图 2.5.9 所示，希望单独对图像任意形状的区域进行处理时，预先准备一个和输入图像 IP 相同大小的二维数组，存储该区域的信息；然后参照二维数组对输入图像处理，这就是模板处理。把这任意形状的区域称做模板，例如可根据阈值处理得到物体形状作为模板。把存储模板信息的二维数组叫模板平面。模板平面具有模板的位置信息，并且一般用二值图像的形式表示。若模板为矩形区域，则与窗口处理具有相同的效果，但窗口处理与模板处理不同之处是后者必须设置一个模板平面。

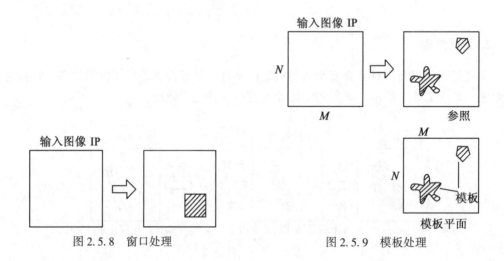

图 2.5.8　窗口处理　　　　图 2.5.9　模板处理

5. 串行处理和并行处理

后一像素输出结果依赖于前面像素处理的结果，并且只能依次处理各像素而不能同时对各像素进行相同处理的一种处理形式称为串行处理。串行处理的特点是：

(1) 用输入图像的 (i, j) 像素邻域的像素值和输出图像 (i, j) 以前像素的处理结果计算输出图像 (i, j) 像素的值。

(2) 处理算法要按一定顺序进行。

因此，不能同时并行计算各像素的输出值，且串行处理的顺序会影响处理结果。

对图像内的各像素同时进行相同运算的一种处理形式称为并行处理。其特点如下：

(1) 输出图像像素 (i, j) 的值，只用输入图像的 (i, j) 像素的邻域像素进行计算。

(2) 各输出值可以独立进行计算。

2.6 图像的数据结构与文件格式

2.6.1 图像的数据结构

在数字图像处理中,图像数据在处理系统中采用何种存储方式是很重要的。最常用的方式是将图像各像素灰度值用一维或二维数组相应的各元素加以存储。除此之外,还有下列方式。

1. 组合方式

字长是计算机中央处理机作为一个单元来存取、处理和传输的二进制位数。计算机处理图像时,一般是一个像素的灰度占用一个字。组合方式是一个字长存放多个像素灰度值的方式。它能起到节省内存的作用,但导致计算量增加,使处理程序复杂。图 2.6.1 和图 2.6.2 分别表示图像数据的组合方式及其处理过程。

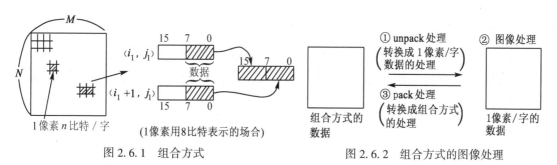

图 2.6.1 组合方式　　　　　图 2.6.2 组合方式的图像处理

2. 比特面方式

比特面方式就是对图像各像素灰度按比特位存取的方式,即将所有像素灰度的相同比特位用一个二维数组表示,形成比特面。n 个比特位表示的灰度图像按比特面方式存取,就得到 n 个比特面,如图 2.6.3 所示。这种结构能充分利用内存空间,便于进行比特面之间的运算,但对灰度图像处理耗时多。

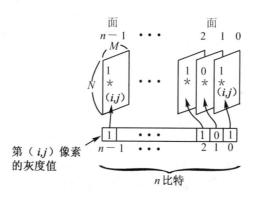

图 2.6.3 比特面方式

3. 分层结构

由原始图像开始依次构成像素数愈来愈少的系列图像,就能使数据表示具有分层性,其代表有锥形(金字塔)结构。

锥形结构是对 $2^k \times 2^k$ 个像素形成的图像,依次构成分辨率($2^k \times 2^k \rightarrow 2^0 \times 2^0$,但 $2^0 \times 2^0$ 不具有反映输入图像二维构造的信息)下降的 $k+1$ 幅图像的层次集合。如图2.6.4所示,从输入图像 I_0 开始,依次产生行列像素数都按 1/2 缩小的一幅幅图像 I_1,I_2,$\cdots$,I_k。此时,图像 I_i 的各像素灰度值,就是前一幅图像 I_{i-1} 对应的 2×2 像素的灰度平均值(一般采用平均值,但也可以采用能表示 2×2 范围内性质的某个值)。

处理这种结构的图像数据时,首先对像素数少的低空间分辨率图像进行处理,然后根据需要,进到下一层像素数多的较高分辨率图像对应位置进行处理。同只对原始图像进行处理的场合相比,这种先对粗分辨率图像进行处理,然后限定应该仔细进行处理的范围,再对较高分辨率图像进行处理的方法,可提高图像处理效率。

4. 树结构

对于一幅二值图像的行、列都接连不断地二等分,如果图像被分割部分中的全体像素都变成具有相同的特征时,这一部分则不再分割。采用原图像为树根的四叉树表示(见图2.6.5),主要用于特征提取和信息压缩等方面。

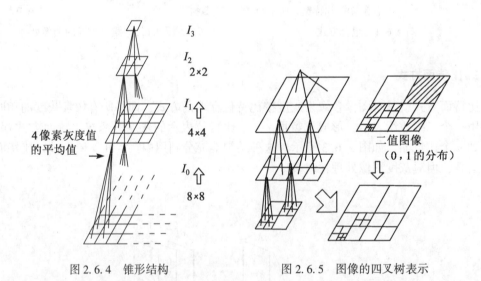

图2.6.4 锥形结构　　　　图2.6.5 图像的四叉树表示

5. 多重图像数据存储

在彩色图像(红、绿、蓝)或多波段图像中,每个像素包含着多个波段的信息。这类图像数据的存储,以多谱图像为例,有下列三种存储方式:

(1)逐波段存储 BSQ(band sequential),分波段处理时采用。

(2)逐行存储 BIL(band interleaved by line),逐行扫描记录设备采用。
(3)逐像素存储 BIP(band interleaved by pixel),用于分类。
以上三种方式可用图 2.6.6 表示。

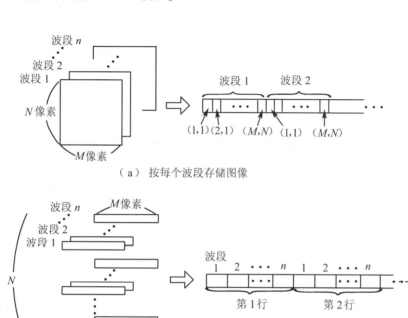

(a) 按每个波段存储图像

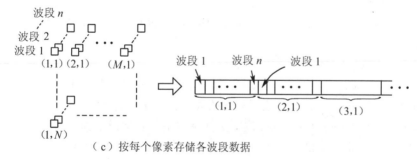

(b) 按各条扫描线存储各波段数据

(c) 按每个像素存储各波段数据

图 2.6.6 多波段图像存储方式

2.6.2 图像文件格式

一幅现实世界的图像经扫描仪、数码相机等设备进行采集,需要以文件的形式存储于计算机的磁盘中,然后由计算机处理。早期,各种图像由采集者自行定义格式存储。随着数字图像技术的发展,各领域逐渐出现了流行的图像格式标准,如 BMP、PCX、GIF、TIFF 等。不论一幅图像以何种格式存储,这些图像格式都大致包含下列特征:
(1)描述图像的高度、宽度以及各种物理特征的数据。
(2)彩色定义。每像素 bit 数(决定颜色的数量即色深度),彩色平面数以及非真彩色图像对应的调色板。

(3) 描述图像的位图数据体。将图像用一个矩阵描述,矩阵的结构由图像的高、宽及每像素 bit 数决定。如果对图像进行了压缩,则每行都是用特定压缩算法压缩过的数据。

这就是各种图像格式的本质。造成每种格式不相同的原因是每种格式对上述三种数据的存放位置、存放方式不同,以及自定义的数据。

一般而言,每种格式都定义了一个文件头(header),其中包含图像定义数据,如高、宽、每点 bit 数、调色板等。位图数据则自成一体,由文件头中的数据决定其位置和格式,再附加上一些自己定义的数据,如版本、创作者、特征值等。如 BMP、PCX、GIF、TGA 等都属于这种结构。

TIFF 格式稍微例外,它由特征值(标记 Tag)定义寻址的数据结构,位图数据也由 Tag 定义来寻址,并且非常灵活多变。

从理论上讲,一幅图像可以用任何一种图像格式来存储。现有的图像文件格式,从显示图像质量、表示灵活性以及表现的效率而言,各有其优缺点,而且都被大批软件所支持。因此,多种图像文件格式共存的局面在相当长的时间内不会改变。

这里仅对 BMP 格式作较详细的介绍,对其他格式只作简介。

1. BMP

随着 Windows 的逐渐普及,支持 BMP(bitmap 的缩写)图像格式的应用软件越来越多。这主要是因为 Windows 把 BMP 作为图像的标准格式,并且内含了一套支持 BMP 图像处理的 API 函数。BMP 文件格式可分为文件信息头、位图信息和位图数据三部分。

1) 文件信息头

BMP 文件头含有 BMP 文件的类型、大小和存放位置等信息。Windows.h 中对其定义为:

```
typedef struct tagBITMAPFILEHEADER{
    WORD    bftype;       /* 位图文件的类型,必须设置为 BM */
    DWORD   bfSize;       /* 位图文件的大小,以字节为单位 */
    WORD    bfReserved1;  /* 位图文件保留字,必须设置为 0 */
    WORD    bfReserved2;  /* 位图文件保留字,必须设置为 0 */
    DWORD   bfoffBits;    /* 位图数据相对于位图文件头的偏移量表示 */
}BITMAPFILEHEADER;
```

2) 位图信息

位图信息用 BITMAPINFO 结构定义,它由位图信息头(bitmap information header)和彩色表组成,前者用 BITMAPINFOHEADER 结构定义,后者用 RGBQUAD 结构定义。BITMAPINFO 结构具有如下形式:

```
tybedef struct tagBITMAPINFO{
    BITMAPINFOHEADER bmiHeader;
    RGBQUAD          bmiColor[ ];
}BITMAPINFO;
```

(1) bmiHeader 是一个位图信息头(BITMAPINFOHEADER)类型的数据结构,用于说明位图的尺寸。BITMAPINFOHEADER 的定义如下:

```
typedef struct tagBITMAPINFOHEADER{
    DWORD  biSize;         /* bmiHeader 结构的长度 */
    DWORD  biWidth;        /* 位图的宽度,以像素为单位 */
    DWORD  biHeight;       /* 位图的高度,以像素为单位 */
    WORD   biPlanes;       /* 目标设备的位平面数,必须为 1 */
    WORD   biBitCount;     /* 每个像素的位数,必须是 1(单色)、4(16 色)、8(256 色)
                              或 24(真彩色) */
    DWORD  biCompression;  /* 位图的压缩类型,必须是 0(不压缩)、1(BI-RLE8 压缩类
                              型)或 2(BI-RLE4 压缩类型) */
    DWORD  biSizeImage;    /* 位图的大小,以字节为单位 */
    DWORD  biXPelsPerMeter;/* 位图的目标设备水平分辨率,以每米像素数为单位 */
    DWORD  biYPelsPerMeter;/* 位图的目标设备垂直分辨率,以每米像素数为单位 */
    DWORD  biClrUsed;      /* 位图实际使用的颜色表中的颜色变址数 */
    DWORD  biClrImpotant;  /* 位图显示过程中被认为重要颜色的变址数 */
}BITMAPINFOHEADER;
```

(2) bmiCOLOR[ ]是一个颜色表,用于说明位图中的颜色。它有若干个表项,每一表项是一个 RGBQUAD 类型的结构,定义一种颜色。RGBQUAD 的定义如下:

```
typedef tagRGBQUAD{
    BYTE    rgbBlue;
    BYTE    rgbGreen;
    BYTE    rgbRed;
    BYTE    rgbReserved;
}RGBQUAD;
```

在 RGBQUAD 定义的颜色中,蓝色的亮度由 rgbBlue 确定,绿色的亮度由 rghGreen 确定,红色的亮度由 rgbRed 确定。RgbReserved 必须为 0。

例如:若某表项为 00,00,FF,00,那么它定义的颜色为纯红色。

bmiColor[ ]表项的个数由 biBitCount 来定:

当 biBitCount=1、4、8 时,bmiColor[ ]分别有 2、16、256 个表项。若某点的像素值为 n,则该像素的颜色为 bmiColor[n]所定义的颜色。

当 biBitCount=24 时,bmiColor[ ]的表项为空。位图阵列的每 3 个字节代表一个像素,3 个字节直接定义了像素颜色中蓝、绿、红的相对亮度,因此省去了 bmiColor[ ]颜色。

3) 位图数据

位图阵列记录了位图的每一个像素值。在生成位图文件时,Windows 从位图的左下角开始(即从左到右从下到上)逐行扫描位图,将位图的像素值一一记录下来。这些记录像素值的字节组成了位图阵列。位图阵列有压缩和非压缩两种存储格式。

(1) 非压缩格式。在非压缩格式中,位图的每个像素值对应于位图阵列的若干位

（bits），位图阵列的大小由位图的亮度、高度及位图的颜色数决定。

①位图扫描行与位图阵列的关系：

设记录一个扫描行的像素值需 n 个字节，则位图阵列的 0 至 $n-1$ 个字节记录了位图的第一个扫描行的像素值；位图阵列的 n 至 $2n-1$ 个字节记录了位图的第二个扫描行的像素值；依此类推，位图阵列的 $(m-1) \times n$ 至 $m \times n-1$ 个字节记录了位图的第 m 个扫描行的像素值。位图阵列的大小为 $n*$ biHeight。

当（biWidth * biBitCount）mod32 = 0 时，　　$n=$（biWidth * biBitCount）/8

当（biWidth * biBitCount）mod32 ≠ 0 时，　　$n=$（biWidth * biBitCount）/8+4

上式中+4 而不+1 的原因是为了使一个扫描行的像素值占用位图阵列的字节数为 4 的倍数（Windows 规定其必须在 long 边界结束），不足的位用 0 填充。

②位图像素值与位图阵列的关系（以第 m 扫描行为例）：

设记录第 m 个扫描行的像素值的 n 个字节分别为 a0，a1，a2，…，则

当 biBitCount = 1 时：a0 的 D7 记录了位图的第 m 个扫描行的第 1 个像素值，D6 位记录了位图的第 m 个扫描行的第 2 个像素值，…，D0 记录了位图的第 m 个扫描行的第 8 个像素值，a1 的 D7 位记录了位图的第 m 个扫描行的第 9 个像素值，D6 位记录了位图的第 m 个扫描行的第 10 个像素值……

当 biBitCount = 4 时：a0 的 D7~D4 位记录了位图的第 m 个扫描行的第 1 个像素值，D3~D0 位记录了位图的第 m 个扫描行的第 2 个像素值，a1 的 D7~D4 位记录了位图的第 m 个扫描行的第 3 个像素值……

当 biBitCount = 8 时：a0 记录了位图的第 m 个扫描行的第 1 个像素值，a1 记录了位图的第 m 个扫描行的第 2 个像素值……

当 biBitCount = 24 时：a0、a1、a2 记录了位图的第 m 个扫描行的第 1 个像素值，a3、a4、a5 记录了位图的第 m 个扫描行的第 2 个像素值……

位图其他扫描行的像素值与位图阵列的对应关系与此类似。

（2）压缩格式。Windows 支持 BI_RLE8 及 BI_RLE4 压缩位图存储格式，压缩减少了位图阵列所占用的磁盘空间。

①BI_RLE8 压缩格式：

当 biCompression = 1 时，位图文件采用此压缩编码格式。压缩编码以两个字节为基本单位。其中第一个字节规定了用两个字节指定的颜色出现的连续像素的个数。

例如，压缩编码 05 04 表示从当前位置开始连续显示 5 个像素，这 5 个像素的像素值均为 04。

在第一个字节为零时，第二字节有特殊的含义：0——行末；1——图末；2——转义后面的两个字节，这两个字节分别表示下一像素从当前位置开始的水平位移和垂直位移；n(0x003<n<0xFF)—转义后面的 n 字节，其后的 n 像素分别用这 n 个字节所指定的颜色画出。注意：实际编码时必须保证后面的字节数是 4 的倍数，不足的位用 0 补充。

②BI_RLE4 压缩格式：

当 biCompression = 2 时，位图文件采用此种压缩编码格式。它与 BI_RLE8 的编码方式类似，唯一的不同是：BI_RLE4 的一个字节包含了两个像素的颜色。当连续显示时，第一

个像素按字节高四位规定的颜色画出,第二个像素按字节低四位规定的颜色画出,第三个像素按字节高四位规定的颜色画出……直到所有像素都画出为止。

归纳起来,BMP 图像文件有下列四个特点:

(1)该格式只能存放一幅图像。

(2)只能存储单色、16 色、256 色或彩色四种图像数据之一。

(3)图像数据有压缩或不压缩两种处理方式,压缩方式为:RLE_4 和 RLE_8。RLE_4 只能处理 16 色图像数据;而 RLE_8 则只能压缩 256 色图像数据。

(4)调色板的数据存储结构较为特殊。

2. TIFF 文件

TIFF 文件是"Tag Image File Format"的缩写,是由 Aldus 公司与微软公司共同开发设计的图像文件格式。

TIFF 图像文件主要由三部分组成:文件头、标识信息区和图像数据区。文件规定只有一个文件头,且一定要位于文件前端。文件头有一个标志参数,指出标识信息区在文件中的存储地址,标识信息区内有多组标识信息,每组标识信息长度固定为 12 个字节。前 8 个字节分别代表标识信息的代号(2 字节)、数据类型(2 字节)、数据量(4 字节)。最后 4 个字节则存储数据值或标志参数。文件有时还存放一些标识信息区容纳不下的数据,例如调色板数据就是其中的一项。

由于应用了标志的功能,TIFF 图像文件才能够实现多幅图像的存储。若文件内只存储一幅图像,则将标识信息区内容置 0,表示文件内无其他标识信息区。若文件内存放多幅图像,则在第一个标识信息区末端的标志参数,将是一个值非 0 的长整数,表示下一个标识信息区在文件中的地址,只有最后一个标识信息区的末端才会出现值为 0 的长整数,表示图像文件内不再有其他的标识信息区和图像数据区。

TIFF 文件有如下特点:

(1)应用指针的功能,可以存储多幅图像。

(2)文件内数据区没有固定的排列顺序,只规定文件头必须在文件前端,对于标识信息区和图像数据区在文件中可以随意存放。

(3)可制定私人用的标识信息。

(4)除了一般图像处理常用的 RGB 模式之外,TIFF 图像文件还能够接受 CMYK 等多种不同的图像模式。

(5)可存储多份调色板数据。

(6)调色板的数据类型和排列顺序较为特殊。

(7)能提供多种不同的压缩数据的方法,便于使用者选择。

(8)图像数据可分割成几个部分分别存档。

3. GIF

GIF(graphics interchange format)是由 CompuServe 公司在 1987 年开发的图像文件格式,最初的目的是希望每个 BBS 的使用者能够通过 GIF 图像文件轻松存储并交换图像数据。

GIF图像是基于颜色列表的(存储的数据是该点的颜色对应于颜色列表的索引值),最多只支持8位(256色)。GIF支持在GIF文件中存放多幅彩色图像,并且可以按照一定的顺序和时间间隔将多幅图像依次读出并显示在屏幕上,这样就可以形成一种简单的动画效果。

GIF图像文件结构一般由七个数据区组成,它们分别是:文件头、通用调色板、位图数据区以及四个扩充区。其中文件头和位图数据区是文件不可缺少的项,对于通用调色板和其余的四个扩充区不一定会出现在文件内。GIF图像文件内可以有多个位图数据区,每个位图数据区由三部分组成,一个10字节长的图像描述,一个可选的局部色表和位图数据,每个位图数据区存储一幅图像,位图数据用LZW算法压缩。四种扩充区:图像控制扩充区用来描述图像怎样被显示;简单文本扩充区包含显示在图像中的文本;注释扩充区以ASCII文本形式存放注释;应用扩充区存放生成该文件的应用程序的私有数据。可见GIF文件有下面六个特点:

(1)文件具有多元化结构能够存储多幅图像,这是制作动画的基础。
(2)调色板数据有通用调色板和局部调色板之分。
(3)采用改进版LZW压缩法,它优于RLE压缩法。
(4)最多只能存储256色图像,GIF图像中每一像素的存储数据是该颜色列表的索引值。
(5)根据标识符寻找数据区。GIF图像文件内的各种图像数据区和扩充区,多数没有固定的数据长度和存放位置。为了方便程序寻找数据区,就以数据区的第一个字节作为标识符,让程序能够判断所读到的是哪种数据区。
(6)图像数据有两种排列方式:①顺序排列;②交叉排列。

2.7 图像的特征与噪声

2.7.1 图像的特征类别

图像特征是图像分析的重要依据,它可以是视觉能分辨的自然特征,也可以是人为定义的某些特性或参数,即人工特征。数字图像的像素亮度、边缘轮廓等属自然特征;图像经过变换得到的频谱和灰度直方图等属人工特征。

1. 自然特征

图像是空间景物反射或者辐射的光谱能量的记录,因而具有光谱特征、几何特征和时相特征。

1)光谱特征

同一景物对不同波长的电磁波具有不同的反射率,不同景物对同一波长也可能具有不同的反射率。因而不同类型的景物在各个波段的数字成像,就构成了数字图像的光谱特征。多波段图像的光谱特征是识别目标的重要依据。

2)几何特征

几何特征主要表现为图像的空间分辨率、图像纹理结构及图像变形等几个方面。

空间分辨率反映了所采用设备的性能。比如，SPOT卫星全色图像地面分辨率设计为10m。

纹理结构是指影像细部的形状、大小、位置、方向以及分布特征，是图像目视判读的主要依据。

图像变形导致获取图像中目标的几何形状与目标平面投影不相似。

3) 时相特征

时相特征主要反映在不同时间获取同一目标的各图像之间存在的差异，是对目标进行监测、跟踪的主要依据。

2. 人工特征

图像的人工特征很多，主要包括以下几种：

1) 直方图特征

2) 灰度边缘特征

图像灰度在某个方向上的局部范围内表现出不连续性，这种灰度明显变化点的集合称为边缘。灰度边缘特征反映了图像中目标或对象所占的面积大小和形状。

3) 角点与线特征

角点是图像的一种重要局部特征，它决定了图像中目标的形状。所以在图像匹配、目标描述与识别以及运动估计、目标跟踪等领域，角点提取具有十分重要的意义。在计算机视觉和图像处理中，对于角点的定义有不同的表述，如图像边界上曲率足够高的点；图像边界上曲率变化明显的点；图像边界方向变化不连续的点；图像中梯度值和梯度变化率都很高的点，等等。因而针对角点的存在多种形式，产生了多种角点检测的方法。

线是面与面的分界线、体与体的分割线，存在于两个面的交接处、立体形的转折处、两种色彩交接处等。

4) 纹理特征

纹理是指某种结构在比它更大的范围内大致呈现重复排列，这种结构称为纹理基元。如草地、森林构成的自然纹理和如砖墙、建筑群等构成的人工纹理。

图像的特征有很多，但在实际的图像分析与应用中，重视何种特征主要依赖于对象和处理的目的。按描述特征的范围大小可分为：

1) 点特征

点特征指仅由各个像素就能决定的性质。如单色图像中的灰度值、彩色图像中的红(R)、绿(G)、蓝(B)成分的值。

2) 局部特征

局部特征指在小邻域内所具有的性质，如线和边缘的强度、方向、密度和统计量(平均值、方差等)等。

3) 区域特征

在图像内的对象物（一般是指与该区域外部有区别的具有一定性质的区域)内的点或者局部的特征分布或者统计量，以及区域的几何特征(面积、形状)等。

4）整体特征

整个图像作为一个区域看待时的统计性质和结构特征等。

2.7.2 特征提取与特征空间

获取图像特征信息的操作称做特征提取。它是模式识别、图像分析与理解等的关键步骤之一。如图 2.7.1 所示，通过特征提取，可以获得特征构成的图像（称为特征图像）和特征参数。

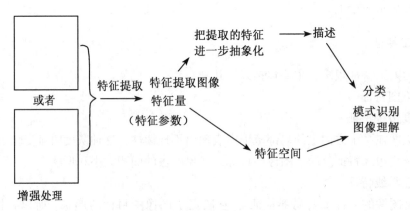

图 2.7.1　图像的特征提取

把从图像提取的 m 个特征量 $y_1, y_2, \cdots, y_m$，用 m 维的向量 $\boldsymbol{Y} = [y_1 \quad y_2 \quad \cdots \quad y_m]^t$ 表示称为特征向量。由各特征构成的 m 维空间叫做特征空间，那么特征向量 $\boldsymbol{Y}$ 在这个特征空间对应于一点。具有类似特征量的目标上各个点在特征空间上形成群（称为聚类），把特征空间按照聚类的分布，依靠某种标准进行分割，就可判断各个像点属于哪一类。也可用鉴别函数对特征空间进行分割。图 2.7.2 是二维特征空间分割与聚类的例子。关于模式分类和识别的方法将在第 10 章中介绍。

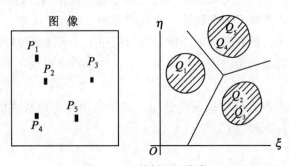

图 2.7.2　特征空间聚类

2.7.3　图像噪声

所谓噪声，就是妨碍人的视觉器官或系统传感器对所接收图像信息进行理解或分析的各种因素。一般噪声是不可预测的随机信号，它只能用概率统计的方法去认识。由于噪声影响图像的输入、采集、处理的各个环节以及输出结果的全过程，尤其是图像输入、采集中的噪声必然影响处理全过程以至最终结果。因此抑制噪声已成为图像处理中极其重要的问题。

1. 图像噪声种类

图像噪声按其产生的原因可分为外部噪声和内部噪声。外部噪声是指图像处理系统外部产生的噪声，如天体放电干扰、电磁波从电源线窜入系统等产生的噪声。

内部噪声是指系统内部产生的，一般有如下四种形式：

(1) 由光和电的基本性质引起的，如电流可看做电子或空穴运动，这些粒子运动产生随机散粒噪声；导体中电子流动的热噪声；光量子运动的光量子噪声等。

(2) 机械运动产生的噪声，如接头振动使电流不稳，磁头或磁带、磁盘抖动等。

(3) 元器件噪声，如光学底片的颗粒噪声，磁带、磁盘缺陷噪声，光盘的疵点噪声等。

(4) 系统内部电路噪声，如 CRT 的偏转电路二次发射电子等噪声。

从统计理论观点噪声可分为平稳和非平稳噪声。凡是统计特征不随时间变化的噪声称平稳噪声；统计特征随时间变化的噪声称为非平稳噪声。从噪声幅度分布形态可分为：幅度分布呈正态分布的高斯型，幅度分布呈瑞利分布的瑞利噪声，突发出现的幅度高而持续时间短的脉冲噪声等。还有按频谱分布形状进行分类的，如频谱为均匀分布的噪声称为白噪声，各频率能量呈正态分布的高斯噪声等。按产生过程进行分类，噪声可分为量化噪声和椒盐噪声(双极脉冲噪声)等。

2. 噪声的特征

对灰度图像 $f(x,y)$ 来说，可看做二维亮度分布，则噪声可看做对亮度的干扰，用 $n(x,y)$ 来表示。噪声是随机性的，因而需用随机过程来描述，即要求知道其分布函数或密度函数。但在许多情况下这些函数很难测出或描述，甚至不可能得到，所以常用统计特征来描述噪声，如均值、方差、总功率等。

3. 噪声的模型

按噪声对图像的影响可分为加性噪声模型和乘性噪声模型两大类。设 $f(x,y)$ 为理想图像，$n(x,y)$ 为噪声，实际输出图像为 $g(x,y)$。

对于加性噪声而言，其特点是 $n(x,y)$ 和图像光强大小无关，即

$$g(x,y)=f(x,y)+n(x,y) \qquad (2.7.1)$$

对于乘性噪声而言，其特点是 $n(x,y)$ 和图像光强大小相关，随亮度的大小变化而变化，即

$$g(x,y)=f(x,y)[1+n(x,y)]=f(x,y)+f(x,y)n(x,y) \qquad (2.7.2)$$

乘性噪声模型和它的分析计算都比较复杂。通常总是假定信号和噪声是互相独立的，通常对数变换后当做加性噪声的模型来处理。

4. 图像系统常见的噪声

(1) 光电管噪声。光电管通常作为光学图像和电子信号之间的转换器件。例如常见各种光密度计的扫描输入和传真机收发设备用的光电管（如光电倍增管，它内部到达阴极光量子数的起伏引起噪声）。光电管噪声频率一般小于 $2 \times 10^9 \text{Hz}$，通常认为噪声频谱是白噪声。

(2) 摄像管噪声。现在常用的摄像管有两大类器件：一类是利用光导效应的光电转换器件，如视像管(vidicon)、硅靶管(silicon)等。对摄像管而言，照度增加，光电流随着增大，信噪比会改善。所以强灯光情况下光导摄像管有较好的信噪比性能。另一类是固态器件，如电荷耦合器件 CCD 等。目前在性能上，光导摄像管优于固体摄像器件，但固态器件尚需进一步改进。

(3) 前置放大器噪声。摄像机信噪比取决于前置放大器，它与摄像管的引线、接地方式、屏蔽等有密切关系。

(4) 光学噪声。光学噪声是指光学现象产生的噪声。如底片颗粒噪声、投影屏和荧光屏的颗粒噪声等。

习题

1. 什么是图像对比度？人眼感受的亮度与哪些因素有关？
2. 图像数字化包括哪两个过程？它们对数字化图像质量有何影响？
3. 数字化图像的数据量与哪些因素有关？
4. 数字化设备由哪几部分组成？购买数字化设备时应考虑哪些因素？
5. 连续图像 $f(x, y)$ 与数字图像 $I(r, c)$ 中各量的含义是什么？它们有何联系和区别？
6. 什么是灰度直方图？它有哪些应用？从灰度直方图你能获得图像的哪些信息？
7. 设计显示数字图像直方图的程序，并用适当的图像检验程序的正确性。
8. 图像处理按功能分有哪几种形式？
9. 统计下面图像的灰度直方图，并计算熵。

0	1	3	2	1	3	2	1
0	5	7	6	2	5	6	7
1	6	0	6	1	6	3	4
2	6	7	5	3	5	6	5
3	2	2	7	2	1	6	6
2	6	5	0	2	7	5	0
1	2	3	2	1	2	1	2
3	1	2	3	1	2	2	1

10. 什么是点处理？你所学算法中有哪些属于点处理？试举 3 种不同作用的点运算。
11. 什么是局部处理？你所学算法中有哪些属于局部处理？试举 3 种不同作用的局部运算。

12. 图像特性包括哪些类型?
13. 什么是窗口处理和模块处理?二者有何区别与联系?
14. 什么是锥形结构?它有何作用?
15. 什么是树结构?它有何作用?

第3章 图像变换

图像变换在数字图像处理与分析中起着很重要的作用,是一种常用的、有效的分析手段。图像变换的目的在于:①使图像处理问题简化;②有利于图像特征提取;③有助于从概念上增强对图像信息的理解。

简单的图像变换通常是一种二维正交变换,但要求这种正交变换必须是可逆的,并且正变换和反变换的算法不能太复杂。正交变换的特点是在变换域中图像能量集中分布在低频率成分上,边缘、线信息反映在高频率成分上。因此正交变换广泛应用在图像增强、图像恢复、特征提取、图像压缩编码和形状分析等方面。图像变换算法有很多,本章首先讨论常用的二维傅里叶变换;其次简要介绍沃尔什-哈达玛变换、哈尔变换、离散余弦变换等;最后介绍近年来发展的小波变换与多尺度几何分析技术。

3.1 预备知识

3.1.1 点源和狄拉克函数

在图像处理中,常常用到点源的概念。事实上,一幅图像可以看成由无穷多极小的像素所组成,每一个像素都可以看成一个点源。因此,一幅图像可以看成由无穷多点源组成。

在数学上,点源可用狄拉克δ函数来表示。二维δ函数可定义为

$$\delta(x, y) = \begin{cases} \infty, & x=0, y=0 \\ 0, & 其他 \end{cases} \tag{3.1.1}$$

且满足

$$\iint_{-\infty}^{\infty} \delta(x, y) \mathrm{d}x\mathrm{d}y = \iint_{-\varepsilon}^{\varepsilon} \delta(x, y) \mathrm{d}x\mathrm{d}y = 1 \tag{3.1.2}$$

式中:ε为任意小的正数。

据δ函数的定义,它具有以下一些性质:

(1)δ函数为偶函数,即

$$\delta(-x, -y) = \delta(x, y) \tag{3.1.3}$$

(2)位移性:

$$f(x, y) = \int_{-\infty}^{\infty} \int_{-\infty}^{\infty} f(\alpha, \beta) \delta(x-\alpha, y-\beta) \mathrm{d}\alpha\mathrm{d}\beta \tag{3.1.4}$$

或用卷积符号 $*$ 表示为

$$f(x, y) = f(x, y) * \delta(x, y) \tag{3.1.5}$$

因此有

$$f(x-\alpha, y-\beta) = f(x, y) * \delta(x-\alpha, y-\beta) \tag{3.1.6}$$

(3) 可分性：

$$\delta(x, y) = \delta(x)\delta(y) \tag{3.1.7}$$

(4) 筛选性（或采样性）：

$$\iint\limits_{-\infty}^{\infty} f(x, y)\delta(x-\alpha, y-\beta)\,\mathrm{d}x\mathrm{d}y = f(\alpha, \beta) \tag{3.1.8}$$

当 $\alpha = \beta = 0$ 时

$$f(0, 0) = \iint\limits_{-\infty}^{\infty} f(x, y)\delta(x, y)\,\mathrm{d}x\mathrm{d}y \tag{3.1.9}$$

3.1.2 二维线性位移不变系统

如果对二维函数施加某一运算 $T[\cdot]$ 满足

(1) $T[f_1(x, y) + f_2(x, y)] = T[f_1(x, y)] + T[f_2(x, y)]$ （3.1.10）

(2) $T[af(x, y)] = aT[f(x, y)]$ （3.1.11）

其中：a 为任意常数（可以为复数），则称此运算为二维线性运算。由它描述的系统，称为二维线性系统。

条件(1)和条件(2)分别称为线性和齐次性条件，可以把它们写成

$$T[a_1 f_1(x, y) + a_2 f_2(x, y)] = a_1 T[f_1(x, y)] + a_2 T[f_2(x, y)] \tag{3.1.12}$$

二维线性系统输入、输出及运算关系可以用图 3.1.1(a) 表示。

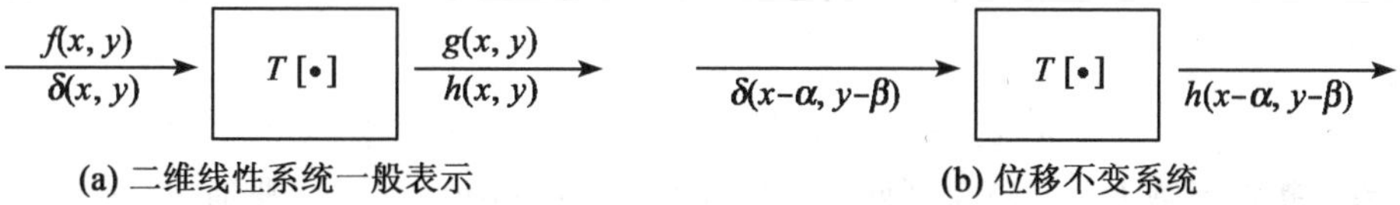

(a) 二维线性系统一般表示   **(b) 位移不变系统**

图 3.1.1

当输入的单位脉冲函数延迟了 α、β 单位，即当输入为 $\delta(x-\alpha, y-\beta)$ 时，如果输出为 $h(x-\alpha, y-\beta)$，则称此系统为位移不变系统，如图 3.1.1(b) 所示。显然，对于位移不变系统来说，系统的输出仅和输入函数性态有关，而和作用的起点无关。

当输入为单位脉冲 $\delta(x, y)$ 时，系统的输出称为脉冲响应，用 $h(x, y)$ 表示。在图像处理中，它便是对点源的响应，称为点扩散函数（见图 3.1.2）。

对于一个二维、线性位移不变系统来说，如果输入为 $f(x, y)$，输出为 $g(x, y)$，系统加于输入的线性运算为 $T[\cdot]$，则有

$$g(x, y) = T[f(x, y)] = T\left[\iint\limits_{-\infty}^{\infty} f(\alpha, \beta)\delta(x-\alpha, y-\beta)\,\mathrm{d}\alpha\mathrm{d}\beta\right]$$

$$\stackrel{\text{线性}}{=} \iint_{-\infty}^{\infty} f(\alpha,\beta) T[\delta(x-\alpha, y-\beta)] \mathrm{d}\alpha \mathrm{d}\beta$$

$$\stackrel{\text{位移不变}}{=} \iint_{-\infty}^{\infty} f(\alpha,\beta) h(x-\alpha, y-\beta) \mathrm{d}\alpha \mathrm{d}\beta \tag{3.1.13}$$

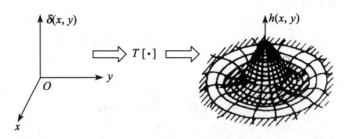

图 3.1.2 点源和点扩散函数

或简记为

$$g(x,y) = f(x,y) * h(x,y) \tag{3.1.14}$$

上式表明，线性位移不变系统的输出等于系统的输入和系统脉冲响应(点扩散函数)的卷积。

利用变量置换将式(3.1.13)写成

$$g(x,y) = \iint_{-\infty}^{\infty} f(x-\alpha, y-\beta) h(\alpha,\beta) \mathrm{d}\alpha \mathrm{d}\beta \tag{3.1.15}$$

或

$$g(x,y) = h(x,y) * f(x,y) \tag{3.1.16}$$

于是有

$$h(x,y) * f(x,y) = f(x,y) * h(x,y) \tag{3.1.17}$$

如果点扩散函数 $h(x,y)$ 是偶函数，即 $h(-x,-y) = h(x,y)$，则有

$$g(x,y) = \iint_{-\infty}^{\infty} f(\alpha,\beta) h(x-\alpha, y-\beta) \mathrm{d}\alpha \mathrm{d}\beta$$
$$= c_{hf}(x,y) \tag{3.1.18}$$

即输出为输入图像和点扩散函数的互相关函数。

二维线性位移不变系统的输入、输出和运算关系可用图 3.1.3 表示。

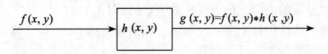

图 3.1.3 二维线性位移不变系统

3.2 傅里叶变换

法国数学家傅里叶在其著作《热分析理论》中指出：任何周期函数都可表示为不同频率的正弦函数或余弦函数之和，即傅里叶级数。例如一个周期为 T 的函数 $f(t)$ 在 $[-T/2, T/2]$ 上满足狄利克雷（Dirichlet）条件，则在 $[-T/2, T/2]$ 可以展成傅里叶级数，如下式

$$f_r(t) = \frac{a_0}{2} + \sum_{n=1}^{\infty}(a_n \cos nwt + b_n \sin nwt)$$

可见，傅里叶级数清楚地表明了函数（信号）由哪些频率分量组成及其所占的比重，从而有利于对信号进行分析与处理。该方法从本质上完成了空间信息到频域信息的变换，通过变换将空间域信号处理问题转化为频域信号处理问题。20 世纪 50 年代之后，计算机的发展以及快速傅里叶变换算法的出现，使得频域滤波相关技术得到了广泛的发展。

对于非周期性的信号，傅里叶指出：任何连续信号，都可以表示为不同频率的正弦波信号的无限叠加。由此创立了傅里叶变换。本节主要介绍傅里叶变换及其性质。

3.2.1 连续函数的傅里叶变换

令 $f(x)$ 为实变量 x 的连续函数，$f(x)$ 的傅里叶变换以 $F\{f(x)\}$ 表示，则表达式为

$$F\{f(x)\} = F(u) = \int_{-\infty}^{\infty} f(x) e^{-j2\pi ux} dx \tag{3.2.1}$$

式中：$j = \sqrt{-1}$；

$$e^{-j2\pi ux} = \cos 2\pi ux - j\sin 2\pi ux \tag{3.2.2}$$

傅里叶变换中出现的变量 u 通常称为频率变量。这个名称是这样来的：用欧拉公式将式（3.2.1）中的指数项表示成式（3.2.2），如果将（3.2.1）中的积分解释为离散项的和的极限，则显然包含了正弦和余弦项的无限项的和，而且 u 的每一个值确定了它对应的正弦—余弦的频率。

若已知 $F(u)$，则利用傅里叶反变换为

$$f(x) = F^{-1}\{F(u)\} = \int_{-\infty}^{\infty} F(u) e^{j2\pi ux} du \tag{3.2.3}$$

式（3.2.1）和式（3.2.3），称为傅里叶变换对，如果 $f(x)$ 是连续的和可积的，且 $F(u)$ 是可积的，可证明此傅里叶变换对存在。事实上这些条件几乎总是可以满足的。

这里 $f(x)$ 是实函数，它的傅里叶变换 $F(u)$ 通常是复函数。$F(u)$ 的实部、虚部、振幅、能量和相位分别表示如下：

实部 $\quad R(u) = \int_{-\infty}^{\infty} f(x)\cos(2\pi ux) dx \tag{3.2.4}$

虚部 $\quad I(u) = -\int_{-\infty}^{\infty} f(x)\sin(2\pi ux) dx \tag{3.2.5}$

振幅 $\quad |F(u)| = [R^2(u) + I^2(u)]^{1/2} \tag{3.2.6}$

能量 $\quad E(u) = |F(u)|^2 = R^2(u) + I^2(u) \tag{3.2.7}$

相位 $\quad \phi(u) = \arctan\left[\dfrac{I(u)}{R(u)}\right] \tag{3.2.8}$

傅里叶变换很容易推广到二维的情况。如果 $f(x,y)$ 是连续和可积的,且 $F(u,v)$ 是可积的,则存在如下的傅里叶变换对

$$F(u,v) = \iint_{-\infty}^{\infty} f(x,y) e^{-j2\pi(ux+vy)} dxdy \tag{3.2.9}$$

$$f(x,y) = F^{-1}\{F(u,v)\} = \iint_{-\infty}^{\infty} F(u,v) e^{j2\pi(ux+vy)} dudv \tag{3.2.10}$$

式中:u,v 是频率变量。

与一维的情况一样,二维函数的傅里叶谱、能量和相位谱分别由下列关系给出:

$$|F(u,v)| = [R^2(u,v) + I^2(u,v)]^{1/2} \tag{3.2.11}$$

$$E(u,v) = R^2(u,v) + I^2(u,v) \tag{3.2.12}$$

$$\phi(u,v) = \arctan[I(u,v)/R(u,v)] \tag{3.2.13}$$

例如求图 3.2.1(a)一维盒式函数的傅里叶变换。

盒式函数的傅里叶变换为

$$F(v) = \int_{-\infty}^{+\infty} f(x) e^{-j2\pi vx} dx = \int_{-B/2}^{B/2} A e^{-j2\pi vx} dx$$

$$= AB \frac{\sin(\pi vB)}{\pi vB} \tag{3.2.14}$$

图 3.2.1(c)显示了 $|F(v)|$ 与频率 v 的关系曲线即为我们熟悉的 sinc 函数。

由傅里叶变换的尺度特性可知,信号在空域中压缩,在频域中扩展;反之,信号在空域中扩展,在频域中就一定压缩;即信号的脉宽与频宽成反比。一般来说,空宽有限的信号,其频宽无限,反之亦然。因此,对于图 3.2.1 有:①$F(v)$ 和 $|F(v)|$ 的零值位置大小与盒式函数的宽度 B 成反比;②到原点的距离越大,旁瓣的高度随着到原点距离的增加而减小;③函数 $F(v)$ 向 v 值的正方向和负方向无限扩展。

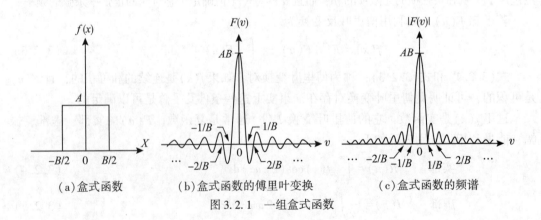

(a)盒函数　　(b)盒式函数的傅里叶变换　　(c)盒式函数的频谱

图 3.2.1　一组盒式函数

又如求图 3.2.2(a)二维盒式函数的傅里叶变换。

$$F(u,v) = \iint_{-\infty}^{+\infty} f(x,y) e^{-j2\pi(ux+vy)} dxdy$$

$$= \int_0^X f(x, y) \mathrm{e}^{-\mathrm{j}\pi ux} \int_0^{Y-\mathrm{j}\pi vy} \mathrm{d}x\mathrm{d}y$$

$$= AXY \frac{\sin(\pi uX)}{(\pi uX)} \frac{\sin(\pi vY)}{(\pi vY)}$$

其傅里叶谱为

$$|F(u, v)| = AXY \frac{\sin(\pi uX)}{(\pi uX)} \frac{\sin(\pi vY)}{(\pi vY)} \tag{3.2.15}$$

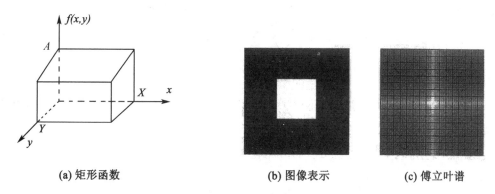

(a) 矩形函数　　　　(b) 图像表示　　　　(c) 傅立叶谱

图 3.2.2　二维盒式函数

这里需要说明的是：傅里叶谱通常用 $\lg(1+|F(u, v)|)$ 的图像显示，而不是 $F(u, v)$ 直接显示。因为傅里叶变换中 $F(u, v)$ 随 u 或 v 的增加衰减太快，这样只能表示 $F(u, v)$ 高频项很少的峰，其余都难以表示清楚。而采用对数形式显示，就能更好地表示 $F(u, v)$ 的高频，这样便于对图像频谱的视觉理解；其次，利用傅里叶变换的平移性质，将 $f(x, y)$ 傅里叶变换后的原点移到频率域窗口的中心显示，这样显示的傅里叶谱图像中，窗口中心为低频，向外为高频，从而便于分析。

3.2.2　离散函数的傅里叶变换

假定取间隔 Δx 对一个连续函数 $f(x)$ 均匀采样，离散化为一个序列 $\{f(x_0), f(x_0+\Delta x), \cdots, f[x_0+(N-1)\Delta x]\}$，如图 3.2.3 所示。将序列表示成

$$f(x) = f(x_0 + x\Delta x) \tag{3.2.16}$$

式中：x 为离散值 $0, 1, 2, \cdots, N-1$。换句话说，序列 $\{f(0), f(1), f(2), \cdots, f(N-1)\}$ 表示取自该连续函数的 N 个等间隔抽样值。

被抽样函数的离散傅里叶变换可定义为

$$F(u) = \frac{1}{N} \sum_{x=0}^{N-1} f(x) \mathrm{e}^{-\mathrm{j}2\pi ux/N} \tag{3.2.17}$$

式中：$u = 0, 1, 2, \cdots, N-1$。反变换为

$$f(x) = \sum_{x=0}^{N-1} F(u) \mathrm{e}^{\mathrm{j}2\pi ux/N} \tag{3.2.18}$$

式中：$x=0, 1, 2, \cdots, N-1$。

式(3.2.17)中 $F(u)$，$u=0, 1, 2, \cdots, N-1$ 分别对应于 $0, \Delta u, 2\Delta u, \cdots, (N-1)\Delta u$ 处傅里叶变换的抽样值，即 $F(u)$ 表示 $F(u\Delta u)$。除了 $F(u)$ 的抽样始于频率轴的原点之外，这个表示法和离散的 $f(x)$ 表示法相似。可以证明 Δu 和 Δx 的关系为

$$\Delta u = \frac{1}{N\Delta x} \tag{3.2.19}$$

在二维的情况下，离散的傅里叶变换对如式(3.2.20)和(3.2.21)。

$$F(u, v) = \frac{1}{MN}\sum_{x=0}^{M-1}\sum_{y=0}^{N-1}f(x, y)e^{-j2\pi(ux/M+vy/N)} \tag{3.2.20}$$

式中：$u=0, 1, 2, \cdots, M-1$；$v=0, 1, 2, \cdots, N-1$。

$$f(x, y) = \sum_{u=0}^{M-1}\sum_{v=0}^{N-1}F(u, v)e^{j2\pi(ux/M+vy/N)} \tag{3.2.21}$$

式中：$x=0, 1, 2, \cdots, M-1$；$y=0, 1, 2, \cdots, N-1$。

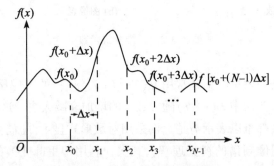

图 3.2.3 连续函数的抽样

对二维连续函数的抽样是在 x 轴和 y 轴上分别以 Δx 和 Δy 等间距划分为若干个格网点。同一维的情况一样，离散函数 $f(x, y)$ 表示函数 $f(x_0+x\Delta x, y_0+y\Delta y)$ 点的取样，对 $F(u, v)$ 有类似的解释。在空间域和频率域中的抽样间距关系为

$$\Delta u = \frac{1}{M\Delta x} \tag{3.2.22}$$

$$\Delta v = \frac{1}{N\Delta y} \tag{3.2.23}$$

当图像抽样成一个方形阵列，即 $M=N$ 时，傅里叶变换对如式(3.2.24)和式(3.2.25)

$$F(u, v) = \frac{1}{N}\sum_{x=0}^{N-1}\sum_{y=0}^{N-1}f(x, y)e^{-j2\pi(ux+vy)/N} \tag{3.2.24}$$

式中：$u, v=0, 1, 2, \cdots, N-1$。

$$f(x, y) = \frac{1}{N}\sum_{u=0}^{N-1}\sum_{v=0}^{N-1}F(u, v)e^{j2\pi(ux+vy)/N} \tag{3.2.25}$$

式中：x，$y=0$，1，2，…，$N-1$。

注意式(3.2.20)与式(3.2.24)、式(3.2.21)与式(3.2.25)的区别在于这些常数倍乘项的组合是不同的。实际中图像常被数字化为方阵，因此这里主要考虑式(3.2.24)和式(3.2.25)给出的傅里叶变换对。而式(3.2.20)和式(3.2.21)适用于图幅不为方阵的情形。

一维和二维离散函数的傅里叶谱、能量和相位谱分别由式(3.2.6)至式(3.2.8)和式(3.2.11)至式(3.2.13)给出。唯一的差别在于独立变量是离散的。因为在离散的情况下，$F(u)$和$F(u, v)$两者总是存在的，因此，不必考虑离散傅里叶变换的存在性。

数字图像的二维离散傅里叶变换所得结果的频率成分分布示意图如图3.2.4所示。即变换结果的左上、右上、左下、右下四个角的周围对应于低频成分，中央部位对应于高频成分。为使直流成分出现在变换结果数组的中央，可采用图示的换位方法。但应注意到，换位后的数组进行傅里叶反变换时，得不到原图像。也就是说，在进行反变换时，必须使用四角代表低频成分、画面中央对应高频部分的变换结果。

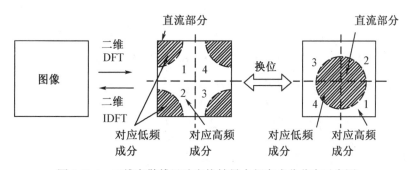

图3.2.4 二维离散傅里叶变换结果中频率成分分布示意图

一般来说，对一幅图像进行傅里叶变换运算量很大，不直接利用以上公式计算。现在多采用快速傅里叶变换法，这样可大大减少计算量。为提高傅里叶变换算法的速度，从软件角度来讲，要不断改进算法；其次为硬件化。限于篇幅，关于快速傅里叶变换算法在此从略。

3.2.3 二维离散傅里叶变换的若干性质

数字图像经离散傅里叶变换后，低频部分反映图像的概貌，高频部分反映图像细节，离散傅里叶变换建立了图像在空间域的像素特性与其频率域上的信息强度之间的关系，把图像空间域难以显现的特征在频域中十分清楚地显现出来。在数字图像处理中，要经常利用这种变换关系及其转换规律，表3.1列出了二维傅里叶变换的性质。下面介绍离散傅里叶变换的若干重要性质。

表 3.1　二维离散傅里叶变换的性质

序号	性　质	表　达　式
1	变换可分性	因为 $e^{(-j2\pi(ux+vy)/N)} = e^{(-j2\pi ux/N)} e^{(-j2\pi vy/N)}$ 所以 $F(u, v) = F_x\{F_y[f(x, y)]\} = F_y\{F_x[f(x, y)]\}$ $f(x, y) = F_u^{-1}\{F_v^{-1}[F(u, v)]\} = F_v^{-1}\{F_u^{-1}[F(u, v)]\}$
2	线性	$F[a_1 f_1(x, y) + a_2 f_2(x, y)] = a_1 F[f_1(x, y)] + a_2 F[f_2(x, y)]$
3	比例性质	$f(ax, by) \leftrightarrow F(u/a, v/b)/|ab|$
4	空间位移	$f(x-x_0, y-y_0) \leftrightarrow F(u, v) e^{(-j2\pi(ux_0+vy_0)/N)}$
	频率位移(调制)	$f(x, y) e^{(j2\pi(u_0 x+v_0 y)/N)} \leftrightarrow F(u-u_0, v-v_0)$
5	对称性	若 $f(x, y) = f(-x, -y)$ 则 $F(u, v) = F(-u, -v)$
	共轭对称性	$f^*(x, y) \leftrightarrow F^*(-u, -v)$
6	差分	$f(x, y) - f(x-1, y) \leftrightarrow (1 - e^{(-j2\pi u/N)}) F(u, v)$
	积分	$f(x, y) + f(x-1, y) \leftrightarrow (1 + e^{(-j2\pi u/N)}) F(u, v)$
7	两单变量函数之积	$f_1(x) f_2(y) \leftrightarrow F_1(u) F_2(v)$
8	平均值	$F(0, 0) = \dfrac{1}{N^2} \sum_{x=0}^{N-1} \sum_{y=0}^{N-1} f(x, y)$
9	180°旋转	$F\{F[f(x, y)]\} = f(-x, -y)$
10	旋转不变性	$f(r, \theta+\theta_0) \leftrightarrow F(\omega, \phi+\theta_0)$
11	巴塞伐定理(能量定理)	$\sum_{x=0}^{M-1}\sum_{y=0}^{N-1} f_1(x, y) f_2^*(x, y) = \sum_{u=0}^{M-1}\sum_{v=0}^{N-1} F_1(u, v) F_2^*(u, v)$ 当 $f_1(x, y) = f_2(x, y)$ 时 $\sum_{x=0}^{M-1}\sum_{y=0}^{N-1} |f_1(x, y)|^2 = \sum_{u=0}^{M-1}\sum_{v=0}^{N-1} |F(u, v)|^2$
12	卷积定理(空间域)	$f(x, y) * g(x, y) \leftrightarrow F(u, v) \cdot G(u, v)$
13	卷积定理(频率域)	$f(x, y) \cdot g(x, y) \leftrightarrow F(u, v) * G(u, v)$
14	相关定理	互相关: $f(x, y) \circ g(x, y) \leftrightarrow F^*(u, v) G(u, v)$ 　　　　$f(x, y) \circ g(x, y) \leftrightarrow F(u, v) \circ G(u, v)$ 自相关: $f(x, y) \circ f(x, y) \leftrightarrow |F(u, v)|^2$ 　　　　$f(x, y)^2 \leftrightarrow F(u, v) \circ F(u, v)$
15	周期性	$f(x, y) = f(x+mN, y+nN)$ $F(u, v) = F(u+mN, v+nN)$ $m, n = 0, \pm 1, \pm 2, \cdots$

1. 周期性和共轭对称性

若离散函数 $f(x, y)$ 的傅里叶变换和它的反变换周期为 N，则有
$$F(u, v) = F(u+N, v) = F(u, v+N) = F(u+N, v+N) \tag{3.2.26}$$

以 $(u+N)$ 和 $(v+N)$ 的变量直接代入式(3.2.24)中，可以证明这个性质的有效性。虽然式(3.2.26)对 u 和 v 的无限数来讲，$F(u, v)$ 重复着其本身，但为了由 $F(u, v)$ 得到 $f(x, y)$，只需任何一周期中每个变量的取值。换言之，为了在频域中完全地确定 $F(u, v)$，只需要变换一个周期。在空间域中，对 $f(x, y)$ 也有相似的性质。

傅里叶变换存在共轭对称性。因为
$$F(u, v) = F^*(-u, -v) \tag{3.2.27}$$
或者
$$|F(u, v)| = |F(-u, -v)| \tag{3.2.28}$$

这种周期性和共轭对称性对图像的频谱分析和显示带来很大益处。

2. 分离性

可分离性是指二维傅里叶变换可由连续两次一维傅里叶变换来实现。例如式(3.2.24)可分成下列两式：
$$F(x, v) = N\left\{\frac{1}{N}\sum_{y=0}^{N-1} f(x, y)\exp[-\mathrm{j}2\pi vy/N]\right\}, \quad v = 0, 1, \cdots, N-1 \tag{3.2.29}$$

$$F(u, v) = N\left\{\frac{1}{N}\sum_{x=0}^{N-1} F(x, v)\exp[-\mathrm{j}2\pi ux/N]\right\}, \quad u, v = 0, 1, \cdots, N-1 \tag{3.2.30}$$

对每个 x 值，式(3.2.29)大括号中是一个一维傅里叶变换。所以 $F(x, v)$ 可由沿 $F(x, y)$ 的每一列变换再乘以 N 得到；在此基础上，再对 $F(x, v)$ 每一行求傅里叶变换就可得到 $F(u, v)$。这个过程可用图3.2.5表示。

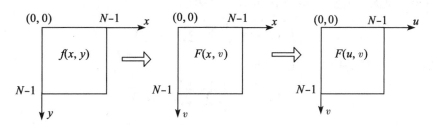

图3.2.5 由两步一维变换计算二维变换

3. 平移性质

傅里叶变换的平移性质可写成（用⇔表示函数和其傅里叶变换的对应关系）：
$$f(x, y)\exp[\mathrm{j}2\pi(u_0 x + v_0 y)/N] \Leftrightarrow F(u-u_0, v-v_0) \tag{3.2.31}$$

$$f(x-x_0, y-y_0) \Leftrightarrow F(u, v)\exp[-j2\pi(ux_0+vy_0)/N] \quad (3.2.32)$$

式(3.2.31)表明，将$f(x, y)$与一个指数项相乘就相当于把其变换后的频域中心移动到新的位置(u_0, v_0)。类似地，式(3.2.32)表明将$f(u, v)$与一个指数项相乘就相当于把其反变换后的空域中心移动到新的位置(x_0, y_0)。另外，从式(3.2.32)可知，对$f(x, y)$的平移不影响其傅里叶变换的幅值。

4. 旋转性质

首先借助极坐标变换$x=r\cos\theta$，$y=r\sin\theta$，$u=w\cos\phi$，$v=\sin\phi$将$f(x, y)$和$F(u, v)$转换为$f(r, \theta)$和$F(w, \phi)$。直接将它们代入傅里叶变换对得到

$$f(r, \theta+\theta_0) \Leftrightarrow F(w, \phi+\theta_0) \quad (3.2.33)$$

上式表明，对$f(x, y)$旋转θ_0的傅里叶变换对应于将其傅里叶变换$F(u, v)$也旋转θ_0。类似地，对$F(u, v)$旋转θ_0也对应于将其傅里叶反变换$f(x, y)$旋转θ_0。

5. 分配律

根据傅里叶变换的定义可得到

$$F\{f_1(x, y)+f_2(x, y)\} = F\{f_1(x, y)\}+F\{f_2(x, y)\} \quad (3.2.34)$$

上式表明傅里叶变换和反变换对加法满足分配律，但对乘法则不满足。

6. 尺度变换(缩放)

给定两个标量a和b，可证明对傅里叶变换有以下两式成立

$$af(x, y) \Leftrightarrow aF(u, v) \quad (3.2.35)$$

$$f(ax, by) \Leftrightarrow \frac{1}{|ab|}F\left(\frac{u}{a}, \frac{v}{b}\right) \quad (3.2.36)$$

7. 平均值

对一个二维离散函数，其平均值可用下式表示

$$\bar{f}(x, y) = \frac{1}{N^2}\sum_{x=0}^{N-1}\sum_{y=0}^{N-1}f(x, y) \quad (3.2.37)$$

如将$u=v=0$代入式(3.2.20)，得

$$F(0, 0) = \frac{1}{N^2}\sum_{x=0}^{N-1}\sum_{y=0}^{N-1}f(x, y) \quad (3.2.38)$$

8. 离散卷积定理

设$f(x, y)$、$g(x, y)$是大小分别为$A\times B$和$C\times D$的两个数组，则它们的离散卷积定义为

$$f(x, y)*g(x, y) = \sum_{m=0}^{M-1}\sum_{n=0}^{N-1}f(m, n)g(x-m, y-n) \quad (3.2.39)$$

式中：$x=0, 1, \cdots, M-1$，$y=0, 1, \cdots, N-1$；$M=A+C-1$，$N=B+D-1$。

对式(3.2.39)两边进行傅里叶变换，有

$$F[f(x,y)*g(x,y)] = \sum_{x=0}^{M-1}\sum_{y=0}^{N-1}\left\{\sum_{m=0}^{M-1}\sum_{n=0}^{N-1}f(m,n)g(x-m,y-n)\right\}e^{-j2\pi\left(\frac{ux}{M}+\frac{vy}{N}\right)}$$

$$= \sum_{m=0}^{M-1}\sum_{n=0}^{N-1}f(m,n)e^{-j2\pi\left(\frac{um}{M}+\frac{vn}{N}\right)} \cdot \sum_{x=0}^{M-1}\sum_{y=0}^{N-1}g(x-m,y-n)e^{-j2\pi\left[\frac{u(x-m)}{M}+\frac{v(y-n)}{N}\right]} \quad (3.2.40)$$

$$= F(u,v)G(u,v)$$

这就是空间域卷积定理。

9. 离散相关定理

大小为 $A\times B$ 和 $C\times D$ 的两个离散函数 $f(x,y)$、$g(x,y)$ 的互相关定义为

$$f(x,y)\circ g(x,y) = \sum_{m=0}^{M-1}\sum_{n=0}^{N-1}f^*(m,n)g(x+m,y+n) \quad (3.2.41)$$

式中：$M=A+C-1$，$N=B+D-1$。则相关定理为

$$F\{f(x,y)\circ g(x,y)\} = F^*(u,v)G(u,v) \quad (3.2.42)$$

利用和卷积定理相似的证明方法，可以证明互相关和自相关定理。

利用相关定理可以计算函数的相关，但和计算卷积一样，有循环相关问题。为此，必须将求相关的函数延拓成周期为 M 和 N 的周期函数，并对要延拓后的函数添加适当的零。即

$$f_e(x,y) = \begin{cases} f(x,y), & 0\leqslant x\leqslant A-1,\ 0\leqslant y\leqslant B-1 \\ 0, & A\leqslant x\leqslant M-1,\ B\leqslant y\leqslant N-1 \end{cases} \quad (3.2.43)$$

$$g_e(x,y) = \begin{cases} g(x,y), & 0\leqslant x\leqslant C-1,\ 0\leqslant y\leqslant D-1 \\ 0, & C\leqslant x\leqslant M-1,\ D\leqslant y\leqslant N-1 \end{cases} \quad (3.2.44)$$

式中：$M\geqslant A+C-1$，$N\geqslant B+D-1$。

3.3 其他可分离图像变换

以上所讨论的傅里叶变换是图像处理应用中常用的可分离变换中的一个特例。下面先讨论这类变换的通用公式，然后介绍在图像处理中常用的沃尔什、哈达玛和离散余弦等变换。

3.3.1 通用公式

一维离散傅里叶变换是一类重要的变换，它可以用通用关系式表示为

$$T(u) = \sum_{x=0}^{N-1}f(x)g(x,u) \quad (3.3.1)$$

式中：$T(u)$ 是 $f(x)$ 的正变换，$g(x,u)$ 是正变换核，并且假定在 $u=0,1,\cdots,N-1$ 内取值。类似地，逆变换由关系式

$$f(x) = \sum_{u=0}^{N-1}T(u)h(x,u) \quad (3.3.2)$$

给出。其中 $h(x,u)$ 是反变换核，并且假定在 $x=0,1,\cdots,N-1$ 内取值。变换的性质由

变换核的性质所决定。

对于二维方阵，正变换和反变换可用

$$T(u, v) = \sum_{x=0}^{N-1} \sum_{y=0}^{N-1} f(x, y) g(x, y, u, v) \tag{3.3.3}$$

以及

$$f(x, y) = \sum_{u=0}^{N-1} \sum_{v=0}^{N-1} T(u, v) h(x, y, u, v) \tag{3.3.4}$$

给出。和上面一样，其中 $g(x, y, u, v)$ 和 $h(x, y, u, v)$ 分别称为正变换核和反变换核。如果

$$g(x, y, u, v) = g_1(x, u) g_2(y, v) \tag{3.3.5}$$

则称核是可分离的。如果 g_1 与 g_2 相同，则称这个核是对称的。在对称情况下，式(3.3.5)可以表示成

$$g(x, y, u, v) = g_1(x, u) g_1(y, v) \tag{3.3.6}$$

类似地，用 h 代替 g 也成立。

对于式(3.2.24)中的二维傅里叶变换而言，它的核为

$$g(x, y, u, v) = \frac{1}{N} \exp[-j2\pi(ux+vy)/N]$$

核是可分离的，因为

$$\begin{aligned} g(x, y, u, v) &= g_1(x, u) g_1(y, v) \\ &= \frac{1}{\sqrt{N}} \exp[-j2\pi ux/N] \frac{1}{\sqrt{N}} \exp[-j2\pi vy/N] \end{aligned} \tag{3.3.7}$$

很容易证明反变换核也是可分离的。

一个具有可分离核的正变换可以分成两步处理，每一步要作一个一维变换。首先，沿着 $f(x, y)$ 的每一列进行变换，得到

$$T(x, v) = \sum_{y=0}^{N-1} f(x, y) g_2(y, v) \tag{3.3.8}$$

式中：$x, v = 0, 1, 2, \cdots, N-1$。然后，沿着 $T(x, v)$ 的每一行进行一维变换，则有

$$T(u, v) = \sum_{x=0}^{N-1} T(x, v) g_1(x, u) \tag{3.3.9}$$

式中：$u, v = 0, 1, 2, \cdots, N-1$。

如果核 $g(x, y, u, v)$ 是可分离和对称的，则 g_1 与 g_2 相同，$T(u, v)$ 为

$$T(u, v) = \sum_{x=0}^{N-1} \sum_{y=0}^{N-1} g_1(u, x) f(x, y) g_1(y, v) \tag{3.3.10}$$

用矩阵形式表示为

$$\boldsymbol{T} = \boldsymbol{A}\boldsymbol{F}\boldsymbol{A}^{\mathrm{T}} \tag{3.3.11}$$

式中：$\boldsymbol{F}$ 是 $N \times N$ 矩阵，$\boldsymbol{A}$ 是以 $a_{ij} = g_1(i, j)$ 为元素的 $N \times N$ 对称变换矩阵。矩阵 $\boldsymbol{A}$ 的元素可能为复数，用 $\boldsymbol{A}^*$ 表示 $\boldsymbol{A}$ 的复数共轭矩阵，若满足

$$\boldsymbol{A}^{-1} = (\boldsymbol{A}^*)^{\mathrm{T}} \tag{3.3.12}$$

根据式(3.3.11)和式(3.3.12)，可推导出反变换的矩阵表达式为
$$F = (A^*)^T F A^* \tag{3.3.13}$$
若 A 为实数矩阵，则满足式(3.3.12)的矩阵 A 称为正交矩阵，相应的变换就是正交变换。

可见，正交变换是酉变换的一种特例，酉变换是复数域中的一种正交变换。前面介绍的傅里叶变换显然是一种酉变换，下面介绍的几种变换也属于酉变换。

3.3.2 沃尔什变换

当 $N=2^n$ 时，函数 $f(x)$ 的离散沃尔什变换记为 $w(u)$，其变换核为
$$g(x, u) = \frac{1}{N} \prod_{i=0}^{N-1} (-1)^{b_i(x) b_{n-1-i}(u)} \tag{3.3.14}$$
则
$$w(u) = \frac{1}{N} \sum_{x=0}^{N-1} f(x) \prod_{i=0}^{N-1} (-1)^{b_i(x) b_{n-1-i}(u)} \tag{3.3.15}$$
就是一维离散沃尔什变换。

式中的 $b_k(z)$ 是 z 的二进制表示的第 k 位值。例如，$n=3$，$N=2^n=8$，如果 $z=6$(二进制是110)，则有 $b_0(z)=0$，$b_1(z)=1$，以及 $b_2(z)=1$。

不顾及常数项，$g(u, x)$ 的值在 $N=8$ 时可以列成表3.2。沃尔什变换核形成的数组是一个对称矩阵，它的行和列是正交的。除相差常数因子 $1/N$ 外，反变换核 $h(x, u)$ 与正变换核其他完全相同。即
$$h(x, u) = \prod_{i=0}^{n-1} (-1)^{b_i(x) b_{n-1-i}(u)} \tag{3.3.16}$$

表3.2 $N=8$ 的沃尔什变换核的值

u	x							
	0	1	2	3	4	5	6	7
0	+	+	+	+	+	+	+	+
1	+	+	+	+	−	−	−	−
2	+	+	−	−	−	−	+	+
3	+	+	−	−	+	+	−	−
4	+	−	−	+	+	−	−	+
5	+	−	−	+	−	+	+	−
6	+	−	+	−	−	+	−	+
7	+	−	+	−	+	−	+	−

因而，一维离散沃尔什反变换为
$$f(x) = \sum_{i=0}^{N-1} w(u) \prod_{i=0}^{n-1} (-1)^{b_i(x) b_{n-1-i}(u)} \tag{3.3.17}$$

与以三角函数项为基础的傅里叶变换不同，沃尔什变换是由取+1或者取−1的基本函

数的级数展开式构成的,有快速算法,因此,它广泛用于数字信号处理图像分析等领域。

二维正和反沃尔什变换核由关系式

$$g(x, y, u, v) = \frac{1}{N} \prod_{i=1}^{n-1} (-1)^{[b_i(x)b_{n-1-i}(u) + b_i(y)b_{n-1-i}(v)]} \quad (3.3.18)$$

$$h(x, y, u, v) = \frac{1}{N} \prod_{i=1}^{n-1} (-1)^{[b_i(x)b_{n-1-i}(u) + b_i(y)b_{n-1-i}(v)]} \quad (3.3.19)$$

给出。

这两个核完全相同,所以下面两式给出的二维沃尔什正变换和反变换也具有相同形式:

$$W(u, v) = \frac{1}{N} \sum_{x=0}^{N-1} \sum_{y=0}^{N-1} f(x, y) \prod_{i=0}^{n-1} (-1)^{[b_i(x)b_{n-1-i}(u) + b_i(y)b_{n-1-i}(v)]} \quad (3.3.20)$$

$$f(x, y) = \frac{1}{N} \sum_{u=0}^{N-1} \sum_{v=0}^{N-1} W(u, v) \prod_{i=0}^{n-1} (-1)^{[b_i(x)b_{n-1-i}(u) + b_i(y)b_{n-1-i}(v)]} \quad (3.3.21)$$

二维沃尔什正变换核和反变换核都是可分离和对称的,因为

$$g(x, y, u, v) = g_1(x, u)g_1(y, v) = h_1(x, u)h_1(y, v) \quad (3.3.22)$$

可见二维的沃尔什正、反变换都可分成两个步骤计算,每个步骤由一个一维变换实现。

3.3.3 哈达玛变换

一维正向哈达玛(Hadamard)变换核为

$$g(x, u) = \frac{1}{N}(-1)^{\sum_{i=0}^{n-1} b_i(x)b_i(u)} \quad (3.3.23)$$

式中:$b_k(z)$代表z的二进制表示的第k位值。将式(3.3.23)代入式(3.3.1)中,可得下面的一维哈达玛变换表达式

$$H(u) = \frac{1}{N} \sum_{x=0}^{n-1} f(x)(-1)^{\sum_{i=0}^{n-1} b_i(x)b_i(u)} \quad (3.3.24)$$

式中:$N=2^n$,并假定u在范围0,1,2,…,$N-1$内取值。

与沃尔什变换一样,正、反变换核相同,但没有$1/N$。因此一维哈达玛反变换的表达式为

$$f(x) = \sum_{u=0}^{N-1} H(u)(-1)^{\sum_{i=0}^{n-1} b_i(x)b_i(u)} \quad (3.3.25)$$

式中:$x=0,1,2,\cdots,N-1$。

二维核正、反变换关系式由

$$g(x, y, u, v) = \frac{1}{N}(-1)^{\sum_{i=0}^{n-1} [b_i(x)b_i(u) + b_i(y)b_i(v)]} \quad (3.3.26)$$

以及

$$h(x, y, u, v) = \frac{1}{N}(-1)^{\sum_{i=0}^{n-1}[b_i(x)b_i(u)+b_i(y)b_i(v)]} \tag{3.3.27}$$

给出。

这两个核完全相同,所以下面两式

$$H(u, v) = \frac{1}{N}\sum_{x=0}^{N-1}\sum_{y=0}^{N-1}f(x, y)(-1)^{\sum_{i=0}^{n-1}[b_i(x)b_i(u)+b_i(y)b_i(v)]} \tag{3.3.28}$$

$$f(x, y) = \frac{1}{N}\sum_{x=0}^{N-1}\sum_{y=0}^{N-1}H(u, v)(-1)^{\sum_{i=0}^{n-1}[b_i(x)b_i(u)+b_i(y)b_i(v)]} \tag{3.3.29}$$

给出的二维哈达玛正、反变换也具有相同形式。哈达玛正变换核都是可分离的和对称的。因此,二维哈达玛正变换和反变换都可通过两个一维变换实现。

一维哈达玛核产生的数值矩阵,在 $N=8$ 的情形下如表 3.3 所示。其中的常数项 $1/N$ 被省略了。与表 3.2 相比,区别仅是次序的不同。

哈达玛变换核矩阵具有简单的递推关系。

表 3.3　　$N=8$ 的哈达玛变换核的值

u	x							
	0	1	2	3	4	5	6	7
0	+	+	+	+	+	+	+	+
1	+	−	+	−	+	−	+	−
2	+	+	−	−	+	+	−	−
3	+	−	−	+	+	−	−	+
4	+	+	+	+	−	−	−	−
5	+	−	+	−	−	+	−	+
6	+	+	−	−	−	−	+	+
7	+	−	−	+	−	+	+	−

最小阶($N=2$)的哈达玛矩阵是

$$\boldsymbol{H}_2 = \begin{bmatrix} 1 & 1 \\ 1 & -1 \end{bmatrix} \tag{3.3.30}$$

如果用 $\boldsymbol{H}_N$ 代表 N 阶矩阵,那么 $2N$ 阶哈达玛矩阵 $\boldsymbol{H}_{2N}$ 与 $\boldsymbol{H}_N$ 的递推关系式为

$$\boldsymbol{H}_{2N} = \begin{bmatrix} \boldsymbol{H}_N & \boldsymbol{H}_N \\ \boldsymbol{H}_N & -\boldsymbol{H}_N \end{bmatrix} \tag{3.3.31}$$

哈达玛矩阵某一列元素符号变换次数常称为该列的列率。例如表 3.3 中八列的列率依次为 0,7,3,4,1,6,2 和 5。可以定义随 u 增加而列率也增加的哈达玛变换核。以下两个式子给出满足该条件的一维哈达玛变换核

$$g(x, u) = \frac{1}{N}(-1)^{\sum_{i=0}^{n-1}b_i(x)p_i(u)} \tag{3.3.32}$$

$$\left.\begin{array}{l}p_0(u)=b_{n-1}(u)\\p_1(u)=b_{n-1}(u)b_{n-2}(u)\\p_{n-1}(u)=b_1(u)+b_0(u)\end{array}\right\} \quad (3.3.33)$$

表 3.4 给出 $N=8$ 时按列率排序的一维哈达玛变换核的值(常数 $1/N$ 略去)。注意：根据对称性，行和列都满足列率递增的条件。

排序的一维哈达玛反变换核定义如下：

$$h(x,u)=(-1)^{\sum_{i=0}^{n-1}b_i(x)p_i(u)} \quad (3.3.34)$$

从而可以得到一维定序哈达玛变换对

$$H(u)=\frac{1}{N}\sum_{x=0}^{N-1}f(x)(-1)^{\sum_{i=0}^{n-1}b_i(x)p_i(u)} \quad (3.3.35)$$

$$f(x)=\sum_{u=0}^{N-1}H(u)(-1)^{\sum_{i=0}^{n-1}b_i(x)p_i(u)} \quad (3.3.36)$$

二维定序哈达玛正、反变换核是可分离的并且相同。

$$g(x,y,u,v)=h(x,y,u,v)=\frac{1}{N}(-1)^{\sum_{i=0}^{n-1}[b_i(x)p_i(u)+b_i(y)p_i(v)]} \quad (3.3.37)$$

按式(3.3.28)和式(3.3.29)，可类似地写出定序的二维哈达玛变换对。

表 3.4　　　　　$N=8$ 时经过排序的一维哈达玛变换核的值

u	x							
	0	1	2	3	4	5	6	7
0	+	+	+	+	+	+	+	+
1	+	+	+	+	−	−	−	−
2	+	+	−	−	−	−	+	+
3	+	+	−	−	+	+	−	−
4	+	−	−	+	+	−	−	+
5	+	−	−	+	−	+	+	−
6	+	−	+	−	−	+	−	+
7	+	−	+	−	+	−	+	−

3.3.4　离散余弦变换

从傅里叶变换性质可知，当一函数为偶函数时，其傅里叶变换的虚部为零，因而不需计算正弦项变换，只计算余弦项变换，这就是余弦变换。因此，余弦变换是傅里叶变换的特例，余弦变换是简化傅里叶变换的重要方法。

将一幅 $N×N$ 图像 $f(x,y)$ 沿水平方向对折镜像，再沿垂直方向对折镜像，可成为一个 $2N×2N$ 偶函数图像。那么它的二维正、反离散余弦变换(Discrete Cosine Transform，DCT)由下面两式定义：

$$C(u, v) = a(u)a(v) \sum_{x=0}^{N-1} \sum_{y=0}^{N-1} f(x, y) \cos\left[\frac{(2x+1)u\pi}{2N}\right] \cos\left[\frac{(2y+1)v\pi}{2N}\right]$$
(3.3.38)

$$u, v = 0, 1, \cdots, N-1$$

$$f(x, y) = \sum_{u=0}^{N-1} \sum_{v=0}^{N-1} a(u)a(v)C(u, v) \cos\left[\frac{(2x+1)u\pi}{2N}\right] \cos\left[\frac{(2y+1)v\pi}{2N}\right]$$
(3.3.39)

式中：$a(u) = \begin{cases} 1/\sqrt{2} & u=0 \\ 1 & u=1, 2, \cdots, N-1 \end{cases}$, $a(v) = \begin{cases} 1/\sqrt{2} & v=0 \\ 1 & v=1, 2, \cdots, N-1 \end{cases}$ (3.3.40)

$$x, y = 0, 1, \cdots, N-1$$

近年来离散余弦变换(DCT)在图像压缩编码中得到广泛应用，本书将在图像压缩中进一步加以讨论。

3.4 小波变换

小波分析与前面介绍的傅里叶分析有着惊人的相似，其基本的数学思想来源于经典的调和分析，其雏形形成于20世纪50年代初的纯数学领域，但此后30年来一直没有受到人们的注意。小波的概念是由法国 Elf-Aquitaine 公司的地球物理学家 J. Morlet 在1984年提出的。他在分析地质资料时，首先引进并使用了小波(wavelet)这一术语，顾名思义，"小波"就是小的波形。所谓"小"，是指它具有衰减性；而称之为"波"，则是指它的波动性，其振幅为正负相间的震荡形式。

众所周知，傅里叶分析是现代工程中应用最广泛的数学方法之一，特别是在信号及图像处理方面，利用傅里叶变换可以把信号分解成不同尺度上连续重复的成分，对图像处理与分析有很多优点，应用也相当多。然而，由于傅里叶变换存在不能同时进行时间—频率局部分析的缺点，为了弥补这方面的不足，Gabor 在1946年提出了信号的时频局部化分析方法，即所谓的 Gabor 变换，信号 $f(t)$ 的 Gabor 变换定义式为

$$W_f(\omega, \tau) = \int_R g(t-\tau)f(t)e^{-\omega t}dt \qquad (3.4.1)$$

式中：函数 $g(t) = \frac{1}{\sqrt{2\pi}}e^{-\frac{t^2}{2}}$ 称为高斯窗函数。该方法在应用中不断发展完善，从而形成了一种新的处理信号的方法——加窗傅里叶变换或短时傅里叶变换。加窗傅里叶变换能在不同程度上克服傅里叶变换的上述弱点，但提取精确信息时要涉及时窗和频窗的选择问题。由著名的 Heisenberg 测不准原理可知，$g(t)$ 无论是什么样的窗函数，时窗 $g(t)$ 的宽度与频窗 $g(w)$ 宽度之积不小于 $\pi/4$。对信号作时—频分析时，其时窗和频窗不能同时达到极小值。即当选定一窗函数后，使其频宽对应于某一频段时，其时宽就不能太窄，这对提取高频信号是不利的。

但 Gabor 变换的时—频窗口是固定不变的，窗口没有自适应性，不适于分析多尺度信号过程和突变过程，而且其离散形式没有正交展开，难于实现高效算法，这是 Gabor 变换

的主要缺点，因此限制了它的应用。

小波分析是当前应用数学中迅速发展的新技术，小波变换在信号分析、语音合成、图像识别、计算机视觉、数据压缩、CT成像、地震勘探等方面都已取得了具有科学意义和应用价值的重要成果。原则上能用傅里叶分析的地方均可用小波分析，甚至能获得更好的结果。限于篇幅，本节仅就小波变换的基本概念作简单介绍，以引起读者对这一新技术的关注。

3.4.1 连续小波变换

同傅里叶变换一样，在小波变换中同样存在着一维、二维的连续小波变换。

1. 一维连续小波变换

给定基本小波函数 φ，信号 $f(t)$ 的连续小波变换定义为

$$W_f(a, b) = \frac{1}{\sqrt{a}} \int_R f(t) \varphi\left(\frac{t-b}{a}\right) dt = \int_{-\infty}^{+\infty} f(t) \varphi_{a,b}(t) dt \tag{3.4.2}$$

小波变换可以表示为 $W_f(a, b) = f * \varphi_{a,b}(t)$，它可以看做求函数 $f(t)$ 在 $\varphi_{a,b}(t)$ 的各尺度平移信号上的投影。

式中：$a > 0$，$b \in \mathbf{R}$。式(3.4.2)给出 $f(t)$ 的一种多尺度表示，a 代表尺度因子，$\varphi_{a,b}(t) = \frac{1}{\sqrt{a}} \varphi\left(\frac{t-b}{a}\right)$ 称为小波。如果 $\varphi_{a,b}(t)$ 是复变函数，上式采用复共轭函数 $\overline{\varphi}_{a,b}(t)$。若 $a > 1$，则函数 $\varphi(t)$ 具有伸展作用；$a < 1$ 时，函数具有收缩作用。而 $\varphi(t)$ 的傅里叶变换 $\Psi(\omega)$ 则恰好相反。伸缩参数 a 对小波 $\varphi(t)$ 和 $\Psi(\omega)$ 的影响如图3.4.1(a)、(b)所示。

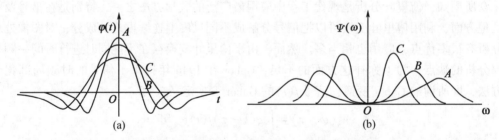

图3.4.1 伸缩参数 a 对小波 $\varphi(t)$ 和 $\Psi(w)$ 的影响

随着参数 a 的减小，$\varphi_{a,b}(t)$ 的支撑区随之变窄，而 $\Psi_{a,b}(\omega)$ 的频谱随之向高频端展宽，反之亦然。这就有可能实现窗口大小自适应变化，当信号频率增高时，时窗宽度变窄，而频窗宽度增大，有利于提高时域分辨率，反之亦然。

小波 $\varphi_{a,b}(t)$ 随伸缩参数 a、平移参数 b 而变化，如图3.4.2所示。图中，小波函数为 $\varphi(t) = te^{-t^2}$。当 $a = 2$，$b = 15$ 时，$\varphi_{a,b}(t) = \varphi_{2,15}(t)$ 的波形 $\varphi(t)$ 从原点向右移至 $t = 15$ 且波形展宽，$a = 5$，$b = -10$ 时，$\varphi_{-5,-10}(t)$ 则从原点向左平移至 $t = -10$ 处且波形收缩。

小波 $\varphi(t)$ 的选择既不是唯一的，也不是任意的。这里 $\varphi(t)$ 是归一化的具有单位能量的解析函数，它应满足以下几个条件：

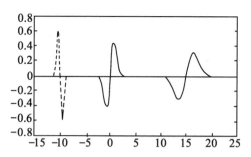

图 3.4.2 小波 $\varphi_{a,b}(t)$ 的波形随参数 a, b 而变化的情形

(1) 定义域应是紧支撑的,即在一个很小的区间外,函数为零,也就是函数应有速降特性。

(2) 平均值为零,即

$$\int_{-\infty}^{+\infty} \varphi(t) \mathrm{d}t = 0 \tag{3.4.3}$$

其高阶矩也为零,即

$$\int_{-\infty}^{+\infty} t^k \varphi(t) \mathrm{d}t = 0, \qquad k = 0, 1, 2, \cdots, N-1 \tag{3.4.4}$$

该条件也叫小波的容许条件。

$$C_\varphi = \int_{-\infty}^{+\infty} \frac{|\Psi(\omega)|^2}{\omega} \mathrm{d}\omega < \infty \tag{3.4.5}$$

式中:$\Psi(\omega) = \int_{-\infty}^{+\infty} \varphi(t) \mathrm{e}^{-\mathrm{j}\omega t} \mathrm{d}t$ 是 $\varphi(t)$ 的傅里叶变换。C_φ 是有限值,它意味着 $\Psi(\omega)$ 连续可积。

$$\Psi(0) = \int_{-\infty}^{+\infty} \varphi(t) \mathrm{d}t = 0 \tag{3.4.6}$$

由上式可以看出,小波 $\varphi(t)$ 在 t 轴上取值有正有负才能保证式(3.4.6)积分为零。所以 $\varphi(t)$ 应有振荡性。

由此可见,小波是一个具有振荡性和迅速衰减的波。

对于所有的 $f(t), \varphi(t) \in L^2(R)$,连续小波逆变换由式(3.4.7)给出

$$f(t) = \frac{1}{C_\varphi} \int_{-\infty}^{+\infty} \int_{-\infty}^{+\infty} a^{-2} W_f(a, b) \varphi_{a,b}(t) \mathrm{d}a \mathrm{d}b \tag{3.4.7}$$

2. 一维小波变换的基本性质

1) 线性

小波变换是线性变换,它把一信号分解成不同尺度的分量。设 $W_{f_1}(a, b)$、$W_{f_2}(a, b)$ 分别为 $f_1(t)$、$f_2(t)$ 的小波变换,若

$$f(t) = \alpha f_1(t) + \beta f_2(t) \tag{3.4.8}$$

则有

$$W_f(a, b) = \alpha W_{f_1}(a, b) + \beta W_{f_2}(a, b) \tag{3.4.9}$$

2) 平移和伸缩的共变性

连续小波变换在任何平移之下是共变的,若 $f(t) \leftrightarrow W_f(a, b)$ 是一对小波变换关系,

则 $f(t-b_0) \leftrightarrow W_f(a, b-b_0)$ 也是小波变换对。

对于任何伸缩也是共变的，若 $f(t) \leftrightarrow W_f(a, b)$，则

$$f(a_0 t) \Leftrightarrow \frac{1}{\sqrt{a_0}} W_f(a_0 a, a_0 b) \tag{3.4.10}$$

3）微分运算

$$W_{\varphi_{a,b}}\left(\frac{\partial^n f(t)}{\partial t^n}\right) = (-1)^n \int_{-\infty}^{+\infty} f(t)\left(\frac{\partial^n}{\partial t^n}\right)\left[\overline{\varphi_{a,b}(t)}\right] dt \tag{3.4.11}$$

除上述性质外，小波变换还有诸如局部正则性、能量守恒性、空间—尺度局部化等特性。

3. 几种典型的一维小波

由于基本小波的选取具有很大的灵活性，因此各个应用领域可根据所讨论问题的自身特点选取基本小波 φ。从这个方面看，小波变换比经典的傅里叶变换更具有广泛的适应性，到目前为止，人们已经构造了各种各样的小波及小波基。下面给出几种有代表性的小波。

（1）Haar 小波：

$$h(t) = \begin{cases} 1, & t \in [0, 1/2] \\ -1, & t \in [1/2, 1] \end{cases} \tag{3.4.12}$$

该正交函数是由 Haar 提出来的，如图 3.4.3 所示。而由

$$h_{m,n}(t) = 2^{m/2} h(2^m t - n), \quad m, n \in \mathbf{Z} \tag{3.4.13}$$

构成 $L^2(R)$ 中的一个正交小波基，称为 Haar 基。式中，$\mathbf{Z}$ 为全体整数所成的集合。由于 Haar 基不是连续函数，因而用途不广。

（2）墨西哥草帽小波：

高斯函数 $f(x) = e^{-\frac{x^2}{2}}$ 的各阶导数为

$$\varphi_m(x) = (-1)^m \frac{d^m f(x)}{dx^m} \tag{3.4.14}$$

当 $m=2$ 时，$\varphi_2(x)$ 称为马尔小波或墨西哥草帽小波，如图 3.4.4 所示。

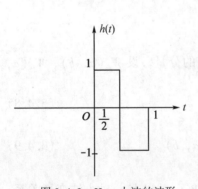

图 3.4.3 Haar 小波的波形

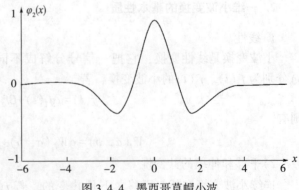

图 3.4.4 墨西哥草帽小波

Marr 小波在视觉信息加工研究和边缘监测方面获得较多应用。

4. 二维连续小波变换

由于图像或计算机视觉信息一般是二维信息，因此这里给出二维小波变换的定义。

若 $f(x, y)$ 是一个二维函数，则它的连续小波变换是

$$W_f(a, b_x, b_y) = \int_{-\infty}^{+\infty}\int_{-\infty}^{+\infty} f(x, y)\varphi_{a, b_x, b_y}(x, y) \mathrm{d}x\mathrm{d}y \qquad (3.4.15)$$

式中：b_x 和 b_y 分别表示在 x，y 轴的平移。二维连续小波逆变换为

$$f(x, y) = \frac{1}{C_\varphi}\int_0^\infty \int_{-\infty}^\infty \int_{-\infty}^\infty W_f(a, b_x, b_y)\varphi_{a, b_x, b_y}(x, y)\mathrm{d}b_x\mathrm{d}b_y\frac{\mathrm{d}a}{a^3} \qquad (3.4.16)$$

其中

$$\varphi_{a,b_x,b_y}(x, y) = \frac{1}{|a|}\varphi\left(\frac{x-b_x}{a}, \frac{y-b_y}{a}\right) \qquad (3.4.17)$$

而 $\varphi(x, y)$ 是一个二维基本小波。同理可以给出多维连续小波变换。

3.4.2 离散小波变换

参数 a 的伸缩和参数 b 的平移为连续取值的子波变换，是连续小波变换，主要用于理论分析方面。在实际应用中需要对尺寸参数 a 和平移参数 b 进行离散化处理，可以选取 $a = a_0^m$，m 是整数，a_0 是大于 1 的固定伸缩步长。选 $b = nb_0 a_0^m$，其中 $b_0 > 0$ 且与小波 $\varphi(t)$ 具体形式有关；n 为整数。这种离散化的基本思想体现了小波变换作为"数学显微镜"的主要功能。选择适当的放大倍数 a_0^{-m}，在一个特定的位置研究一个函数或信号过程，然后再平移到另一位置继续研究，如果放大倍数过大，也就是尺度太小，就可按小步长移动一个距离，反之亦然。这一点通过选择递增步长反比于放大倍数(也就是与尺度 a_0^m 成反比例)很容易实现。而该放大倍数的离散化，则由于上述平移定位参数 b 的离散化方法来实现。于是离散小波可以定义为

$$\varphi_{m,n}(t) = \frac{1}{\sqrt{a_0^m}}\varphi\left(\frac{t-nb_0 a_0^m}{a_0^m}\right) = a_0^{-m/2}\varphi(a_0^{-m}t - nb_0) \qquad (3.4.18)$$

相应的离散小波变换为

$$W_f(m, n) = a_0^{-m/2}\int_{-\infty}^{+\infty} f(t)\varphi_{m,n}(t)\mathrm{d}t = a_0^{-m/2}\int_{-\infty}^{+\infty} f(t)\varphi(a_0^{-m}t - nb_0)\mathrm{d}t \qquad (3.4.19)$$

上式就是一维离散小波变换。

在连续小波变换的情形下，$W_f(a, b)$ 在 $a > 0$ 和 $b \in (-\infty, +\infty)$ 时能完全刻画函数 $f(t)$ 的性质或信号的变化过程，用逆变换式可以由变换结果重构 $f(t)$。用离散小波 $\varphi_{m,n}$，适当选择 a_0 与 b_0，同样能刻画 $f(t)$。

这里仅对小波理论做了简要的介绍，近年来小波理论及应用的研究促进了小波理论的发展，使其应用越来越广。小波变换理论的进一步讨论涉及较多的数学知识，读者可参考有关专著。

3.5 多尺度几何分析

通过对人类视觉系统研究，认为图像表示法应该满足以下条件：

(1) 多分辨性。能够对图像从粗分辨率到细分辨率不断逼近。

(2) 局域化。在空域和频域方面，表示方法的"基"应该是"局部"的。

(3) 方向性。表示方法的"基"应该具有"方向"性，不仅仅局限于二维可分离小波的3个方向。

(4) 各向异性。为了获取图像光滑轮廓，图像表示法应具有各种形状的基函数，尤其是这些形状应具有不同的纵横比。

在这些条件中，可分离小波可以很好地满足前两个条件。小波理论的兴起，得益于其对信号的时频局域分析能力及其能有效处理"点奇异"的一维函数。遗憾的是，小波分析并不能简单地推广到二维或高维。对于"线奇异"的二维函数，小波分析不能达到最优的非线性逼近；在高维情况下，小波分析并不能充分利用数据本身所特有的几何特征，不是最优或最稀疏的函数表示方法。多尺度几何分析又称为后小波分析，是满足上述条件的一种新的高维函数最优表示方法。它能充分利用函数本身的信息，对特定函数达到最优逼近。在理论上具有比小波分析更优的非线性逼近能力。

目前，人们已提出的多尺度几何变换分析方法主要有脊波(Ridgelet)、曲波(Curvelet)、梳状波(Brushlet)、子束波(Beamlet)、楔形波(Wedgelet)、轮廓波(Contourlet)、条带波(Bandlet)、方向波(Directionlet)、剪切波(Shearlet)等变换分析方法。各种多尺度几何变换分析法对图像处理具有不同的适用性，表3.5给出各种变换适合捕获的图像特征。由于篇幅所限，加之多尺度几何变换分析本身尚处于起步阶段，关于多尺度几何变换具体原理及其特点，这里就不作详细介绍了。

表3.5 **各种变换适合捕获的图像特征**

变换	适合捕获的图像特征
Fourier	均匀构成的光滑图像
Wavelet	点
Ridgelet	直线
Curvelet	光滑平面上 C^2 连续的闭曲线
Wedgelet	楔形
Beamlet	直线段
Bandelet	光滑平面上的 C^α 连续的闭曲线($\alpha \geq 2$)
Directionlet	交叉直线
Contourlet	具有分段光滑轮廓的区域
Shearlet	奇异点和奇异曲线

习题

1. 图像处理中正交变换的目的是什么？图像变换主要用于哪些方面？
2. 二维傅里叶变换有哪些性质？二维傅里叶变换的可分离性有何意义？
3. 为什么二维的沃尔什正反变换都可分为两个一维变换来实现？
4. 离散沃尔什变换有哪些性质？离散的沃尔什变换与哈达玛变换之间的异同点有哪些？哈达玛变换有何优点？
5. 求 $N=4$ 对应的沃尔什变换核矩阵。
6. 求下列图像的二维沃尔什变换，对所求结果加以分析。

$$\begin{bmatrix} 1 & 3 & 3 & 1 \\ 1 & 3 & 3 & 1 \\ 1 & 3 & 3 & 1 \\ 1 & 3 & 3 & 1 \end{bmatrix} \quad \begin{bmatrix} 1 & 1 & 1 & 1 \\ 1 & 1 & 1 & 1 \\ 1 & 1 & 1 & 1 \\ 1 & 1 & 1 & 1 \end{bmatrix}$$

(a) (b)

7. 对上面图像分别进行二维哈达玛变换，并对计算结果加以分析。
8. Gabor 变换是如何定义的？它是如何产生的？有何特点？
9. 什么是小波？小波函数是唯一的吗？一个小波函数应满足哪些容许性条件？
10. 什么是尺度函数？它对小波构造有何意义？
11. 多尺度几何分析在图像表示方面有何优点？

第 4 章 图像增强

在获取图像的过程中，由于多种因素的影响，导致图像质量下降。图像增强的目的在于：①采用一系列技术改善图像的视觉效果，提高图像的清晰度；②将图像转换成一种更适合于人或机器进行分析处理的形式。它不是以图像保真度为原则，而是通过处理，设法有选择地突出便于人或机器分析某些感兴趣的信息，抑制一些无用的信息，以提高图像的使用价值。

图像增强目前还缺乏统一的理论，这与没有衡量图像增强质量通用的、客观的标准有关。增强的方法往往具有针对性，增强的结果往往靠人的主观感觉加以评价。因此，图像增强方法只能有选择地使用。

图像增强方法从增强的作用域出发，可分为空间域增强和频率域增强两种。

空间域增强是直接对图像像素灰度进行操作；频率域增强是对图像经傅里叶变换后的频谱成分进行操作，然后经傅里叶逆变换获得所需结果。

图像增强所包含的主要内容如图 4.1 所示。

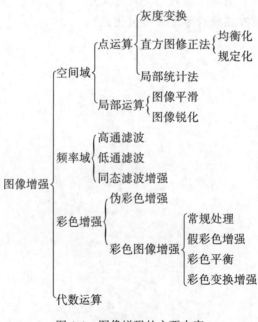

图 4.1 图像增强的主要内容

4.1 图像增强的点运算

在图像处理中,点运算输出图像上每个像素的灰度值仅由相应输入像素的值决定。对比度增强、对比度拉伸或灰度变换都属于点运算。它是图像数字化软件和图像显示软件的重要功能之一。

4.1.1 灰度级校正

在成像过程中,扫描系统、光电转换系统中的很多因素,如光照强弱、感光部件灵敏度、光学系统不均匀性、元器件特性不稳定等均可造成图像亮度分布的不均匀,导致某些部分亮,某些部分暗。灰度级校正就是在图像采集系统中对图像像素进行修正,使整幅图像成像均匀。

令理想输入系统输出的图像为 $f(i,j)$,实际获得的降质图像为 $g(i,j)$,则有

$$g(i,j) = e(i,j)f(i,j) \tag{4.1.1}$$

$e(i,j)$ 为降质函数或观测系统的灰度失真系数。显然,只要知道了 $e(i,j)$,就可求出非失真图像 $f(i,j)$。

标定系统失真系数的方法之一是采用一幅灰度级为常数 C 的图像成像,若经成像系统的实际输出为 $g_c(i,j)$,则有

$$g_c(i,j) = e(i,j)C \tag{4.1.2}$$

从而可得降质函数

$$e(i,j) = g_c(i,j)C^{-1} \tag{4.1.3}$$

将式(4.1.2)代入式(4.1.1),就可得降质图像 $g(i,j)$ 经校正后所恢复的原始图像 $f(i,j)$:

$$f(i,j) = C\frac{g(i,j)}{g_c(i,j)} \tag{4.1.4}$$

值得注意的是,经灰度级校正后的图像为连续图像,由于乘了一个系数 $C/g_c(i,j)$,所以校正后的 $f(i,j)$ 有可能出现"溢出"现象,即灰度级值可能超过某些记录器件或显示器的灰度输入许可范围,因此需再作适当修正。最后对修正后的图像进行量化。

4.1.2 灰度变换

灰度变换可使图像动态范围增大,图像对比度扩展,图像变清晰,特征明显,是图像增强的重要手段之一。

1. 线性变换

令原图像 $f(i,j)$ 的灰度范围为 $[a,b]$,线性变换后图像 $g(i,j)$ 的范围为 $[a',b']$,如图 4.1.1 所示。$g(i,j)$ 与 $f(i,j)$ 之间的关系式为

$$g(i,j) = a' + \frac{b'-a'}{b-a}(f(i,j)-a) \tag{4.1.5}$$

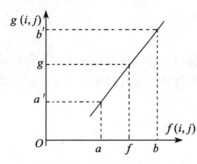

图 4.1.1 线性变换示意图

在曝光不足或过度的情况下，图像灰度可能会局限在一个很小的范围内。这时在显示器上看到的将是一个模糊不清、似乎没有灰度层次的图像。采用线性变换对图像每一个像素灰度作线性拉伸，将有效地改善图像视觉效果。

2. 分段线性变换

为了突出感兴趣的目标或灰度区间，相对抑制那些不感兴趣的灰度区间，可采用分段线性变换。常用的是三段线性变换，如图 4.1.2 所示。对应的数学表达式为

$$g(i,j)=\begin{cases}(c/a)f(i,j), & 0\leqslant f(i,j)<a\\ [(d-c)/(b-a)][f(i,j)-a]+c, & a\leqslant f(i,j)<b\\ [(M_g-d)/(M_f-b)][f(i,j)-b]+d, & b\leqslant f(i,j)<M_f\end{cases} \quad (4.1.6)$$

图 4.1.2 中对灰度区间 $[a,b]$ 进行了线性拉伸，而灰度区间 $[0,a]$ 和 $[b,M_f]$ 则被压缩。通过细心调整折线拐点的位置及控制分段直线的斜率，可对任一灰度区间进行拉伸或压缩。

3. 非线性灰度变换

当用某些非线性函数如对数函数、指数函数等作为映射函数时，可实现图像灰度的非线性变换。

(1) 对数变换：对数变换的一般表达式为

$$g(i,j)=a+\frac{\ln[f(i,j)+1]}{b\cdot\ln c} \quad (4.1.7)$$

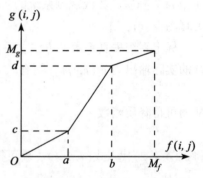

图 4.1.2 分段线性变换

这里 a,b,c 是为了调整曲线的位置和形状而引入的参数。当希望对图像的低灰度区进行较大的拉伸而对高灰度区压缩时，可采用这种变换，它能使图像灰度分布与人的视觉特性相匹配。

(2) 指数变换：指数变换的一般表达式为

$$g(i,j)=b^{c[f(i,j)-a]}-1 \quad (4.1.8)$$

这里的参数 a,b,c 用来调整曲线的位置和形状。这种变换能对图像的高灰度区给予较大的拉伸。

4.1.3 直方图修正法

灰度直方图反映一幅数字图像中灰度级与其出现频率间的统计关系。它能描述一幅图像的概貌，例如图像的灰度范围、每个灰度级出现频率、灰度级的分布、整幅图像的平均明暗和对比度等。大多数自然图像由于其灰度分布集中在较窄的区间，引起图像细节不够清晰。采用直方图修整后可使图像的灰度间距拉开或使灰度分布均匀，从而增大反差，使

图像细节清晰,达到增强图像的目的。直方图修正法通常有直方图均衡化及直方图规定化两类。

1. 直方图均衡化

直方图均衡化是通过对原图像进行某种变换,使原图像的灰度直方图变为均匀分布的直方图的一种方法。下面先讨论连续图像的均衡化问题,然后推广应用到数字图像上。

为讨论方便起见,以 r 和 s 分别表示归一化了的原图像灰度和经直方图修正后的图像灰度。即

$$0 \leqslant r, s \leqslant 1 \tag{4.1.9}$$

在[0,1]区间内的任一个 r,经变换 $T(r)$ 结果为 s,则

$$s = T(r) \tag{4.1.10}$$

$T(r)$ 为变换函数,应满足下列条件:
(1) 在 $0 \leqslant r \leqslant 1$ 内为单调递增函数;
(2) 在 $0 \leqslant r \leqslant 1$ 内,有 $0 \leqslant T(r) \leqslant 1$。

条件(1)保证灰度级从黑到白的次序不变,条件(2)确保映射后的像素灰度在允许的范围内。

反变换关系为

$$r = T^{-1}(s) \tag{4.1.11}$$

$T^{-1}(s)$ 对 s 同样满足上述两个条件(1)与(2)。

由概率论理论可知,如果已知随机变量 r 的概率密度为 $p_r(r)$,而随机变量 s 是 r 的函数,则 s 的概率密度 $p_s(s)$ 可以由 $p_r(r)$ 求出。假定随机变量 s 的分布函数用 $F_s(s)$ 表示,根据分布函数定义,则有

$$F_s(s) = \int_{-\infty}^{s} p_s(s)\,\mathrm{d}s = \int_{-\infty}^{r} p_r(r)\,\mathrm{d}r \tag{4.1.12}$$

根据密度函数是分布函数的导数的关系,等式两边对 s 求导,有

$$p_s(s) = \frac{\mathrm{d}}{\mathrm{d}s}\left[\int_{-\infty}^{r} p_r(r)\,\mathrm{d}r\right] = p_r \frac{\mathrm{d}r}{\mathrm{d}s} = p_r \frac{\mathrm{d}}{\mathrm{d}s}[T^{-1}(s)] \tag{4.1.13}$$

从上式看出,通过变换函数 $T(r)$ 可以控制图像灰度级的概率密度函数,从而改善图像的灰度层次,这就是直方图修改技术的基础。

从人眼视觉特性来考虑,一幅图像的直方图如果是均匀分布的,即 $p_s(s) = k$(归一化后 $k=1$)时,信息量最大,感觉上该图像色调比较协调。因此要求将原图像进行直方图均衡化,以满足人眼视觉要求的目的。

因为归一化假定

$$p_s(s) = 1 \tag{4.1.14}$$

由式(4.1.13)则有 $\mathrm{d}s = p_r(r)\,\mathrm{d}r$

两边积分得

$$s = T(r) = \int_0^r p_r(r)\,\mathrm{d}r \tag{4.1.15}$$

上式就是所求得的变换函数。它表明当变换函数 $T(r)$ 是原图像直方图累积分布函数

时，能达到直方图均衡化的目的。

对于灰度级为离散的数字图像，用频率来代替概率。则变换函数 $T(r_k)$ 的离散形式可表示为

$$s_k = T(r_k) = \sum_{j=0}^{k} p_r(r_j) = \sum_{j=0}^{k} \frac{n_j}{n}$$

$$0 \leq r_k \leq 1, \quad k = 0, 1, 2, \cdots, L-1 \tag{4.1.16}$$

可见，均衡后各像素的灰度值 s_k 可由原图像的直方图算出。下面举例说明直方图均衡的过程。

例1 假定有一幅总像素为 $n = 64 \times 64$ 的图像，灰度级数为 8，各灰度级分布列于表 4.1 中。对其均衡化的计算过程如下：

表 4.1 直方图的均衡化计算

r_k	n_k	$p_r(r_k) = n_k/n$	$s_{k计}$	$s_{k并}$	s_k	n_{s_k}	$p_s(s_k)$
$r_0 = 0$	790	0.19	0.19	1/7	$s_0 = 1/7$	790	0.19
$r_1 = 1/7$	1 023	0.25	0.44	3/7	$s_1 = 3/7$	1 023	0.25
$r_2 = 2/7$	850	0.21	0.65	5/7	$s_2 = 5/7$	850	0.21
$r_3 = 3/7$	656	0.16	0.81	6/7			
$r_4 = 4/7$	329	0.08	0.89	6/7	$s_3 = 6/7$	985	0.24
$r_5 = 5/7$	245	0.06	0.95	1			
$r_6 = 6/7$	122	0.03	0.98	1			
$r_7 = 1$	81	0.02	1.00	1	$s_4 = 1$	448	0.11

(1) 按式 (4.1.16) 求变换函数 $s_{k计}$；

$$s_{0计} = T(r_0) = \sum_{j=0}^{0} p_r(r_j) = 0.19$$

$$s_{1计} = T(r_1) = \sum_{j=0}^{1} p_r(r_j) = p_r(r_0) + p_r(r_1) = 0.19 + 0.25 = 0.44$$

类似地，计算出 $s_{2计} = 0.65$，$s_{3计} = 0.81$，$s_{4计} = 0.89$，$s_{5计} = 0.95$，$s_{6计} = 0.98$，$s_{7计} = 1$。

(2) 计算 $s_{k并}$；

考虑输出图像灰度是等间隔的，且与原图像灰度范围一样取 8 个等级，即要求 $s_k = k/7$，$k = 0, 1, 2, \cdots, 7$。因而需对 $s_{k计}$ 加以修正（采用四舍五入法），得到：

$s_{0并} = 1/7$，$s_{1并} = 3/7$，$s_{2并} = 5/7$，$s_{3并} = 6/7$，$s_{4并} = 6/7$，$s_{5并} = 1$，$s_{6并} = 1$，$s_{7并} = 1$

(3) s_k 的确定；

由 $s_{k并}$ 可知，输出图像的灰度级仅包含 5 个，分别是：

$$s_0 = 1/7, \quad s_1 = 3/7, \quad s_2 = 5/7, \quad s_3 = 6/7, \quad s_4 = 1$$

(4) 计算每个 s_k 对应的 n_{s_k}；

因为 $r_0 = 0$ 映射到 $s_0 = 1/7$，所以有 790 个像素变成 $s_0 = 1/7$。同样地，$r_1 = 1/7$，映射

到 $s_1=3/7$，所以有 1023 个像素取值 $s_1=3/7$。$r_2=2/7$ 映射到 $s_2=5/7$，因此有 850 个像素取值 $s_2=5/7$。又因为 r_3 和 r_4 都映射到 $s_3=6/7$，因此有 656+329=985 个像素取 $s_3=6/7$。同理有 245+122+81=448 个像素变换为 $s_4=1$。

（5）计算 $p_s(s)=n_{s_k}/n$。

将以上各步计算结果填在表 4.1 中。图 4.1.3 给出了原图像直方图以及均衡化的结果。图 4.1.3(b) 就是按式(4.1.16)给出的变换函数。由于采用离散公式，其概率密度函数是近似的，原直方图上频数较少的某些灰度级被合并到一个或几个灰度级中，频率小的部分被压缩，频率大的部分被增强。故图 4.1.3(c) 的结果是一种近似的、非理想的均衡

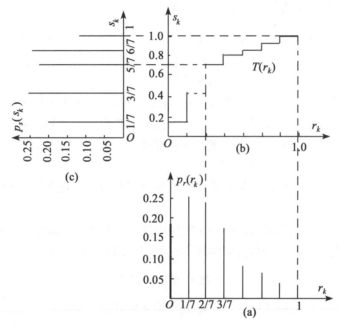

(a) 原始直方图　(b) 转换函数　(c) 均衡化直方图

图 4.1.3　直方图均衡化

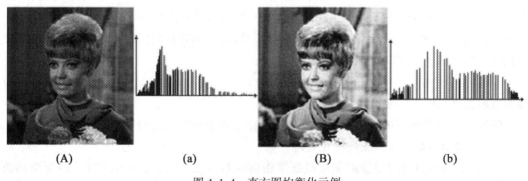

图 4.1.4　直方图均衡化示例

结果。虽然均衡所得图像的灰度直方图不是很平坦，灰度级数减少，但从分布来看，比原图像直方图平坦多了，而且动态范围扩大了。因此，直方图均衡的实质是减少图像的灰度等级换取对比度的扩大。

图 4.1.4 给出了一个直方图均衡化示例。图 4.1.4（A）和图 4.1.4（a）分别为一幅灰度级数 8bit 的图像及其直方图。原图像较暗且动态范围小，其直方图表现为大部分像素灰度集中在小灰度值一边。图 4.1.4（B）和图 4.1.4（b）分别是均衡化后得到的图像及其直方图。比较图 4.1.4（B）和图 4.1.4（A）可以看出，图 4.1.4（B）的反差增大了，许多细节更加清晰，对应的直方图变得平坦多了。

2. 直方图规定化（直方图匹配）

前面已介绍过，由于数字图像离散化的误差，把原始直方图的累积分布函数作为变换函数，直方图均衡只能产生近似均匀分布的直方图，这限制了均衡化处理的效果。在某些情况下，并不一定需要具有均匀直方图的图像，有时需要具有特定形状的直方图的图像，以便增强图像中某些灰度级。直方图规定化方法就是针对上述思想提出来的。直方图规定化是使原图像灰度直方图变成规定形状的直方图而对图像作修正的增强方法，也称直方图匹配。可见，它是对直方图均衡化处理的一种有效的扩展。直方图均衡化处理是直方图规定化的一个特例。

为了研究这个问题，我们仍从灰度连续的概率密度函数出发进行分析，然后推广应用到数字图像。

假设 $p_r(r)$ 和 $p_z(z)$ 分别表示已归一化的原图像灰度概率密度函数和希望得到的图像概率密度函数。首先对原图像进行直方图均衡化处理，即求变换函数

$$s = T(r) = \int_0^r p_r(r)\,dr \qquad (4.1.17)$$

假定已得到了所希望的图像，对它也进行均衡化处理，即

$$v = G(z) = \int_0^z p_z(r)\,dr \qquad (4.1.18)$$

它的逆变换是

$$z = G^{-1}(v) \qquad (4.1.19)$$

即由均衡化后的灰度级得到希望图像的灰度级。因为对原始图像和希望图像都作了均衡化处理。因而 $p_s(s)$ 和 $p_v(v)$ 具有相同的密度函数。这样，如果我们用原图像均衡得到的灰度来代替变换中的 v，其结果

$$z = G^{-1}(s) \qquad (4.1.20)$$

即为所求直方图匹配的变换函数。

假定 $G^{-1}(s)$ 是单值的，根据上述思想，总结出直方图规定化增强处理的步骤如下：

(1) 对原始图像作直方图均衡化处理；

(2) 按照希望得到的图像的灰度级概率密度函数 $p_z(z)$，由式 (4.1.18) 求得变换函数 $G(z)$；

(3) 用步骤 (1) 得到的灰度级 s 作逆变换 $z = G^{-1}(s)$。

那么经过以上处理得到的图像灰度级分布将具有规定的概率密度函数 $p_z(z)$ 的形状。

在上述处理过程中包含了两个变换函数 $T(r)$ 和 $G^{-1}(s)$，可将这两个函数简单地组合成一个函数关系，得到：

$$z = G^{-1}[T(r)] \tag{4.1.21}$$

当 $G^{-1}(r) = T(r)$ 时，直方图规定化处理就简化为直方图均衡化处理了。

下面举例来说明直方图规定化处理方法。

例 2 仍采用与例 1 相同的原始图像数据（64×64 像素且具有 8 级灰度）。该图像与规定直方图的灰度级分布列于表 4.2 中第 4 列、第 5 列。原图像直方图与规定直方图如图 4.1.5(a)、(b)所示。

步骤 1：原图像直方图均衡化。

均衡化的结果见例 1 表 4.1。原图像灰度与均衡化的映射关系列于表 4.2 中第 1 列。

步骤 2：规定直方图均衡化。

(1) 确定规定直方图的灰度 z_k 及其分布 $p_z(z_k)$。其值分别列于表 4.2 第 4 列与第 5 列，图 4.1.5(b)是它的直方图；

(2) 计算离散情况下的变换函数 $G(Z_k)$；

$$v_k = G(z_k) = \sum_{j=0}^{k} p_z(z_j) \tag{4.1.22}$$

表 4.2　　　　　　　　　　　　　直方图规定化计算

$r_j \to s_k$	n_k	$p_s(s_k)$	z_k	$p_z(z_k)$	v_k	$v_{k并}$	n_k	$p_v(v_{k并})$
$r_0 \to s_0 = 1/7$	790	0.19	$z_0 = 0$	0.00	0.00	0	0	0.00
$r_1 \to s_1 = 3/7$	1 023	0.25	$z_1 = 1/7$	0.00	0.00	0	0	0.00
$r_2 \to s_2 = 5/7$	850	0.21	$z_2 = 2/7$	0.00	0.00	0	0	0.00
$r_3 \to s_3 = 6/7$			$z_3 = 3/7$	0.15	0.15	$v_3 \to s_0 = 1/7$	790	0.19
$r_4 \to s_3 = 6/7$	985	0.24	$z_4 = 4/7$	0.20	0.35	$v_4 \to s_1 = 3/7$	1 023	0.25
$r_5 \to s_4 = 1$			$z_5 = 5/7$	0.30	0.65	$v_5 \to s_2 = 5/7$	850	0.21
$r_6 \to s_4 = 1$			$z_6 = 6/7$	0.20	0.85	$v_6 \to s_3 = 6/7$	985	0.24
$r_7 \to s_4 = 1$	448	0.11	1	0.15	1.00	$v_7 \to s_4 = 1$	448	0.11

由式(4.1.22)得到以下结果：

$v_0 = G(z_0) = 0.00$　　$v_1 = G(z_1) = 0.00$　　$v_2 = G(z_2) = 0.00$　　$v_3 = G(z_3) = 0.15$
$v_4 = G(z_4) = 0.35$　　$v_5 = G(z_5) = 0.65$　　$v_6 = G(z_6) = 0.85$　　$v_7 = G(z_7) = 1.00$

v_k 和 z_k 之间的对应关系如图 4.1.5(c)所示。

步骤 3：确定 z_k 与 v_k 的对应关系。

用步骤 1 中直方图均衡化后得到的 s_k 代替步骤 2 中的 v_j，对 G 逆变换求得 z_k 与 s_k 的对应关系。

在离散情况下，反变换常常进行近似处理。例如，最接近于 $s_0 = \dfrac{1}{7} = 0.14$ 的是 $v_3 =$

0.15。为此用 s_0 代替 v_3 作反变换 $G^{-1}(0.15) = z_3$。这样 s_0 映射的灰度级为 z_3。类似得到下列映射关系

$$s_0 = 1/7 \rightarrow z_3 = 3/7$$
$$s_1 = 3/7 \rightarrow z_4 = 4/7$$
$$s_2 = 5/7 \rightarrow z_5 = 5/7$$
$$s_3 = 6/7 \rightarrow z_6 = 6/7$$
$$s_4 = 1 \rightarrow z_7 = 1$$

由此得到 r_k 与 z_k 的映射关系

$r_0 = 0 \rightarrow z_3 = 3/7$ 　　　　$r_4 = 4/7 \rightarrow z_6 = 6/7$
$r_1 = 1/7 \rightarrow z_4 = 4/7$ 　　　$r_5 = 5/7 \rightarrow z_7 = 1$
$r_2 = 2/7 \rightarrow z_5 = 5/7$ 　　　$r_6 = 6/7 \rightarrow z_7 = 1$
$r_3 = 3/7 \rightarrow z_6 = 6/7$ 　　　$r_7 = 1 \rightarrow z_7 = 1$

根据这些映射关系重新分配像素 n_k,并用 $n = 4096$ 除,得到直方图规定化图像的灰度分布 $p_z(z_k)$。结果见表 4.2 最后一列。图 4.1.5(d) 是结果直方图。

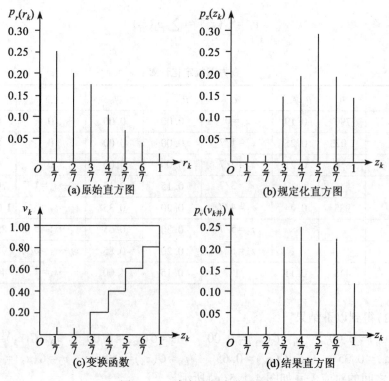

图 4.1.5　直方图规定化处理

由图 4.1.5(d) 可见,规定化图像的直方图较接近所希望的直方图如图 4.1.5(b) 的形状,但不完全相同。与直方图均衡化的情况一样,这是由于从连续到离散的转换引入了离散误差以及采用"只合并不分离"原则处理的结果。只有在连续情况下才能得到理想的结

果。尽管规定化只得到近似的直方图，但仍能产生较明显的增强效果。

利用直方图规定化方法进行图像增强的主要困难在于如何构成有意义的直方图，使增强图像有利于人的视觉判读或机器识别。有人曾经对人眼感光模型进行过研究，认为感光体具有对数模型响应。当图像的直方图具有双曲线形状时，感光体经对数模型响应后合成具有均衡化的效果。另外，也用高斯函数、指数型函数、瑞利函数等作为规定的概率密度函数。

在遥感数字图像处理中，经常用到直方图匹配的增强处理方法，使一幅图像与另一幅（相邻）图像的色调尽可能保持一致。例如，在进行两幅图像的镶嵌（拼接）时，由于两幅图像的时相季节不同会引起图像间色调的差异，这就需要在镶嵌前进行直方图匹配，以使两幅图像的色调尽可能保持一致，消除成像条件不同造成的不利影响，做到无缝拼接。图4.1.6 给出了两幅图像直方图匹配的示意图及其相应的直方图，图4.1.6(a)是直方图匹配前的镶嵌结果，中间有明显的接缝，图4.1.6(b)是直方图匹配后的镶嵌图像，中间的接缝已经消失，图4.1.6(c)、(d)、(e)分别是左右图像和镶嵌后图像的直方图。

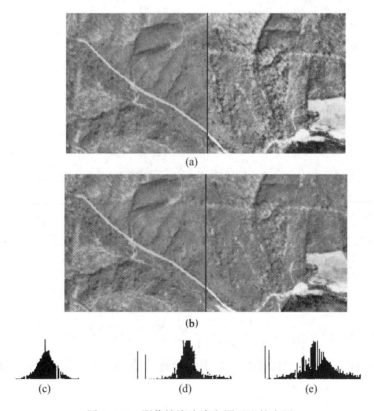

图 4.1.6　影像镶嵌中直方图匹配的应用

图4.1.7是另一个直方图规定化应用实例。图4.1.7(A)与(a)分别是一幅航摄数字化图像中某一区域及其直方图；图4.1.7(B)与(b)分别是覆盖同一区域的TM4图像及其

直方图;图 4.1.7(C)与(c)是将图像(A)按图(b)的直方图进行规定化得到的结果及其直方图。通过对比可以看出,在图 4.1.7 中,图(C)的对比度同图(B)接近一致,对应的直方图形状差异也不大。这样有利于影像融合处理,保证融合影像光谱特性变化小。

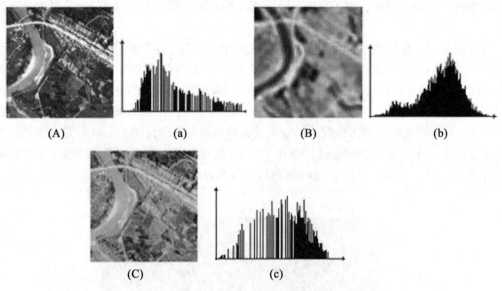

图 4.1.7 直方图规定化示例图

4.1.4 局部统计法

对比度增强除了灰度变换与直方图修整法外,还可用 Wallis 和 Jong-Sen Lee 提出的用局部均值和方差进行对比度增强的方法。

在一幅图像中,令像素(x, y)的灰度值为$f(x, y)$,所谓局部均值和方差是指以像素(x, y)为中心的$(2n+1) \times (2m+1)$邻域内的均值$m_L(x, y)$和方差$\sigma_L^2(x, y)$(n, m为正整数)。计算式为

$$m_L(x, y) = \frac{1}{(2n+1)(2m+1)} \sum_{i=x-n}^{n+x} \sum_{j=y-m}^{m+y} f(i, j) \quad (4.1.23)$$

$$\sigma_L^2(x, y) = \frac{1}{(2n+1)(2m+1)} \sum_{i=x-n}^{n+x} \sum_{j=y-m}^{m+y} [f(x, y) - m_L(x, y)]^2 \quad (4.1.24)$$

Wallis 提出的算法使每个像素具有希望的局部均值m_d和局部方差σ_d^2,那么像素(x, y)的输出值为

$$g(x, y) = m_d + \frac{\sigma_d}{\sigma_L(x, y)} [f(x, y) - m_L(x, y)] \quad (4.1.25)$$

式中:$m_L(x, y)$和$\sigma_L^2(x, y)$由式(4.1.23)和式(4.1.24)求得。若$m_L(x, y)$和$\sigma_L^2(x, y)$是像素(x, y)领域的真实均值和方差,则经过上式变换后,$g(x, y)$将具有均值m_d和方差σ_d^2。

Jong-Sen Lee 提出改进算法,保留像素(x,y)的局部均值,而对它的局部方差作了改动,使

$$g(x,y)=m_L(x,y)+k[f(x,y)-m_L(x,y)] \qquad (4.1.26)$$

式中:k 是局部标准偏差的比值。

这种改进算法的主要优点是不用计算局部方差 $\sigma_L^2(x,y)$。若 $k>1$,图像得到锐化,类似高通滤波;若 $k<1$,图像将被平滑,类似低通滤波;在极端情况 $k=0$ 下,$g(x,y)$ 等于局部均值 $m_L(x,y)$。

4.2 图像的空间域平滑

任何一幅原始图像在获取和传输等过程中,会受到各种噪声的干扰,使图像质量下降,图像模糊,特征湮没,对图像分析不利。

为抑制噪声、改善图像质量所进行的处理称图像平滑或去噪。它可以在空间域和频率域中进行。本节介绍空间域的几种平滑法。

4.2.1 局部平滑法

局部平滑法(邻域平均法或移动平均法)是一种直接在空间域上进行平滑处理的技术。假设图像由许多灰度恒定的小块组成,相邻像素间存在很高的空间相关性,而噪声则是统计独立的,则可用像素邻域内的各像素的灰度平均值代替该像素原来的灰度值,实现图像的平滑。

最简单的局部平滑法称为非加权邻域平均,它均等地对待邻域中的每个像素,即由各个像素灰度平均值作为中心像素的输出值。设有一幅 $N×N$ 图像 $f(x,y)$ 用非加权邻域平均法所得的平滑图像为 $g(x,y)$,则

$$g(x,y)=\frac{1}{M}\sum_{i,j\in s}f(i,j) \qquad (4.2.1)$$

式中:$x,y=0,1,\cdots,N-1$;s 为 (x,y) 的邻域中像素坐标的集合;M 表示集合 s 内像素的总数。常用的邻域为4-邻域和8-邻域。

设图像中的噪声是随机不相关的加性噪声,窗口内各点噪声是独立同分布的,经过上述平滑后,信号与噪声的方差比可望提高 M 倍。

这种算法简单,处理速度快,但它的主要缺点是在降低噪声的同时使图像产生模糊,特别是在边缘和细节处。而且邻域越大,在去噪能力增强的同时模糊程度越严重。比较图4.2.1(c)和(d),就发现5×5的邻域平滑图像比3×3的邻域平滑图像更模糊。

为克服简单局部平滑法的弊病,目前已提出许多保边缘、保细节的局部平滑算法。它们的出发点都集中在如何选择邻域的大小、形状、方向、参加平均的像素数以及邻域各点的权重系数等。下面简要介绍几种算法。

4.2.2 超限像素平滑法

对上述算法稍加改进,可导出一种称为超限像素平滑法。它是将 $f(x,y)$ 和 $g(x,y)$

差的绝对值与选定的阈值进行比较，决定点(x, y)的输出值$g'(x, y)$。$g'(x, y)$的表达式为

$$g'(x, y) = \begin{cases} g(x, y), & \text{当} |f(x, y)-g(x, y)| > T \\ f(x, y), & \text{否则} \end{cases} \quad (4.2.2)$$

式中：$g(x, y)$由式(4.2.1)求得；T为选定的阈值。

这种算法对抑制椒盐噪声比较有效，对保护仅有微小灰度差的细节及纹理也有效。图4.2.1给出该算法的实例。图(e)和图(f)分别是3×3、5×5邻域超限像素平滑法的结果。可见随着邻域增大，去噪能力增强，但模糊程度也变大。同局部平滑法相比，超限像元平滑法去椒盐噪声效果更好。

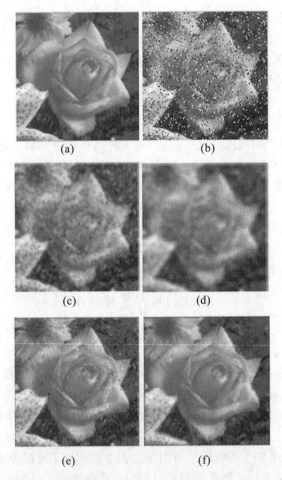

(a)原图像　(b)对(a)加椒盐噪声的图像
(c)3×3邻域平滑　(d)5×5邻域平滑
(e)3×3超限像素平滑(T=64)
(f)5×5超限像素平滑(T=48)
图4.2.1

4.2.3 灰度最相近的 K 个邻点平均法

该算法的出发点是:在 $n×n$ 窗口内,属于同一集合体(类)的像素,它们的灰度值将高度相关。因此,窗口中心像素的灰度值可用窗口内与中心像素灰度最接近的 K 个邻像素的平均灰度来代替。较小的 K 值使噪声方差下降少,但保持细节也较好;而较大的 K 值平滑噪声较好,但会使图像边缘模糊。实验证明,对于 $3×3$ 的窗口,取 $K=6$ 为宜。

4.2.4 梯度倒数加权平滑法

一般情况下,在一个区域内的灰度变化要比在区域之间的像素灰度变化小,相邻像素灰度差的绝对值在边缘处要比区域内部的大。这里,相邻像素灰度差的绝对值称为梯度。在一个 $n×n$ 窗口内,若把中心像素点与其各邻点之间梯度倒数定义为各相邻像素的权,则在区域内部的相邻像素权大,而在一条边缘近旁和位于区域外的那些相邻像素权小。那么采用加权平均值作为中心像素的输出值可使图像得到平滑,又不使边缘和细节有明显模糊。为使平滑后像素的灰度值在原图像的灰度范围内,应采用归一化的梯度倒数作为加权系数。具体算法如下:

设点 (x, y) 的灰度值为 $f(x, y)$。在 $3×3$ 邻域内的像素梯度倒数为

$$g(x, y, i, j) = \frac{1}{|f(x+i, y+j) - f(x, y)|} \quad (4.2.3)$$

这里 $i, j=-1, 0, 1$,但 i 和 j 不能同时为 0。若 $f(x+j, y+j)=f(x, y)$,梯度为 0,则定义 $g(x, y, i, j)=2$。因此 $g(x, y, i, j)$ 的值域为 $[0, 2]$。设归一化的权矩阵为

$$W = \begin{bmatrix} w(x-1, y-1) & w(x-1, y) & w(x-1, y+1) \\ w(x, y-1) & w(x, y) & w(x, y+1) \\ w(x+1, y-1) & w(x+1, y) & w(x+1, y+1) \end{bmatrix} \quad (4.2.4)$$

规定中心像素 $W(x, y) = 1/2$,其余 8 个像素权之和为 $1/2$,这样使 W 各元素总和等于 1。于是有

$$w(x+i, y+j) = \frac{1}{2} \cdot \frac{g(x, y; i, j)}{\sum_i \sum_j g(x, y; i, j)} \quad (4.2.5)$$

($i, j=-1, 0, 1$,但 i, j 不同时为 0)

用矩阵中心点逐一对准图像像素 (x, y),在矩阵各元素和它所"压上"的图像像素值相乘,再求和,即求内积,就是该像素平滑后的输出 $g(x, y)$。对图像其余各像素作类似处理,就得到一幅输出图像。值得提及的是:在实际处理时,因为图像边框像素的 $3×3$ 邻域会超出像幅,无法确定输出结果。为此可以采取边框像素结果强迫置 0 或补充边框外像素的值(如取与边框像素值相同或为 0)进行处理。

4.2.5 最大均匀性平滑

为避免消除噪声时引起边缘模糊,该算法先找出环绕每像素的灰度最均匀窗口,然后用这窗口的灰度均值代替该像素原来的灰度值。

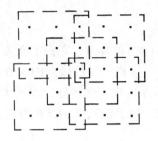

图 4.2.2 最大均匀平滑法所用的掩模

具体来说，对图像中任一像素(x, y)的5个有重叠的3×3邻域，如图4.2.2所示，用梯度衡量它们灰度变化的大小。把其中灰度变化最小的邻域作为最均匀的窗口，用其像素平均灰度代替像素(x, y)的灰度值。这算法在消除图像噪声的同时保持边缘清晰度。该方法的缺点是对复杂形状的边界会过分平滑并使细节消失。

4.2.6 有选择保边缘平滑法

有选择保边缘平滑法是对最大均匀平滑法的一种改进。该方法对图像上任一像素(x, y)的5×5邻域，采用图4.2.3所示的掩模（其中包括一个3×3正方形、4个五边形和4个六边形共9个邻域），计算各个掩模的均值和方差，按方差进行排序，最小方差所对应的掩模的灰度均值就是像素(x, y)的输出值。

该方法以方差作为各个邻域灰度均匀性的测度。若区域含有尖锐的边缘，它的灰度方差必定很大，而不含边缘或灰度均匀的区域，它的方差就小，那么最小方差所对应的区域就是灰度最均匀区域。因此有选择保边缘平滑法既能够消除噪声，又不破坏邻域边界的细节。另外，五边形和六边形在(x, y)处都有锐角，这样，即使像素(x, y)位于一个复杂形状邻域的锐角处，也能找到均匀的区域。从而在平滑时既不会使尖锐边缘模糊，也不会破坏边缘形状。

例如，某像素5×5邻域的灰度分布如图4.2.4所示，经计算9个掩模的均值和方差分别为

均值　　　　　　3　4　3　2　2　4　2　3　3
对应的方差　　11　30　37　13　20　26　12　26　32

最小方差为11所对应的灰度均值3就是中心像素的输出值。

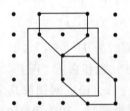

图 4.2.3 有选择保边缘平滑法对应的掩模

```
3 6 4 2 1
4 7 3 2 4
8 4 1 4 3
4 2 1 5 3
4 3 2 1 6
```

图 4.2.4 5×5邻域的像素灰度

4.2.7 空间低通滤波法

空间低通滤波法是应用模板卷积方法对图像每一像素进行局部处理。模板（或掩模）就是一个滤波器，设它的响应为$H(r, s)$，于是滤波输出的数字图像$g(x, y)$可以用离散卷积表示

$$g(x, y) = \sum_{r=-k}^{k} \sum_{s=-l}^{l} f(x-r, y-s) H(r, s) \qquad (4.2.6)$$

式中：$x, y = 0, 1, 2, \cdots, N-1$；$k$、$l$ 根据所选邻域大小来决定。

具体过程如下：

(1) 将模板在图像中按从左到右、从上到下的顺序移动，将模板中心与每个像素依次重合(边缘像素除外)；

(2) 将模板中的各个系数与其对应的像素一一相乘，并将所有的结果相加(或进行其他四则运算)；

(3) 将(2)中的结果赋给图像中对应模板中心位置的像素。

图 4.2.5 给出了应用模板进行滤波的示意图。其中，图(a)是一幅图像的一小部分，共 9 个像素，$p_i (i=0, 1, \cdots, 8)$ 表示像素的灰度值。图(b)表示一个 3×3 模板，使 k_0 与图(a)所示的 p_0 像素重合，则可由下式计算输出图像(增强图像)中与 p_0 相对应的像素灰度值 r。

$$r = \sum_{i=0}^{8} k_i p_i = k_0 p_0 + k_1 p_1 + \cdots + k_8 p_8 \qquad (4.2.7)$$

对一幅图像中每个像素按式(4.2.7)进行计算，即可得到增强图像中各像素的灰度值。

p_4	p_3	p_2
p_5	p_0	p_1
p_6	p_7	p_8

(a)

k_4	k_3	k_2
k_5	k_0	k_1
k_6	k_7	k_8

(b)

	r	

(c)

图 4.2.5 空间域模板滤波示意图

对于空间低通滤波而言，采用的是低通滤波器。由于模板尺寸小，因此具有计算量小、使用灵活、适于并行计算等优点。常用的 3×3 低通滤波器(模板)有

$$\boldsymbol{H}_1 = \frac{1}{9} \begin{bmatrix} 1 & 1 & 1 \\ 1 & 1 & 1 \\ 1 & 1 & 1 \end{bmatrix}, \quad \boldsymbol{H}_2 = \frac{1}{10} \begin{bmatrix} 1 & 1 & 1 \\ 1 & 2 & 1 \\ 1 & 1 & 1 \end{bmatrix}, \quad \boldsymbol{H}_3 = \frac{1}{16} \begin{bmatrix} 1 & 2 & 1 \\ 2 & 4 & 2 \\ 1 & 2 & 1 \end{bmatrix},$$

$$\boldsymbol{H}_4 = \frac{1}{8} \begin{bmatrix} 1 & 1 & 1 \\ 1 & 0 & 1 \\ 1 & 1 & 1 \end{bmatrix}, \quad \boldsymbol{H}_5 = \frac{1}{2} \begin{bmatrix} 0 & \frac{1}{4} & 0 \\ \frac{1}{4} & 1 & \frac{1}{4} \\ 0 & \frac{1}{4} & 0 \end{bmatrix}$$

模板不同，邻域内各像素重要程度也不相同。但不管什么样的掩模，必须保证全部权系数之和为 1，这样可保证输出图像灰度值在许可范围内，不会产生灰度"溢出"现象。

4.2.8 中值滤波

中值滤波由 Tukey 首先用于一维信号处理，后来很快被用到二维图像平滑中。

中值滤波是对一个滑动窗口内的诸像素灰度值排序，用其中值代替窗口中心像素的灰度值的滤波方法，因此它是一种非线性的平滑法，对脉冲干扰及椒盐噪声的抑制效果好，在抑制随机噪声的同时能有效保护边缘少受模糊。但它对点、线等细节较多的图像却不太合适。例如，若一个窗口内各像素的灰度是 5，6，35，10 和 5，它们的灰度中值是 6，中心像素原灰度为 35，滤波后就变成了 6。如果 35 是一个脉冲干扰，中值滤波后将被有效抑制。相反，若 35 是有用的信号，则滤波后也会受到抑制。

图 4.2.6 是一维中值滤波的几个例子，窗口尺寸 $N=5$。由图可见，离散阶跃信号、斜升信号没有受到影响。离散三角信号的顶部则变平了。对于离散的脉冲信号，当其连续出现的次数小于窗口尺寸的一半时，将被抑制掉，否则将不受影响。由此可见，正确选择窗口尺寸的大小是用好中值滤波器的重要环节。一般很难事先确定最佳的窗口尺寸，需通过从小窗口到大窗口的试验，再从中选取最好的结果。

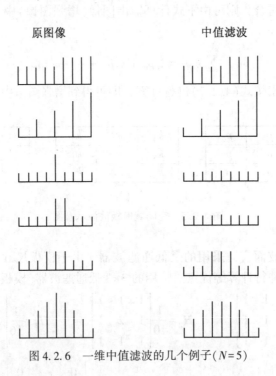

图 4.2.6 一维中值滤波的几个例子（$N=5$）

一维中值滤波的概念很容易推广到二维。一般来说，二维中值滤波器比一维滤波器更能抑制噪声。二维中值滤波器的窗口形状可以有多种，如线状、方形、十字形、圆形、菱形等（见图 4.2.7）。不同形状的窗口产生不同的滤波效果，使用中必须根据图像的内容和不同的要求加以选择。从以往的经验看，方形或圆形窗口适宜于外廓线较长的物体图像，而十字形窗口对有尖顶角状的图像效果好。

使用中值滤波器滤除噪声的方法有多种，且十分灵活。一种方法是先使用小尺度窗口，后逐渐加大窗口尺寸进行处理；另一种方法是一维滤波器和二维滤波器交替使用。此外还有迭代操作，就是对输入图像重复进行同样的中值滤波，直到输出不再有变化为止。

中值滤波具有许多重要特性，总结如下：

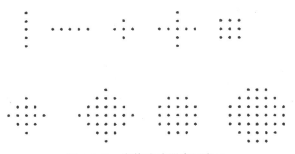

图 4.2.7 中值滤波器常用窗口

(1) 对离散阶跃信号、斜升信号不产生影响,连续个数小于窗口长度一半的离散脉冲将被平滑,三角函数的顶部平坦化(见图 4.2.6)。

(2) 令 C 为常数,则

$$\begin{aligned} \mathrm{Med}\{CF_{jk}\} &= C\mathrm{Med}\{F_{jk}\} \\ \mathrm{Med}\{C+F_{jk}\} &= C+\mathrm{Med}\{F_{jk}\} \\ \mathrm{Med}\{F_{jk}+f_{jk}\} &\neq \mathrm{Med}\{F_{jk}\}+\mathrm{Med}\{f_{jk}\} \end{aligned} \quad (4.2.8)$$

(3) 中值滤波后,信号频谱基本不变。

图 4.2.8 给出了一个中值滤波法示例。其中,图(a)为原图像,图(b)为加椒盐噪声的图像,图(c)和图(d)分别为用 3×3、5×5 模板进行中值滤波得到的结果。可见中值滤波法能有效削弱椒盐噪声,且比超限像素平均法更有效。但在抑制随机噪声方面,中值滤波要比均值滤波差一些。在本例中较小的滤波窗口效果比较好,这与所加噪声特性有关。实际中需根据应用要求选取窗口的大小。

图 4.2.8 二维中值滤波法示例图

4.3 空间域锐化

在图像的判读或识别中常需要突出边缘和轮廓信息。图像锐化就是增强图像的边缘或轮廓。图像平滑是通过积分过程使得图像边缘模糊,那么图像锐化则是通过微分而使图像边缘突出、清晰。

4.3.1 梯度锐化法

图像锐化法最常用的是梯度法。对于图像$f(x,y)$,在(x,y)处的梯度定义为

$$\text{grad}(x,y) = \begin{bmatrix} f'_x \\ f'_y \end{bmatrix} = \begin{bmatrix} \dfrac{\partial f(x,y)}{\partial x} \\ \dfrac{\partial f(x,y)}{\partial y} \end{bmatrix} \tag{4.3.1}$$

梯度是一个矢量,其大小和方向分别为

$$\text{grad}(x,y) = \sqrt{f'^2_x + f'^2_y} = \sqrt{\left(\dfrac{\partial f(x,y)}{\partial x}\right)^2 + \left(\dfrac{\partial f(x,y)}{\partial y}\right)^2}$$

$$\theta = \arctan(f'_y/f'_x) = \arctan\left(\dfrac{\partial f(x,y)}{\partial y} \Big/ \dfrac{\partial f(x,y)}{\partial x}\right) \tag{4.3.2}$$

对于数字图像处理而言,常用到梯度的大小,因此把梯度的大小称为"梯度",如不作特别说明,本书中沿用这一习惯。并且一阶偏导数采用一阶差分近似表示,即

$$\left.\begin{array}{l} f'_x = f(x,y+1) - f(x,y) \\ f'_y = f(x+1,y) - f(x,y) \end{array}\right\} \tag{4.3.3}$$

为简化梯度的计算,经常使用下面的近似表达式

$$\text{grad}(x,y) = \max(|f'_x|, |f'_y|) \tag{4.3.4}$$

$$\text{或} \quad \text{grad}(x,y) = |f'_x| + |f'_y| \tag{4.3.5}$$

对于一幅图像中突出的边缘区,其梯度值较大;对于平滑区,梯度值较小;对于灰度级为常数的区域,梯度为零。图 4.3.1 是一幅二值图像和采用式(4.3.5)计算的梯度图像。

(a)二值图像　　　　(b)梯度图像

图 4.3.1

除梯度算子以外，还可采用 Roberts、Prewitt 和 Sobel 算子计算梯度，来增强边缘。Roberts 对应的模板如图 4.3.2 所示。差分计算式如下：

$$\left.\begin{array}{l} f'_x = |f(x+1, y+1) - f(x, y)| \\ f'_y = |f(x+1, y) - f(x, y+1)| \end{array}\right\} \quad (4.3.6)$$

图 4.3.2 Roberts 梯度算子

为在锐化边缘的同时减少噪声的影响，Prewitt 从加大边缘增强算子的模板出发，由 2×2 扩大到 3×3 来计算差分，如图 4.3.3(a)所示。

（a）Prewitt 算子　　　　　　　（b）Sobel 算子

图 4.3.3 Prewitt、Sobel 算子

Sobel 在 Prewitt 算子的基础上，对 4-邻域采用带权的方法计算差分，对应的模板如图 4.3.3(b)所示。

根据式(4.3.4)或式(4.3.5)就可以计算 Roberts、Prewitt 和 Sobel 梯度。一旦梯度算出后，就可根据不同的需要生成不同的增强图像。

第一种增强图像的方法是使各点(x, y)的灰度$g(x, y)$等于梯度，即

$$g(x, y) = \mathrm{grad}(x, y) \quad (4.3.7)$$

此法的缺点是增强的图像仅显示灰度变化比较陡的边缘轮廓，而灰度变化比较平缓或均匀的区域则呈黑色。图 4.3.4 是这种增强图像的实例，其中，图 4.3.4(a)为原图，是一个女孩的照片，而图 4.3.4(b)是用此法处理的结果。

第二种增强图像的方法是使

$$g(x, y) = \begin{cases} \mathrm{grad}(x, y), & \mathrm{grad}(x, y) \geq T \\ f(x, y), & \text{其他} \end{cases} \quad (4.3.8)$$

式中：T 是一个非负的阈值。适当选取 T，既可突出明显的边缘轮廓，又不会破坏原来灰度变化比较平缓的背景。图 4.3.4(c)是用此法处理的结果。

第三种增强图像的方法是使

$$g(x, y) = \begin{cases} L_G, & \mathrm{grad}(x, y) \geq T \\ f(x, y), & \text{其他} \end{cases} \quad (4.3.9)$$

式中：L_G 是根据需要指定的一个灰度级，它将明显边缘用一固定的灰度级 L_G 来表现。图 4.3.4(e)是此法处理的结果。

第四种增强图像的方法是使

$$g(x, y) = \begin{cases} \mathrm{grad}(x, y), & \mathrm{grad}(x, y) \geq T \\ L_B, & \text{其他} \end{cases} \quad (4.3.10)$$

此方法将背景用一个固定的灰度级 L_B 来表现，便于研究边缘灰度的变化。图

图 4.3.4 梯度增强图像示例

4.3.4(d)是这种方法处理的结果。

第五种增强图像的方法是使

$$g(x,y)=\begin{cases}L_G, & \text{grad}(x,y)\geqslant T\\ L_B, & \text{其他}\end{cases} \quad (4.3.11)$$

这种方法将明显边缘和背景分别用灰度级 L_G 和 L_B 表示，生成二值图像，便于研究边缘所在位置。图 4.3.4(f)是用此法处理的结果。

4.3.2 Laplacian 增强算子

Laplacian 算子是线性二阶微分算子，表达式为

$$\nabla^2 f(x,y) = \frac{\partial^2 f(x,y)}{\partial x^2} + \frac{\partial^2 f(x,y)}{\partial y^2} \quad (4.3.12)$$

对离散的数字图像而言，二阶偏导数可用二阶差分近似表示，由此可推导出 Laplacian 算子表达式为

$$\nabla^2 f(x,y) = f(x+1,y) + f(x-1,y) + f(x,y+1) + f(x,y-1) - 4f(x,y) \quad (4.3.13)$$

Laplacian 增强算子为

$$\begin{aligned} g(x,y) &= f(x,y) - \nabla^2 f(x,y) \\ &= 5f(x,y) - [f(x+1,y) + f(x-1,y) + f(x,y+1) + f(x,y-1)] \end{aligned} \quad (4.3.14)$$

其特点有：

(1) 由于灰度均匀的区域或斜坡中间 $\nabla^2 f(x,y)$ 为 0，Laplacian 增强算子不起作用。

(2) 在边缘点低灰度侧形成"下冲"，而在边缘点高灰度侧形成"上冲"。Laplacian 增强算子具有突出边缘的特点，其对应的模板为：

0	-1	0
-1	5	-1
0	-1	0

采用 Laplacian 增强算子对图 4.3.4(a)增强的结果如图 4.3.5 所示。

图 4.3.5 Laplacian 增强算子增强

4.3.3 钝化掩蔽和高提升滤波

从原图像中减去一幅钝化(平滑后的)图像，这个过程称为钝化掩蔽。20 世纪 30 年代以来印刷和出版业一直用于锐化图像。它包括以下步骤：

(1) 模糊原图像 $f(x,y)$，得到模糊图像 $g(x,y)$；

(2) 从原图像减去模糊后的图像产生的差称为模板，用 g_{mask} 表示。则有

$$g_{mask}(x,y) = f(x,y) - g(x,y)$$

(3) 将模板与原图像相加，则得到增强的图像 $f'(x,y)$。

$$f'(x,y) = f(x,y) + kg_{mask}(x,y) \quad (4.3.15)$$

式中包含了一个权值 $k(k \geq 0)$，$k=1$ 时，称为钝化，当掩蔽 $k>1$ 时，这个过程称为高提升滤波。选择 $k<1$ 可以减少钝化模板的贡献。

图 4.3.6 说明了钝化掩蔽的原理。图 4.3.6(a)是边缘的灰度剖面，它从暗色逐步过渡到亮色图 4.3.6(b)显示了叠加到原信号上的模糊后边缘。图 4.3.6(c)是从原信号中减去模糊肩的信号后得到的一个模板。将这一结果类似于用二阶导数得到的结果。图 4.3.6

(d)是原信号与模板和加后得到的最终锐化结果。结果中强调(锐化)了信号中斜率出现变化的点。注意,负值加到了原图像中。因此,只要原图像中有零值,或选择的 k 值大到足以使模板的峰值大于原信号中的最小值,最终结果中就有可能存在负灰度值。负值会使得边缘周围出现暗晕,k 值太大时,会令人感觉不舒服。

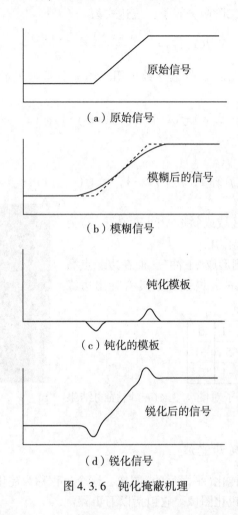

图 4.3.6 钝化掩蔽机理

4.4 频率域增强

图像增强主要包括:①消除噪声,改善图像的视觉效果;②突出边缘,有利于识别和处理。前面是关于图像空间域增强的知识,下面介绍频率域增强的方法。

假定原图像为 $f(x,y)$,经傅里叶变换为 $F(u,v)$,频率域增强就是选择合适的滤波器 $H(u,v)$ 对 $F(u,v)$ 的频谱成分进行调整,然后经傅里叶逆变换得到增强的图像 $g(x,y)$。图 4.4.1 是频率域增强的一般过程。

$$f(x,y) \xrightarrow{\text{DFT}} F(u,v) \xrightarrow[\text{滤波}]{H(u,v)} F(u,v)H(u,v) \xrightarrow{\text{IDFT}} g(x,y)$$

图 4.4.1 频率域增强的一般过程

4.4.1 频率域平滑

图像的平滑除了在空间域中进行外,也可以在频率域中进行。由于噪声主要集中在高频部分,为去除噪声,改善图像质量,在图 4.4.1 中滤波器采用低通滤波器 $H(u,v)$ 来抑制高频部分,然后再进行傅里叶逆变换获得滤波图像,就可达到平滑图像的目的。常用的频率域低通滤波器 $H(u,v)$ 有四种:

1. 理想低通滤波器

设傅里叶平面上理想低通滤波器离开原点的截止频率为 D_0,则理想低通滤波器的传递函数为:

$$H(u,v) = \begin{cases} 1, & D(u,v) \leq D_0 \\ 0, & D(u,v) > D_0 \end{cases} \quad (4.4.1)$$

式中: $D(u,v) = \sqrt{u^2+v^2}$。D_0 有两种定义:一种是取 $H(u,0)$ 降到 1/2 时对应的频率;另一种是取 $H(u,0)$ 降低到 $1/\sqrt{2}$。这里采用第一种。理想低通滤波器传递函数的透视图和其剖面如图 4.4.2(a)、(b)所示。在理论上,$F(u,v)$ 在 D_0 内的频率分量无损通过;而在 $D>D_0$ 的分量却被除掉,然后经傅里叶逆变换得到平滑图像。

理想低通滤波器的平滑作用非常明显,但滤波器为一个陡峭的波形,理想低通滤波器的傅里叶逆变换结果如图 4.4.2(c)所示,它的逆变换 $h(x,y)$ 有强烈的振铃特性,使滤波后的图像产生模糊效果。因此,在实际中并不采用这种理想低通滤波。

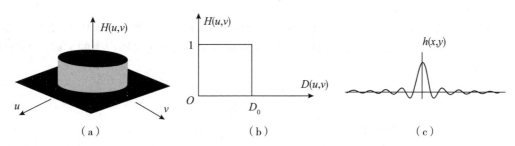

图 4.4.2 理想低通滤波器及其逆傅里叶变换

理想低通的模糊和振铃性质可用卷积定理来解释。理想低通滤波器傅里叶反变换在空间域近似于 sinc 函数(严格为一贝塞尔函数),与原图像卷积在图像的每个像素位置中心化,中心波瓣是导致图像模糊的主因,而外侧较小的各个波瓣是造成振铃效应的主因。

2. Butterworth 低通滤波器

n 阶 Butterworth 低通滤波器的传递函数为:

$$H(u, v) = \frac{1}{1 + \left[\dfrac{D(u, v)}{D_0}\right]^{2n}} \tag{4.4.2}$$

Butterworth 低通滤波器传递函数的透视图及剖面图分别如图 4.4.3(a)、(b) 所示。它的特性是连续性衰减，而不像理想低通滤波器那样陡峭和有明显的不连续性。因此采用该滤波器在滤波抑制噪声的同时，图像边缘的模糊程度大大减小，没有振铃效应产生，但计算量大于理想低通滤波法。

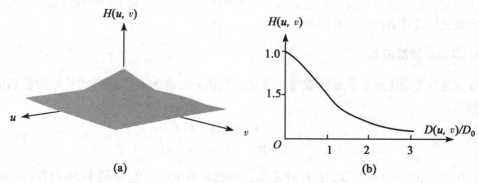

图 4.4.3　Butterworth 低通滤波器的传递函数

3. 指数低通滤波器

指数低通滤波器是图像处理中常用的一种平滑滤波器。它的传递函数为

$$H(u, v) = e^{-\left[\frac{D(u,v)}{D_0}\right]^n} \tag{4.4.3}$$

式中：n 决定指数的衰减率。

指数低通滤波器的透视图和剖面图分别如图 4.4.4(a)、(b) 所示。采用该滤波器滤波在抑制噪声的同时，图像边缘的模糊程度较用 Butterworth 低通滤波器产生的大些，无明显的振铃效应。

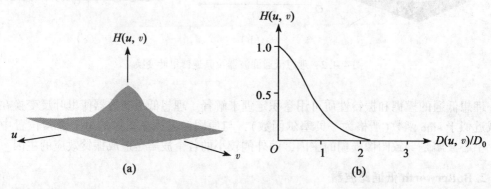

图 4.4.4　指数低通滤波器

4. 梯形低通滤波器

梯形低通滤波器是理想低通滤波器和完全平滑滤波器的折中。它的传递函数为：

$$H(u, v) = \begin{cases} 1, & D(u, v) < D_1 \\ \dfrac{D(u, v) - D_0}{D_1 - D_0}, & D_1 \leqslant D(u, v) \leqslant D_0 \\ 0, & D(u, v) > D_0 \end{cases} \quad (4.4.4)$$

式中：D_1 为分段线性函数的分段点。

梯形低通滤波器的透视图和剖面图分别如图 4.4.5(a)、(b) 所示。采用梯形低通滤波器滤波后的图像有一定的模糊和振铃效应。

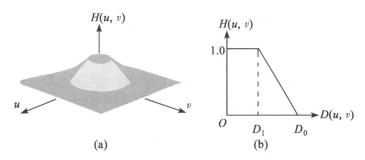

图 4.4.5　梯形低通滤波器

为了反映频率域各低通滤波器滤波的效果，下面给出一个示例。图 4.4.6(a) 是一幅无噪图像，图 4.4.6(b) 是采用理想低通滤波器的结果，明显可见模糊和振铃效应；图

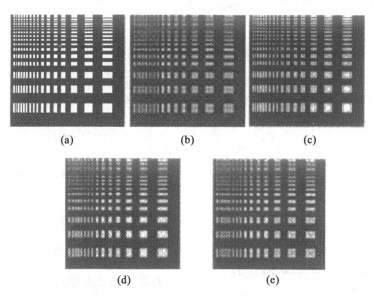

图 4.4.6　频率域低通滤波效果的示例

4.4.6(c)是采用Butterworth低通滤波器的结果,由于高频被削弱,小的矩形变模糊;图4.4.6(d)是采用指数滤波器的结果,与Butterworth低通滤波器效果类似,但较模糊;图4.4.6(e)是采用梯形低通滤波器的结果,其效果介于理想低通滤波器和Butterworth低通滤波器效果之间。

4.4.2 频率域锐化

图像的边缘、细节主要反映在高频部分,而图像的模糊是由于高频成分比较弱导致的。为了消除模糊,突出边缘,则采用高通滤波器让高频成分通过,使低频成分削弱,再经傅里叶逆变换得到边缘锐化的图像。常用的高通滤波器有如下形式:

1. 理想高通滤波器

二维理想高通滤波器的传递函数为

$$H(u,v) = \begin{cases} 0, & D(u,v) \leq D_0 \\ 1, & D(u,v) > D_0 \end{cases} \quad (4.4.5)$$

它的透视图和剖面图分别如图4.4.7(a)、(b)所示。它与理想低通滤波器相反,它把半径为D_0的圆内所有频谱成分完全去掉,对圆外则无损地通过。

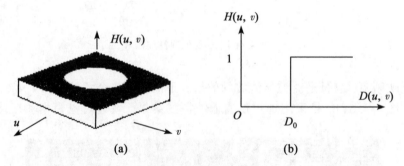

图4.4.7 理想高通滤波器

2. 巴特沃斯高通滤波器

n阶巴特沃斯高通滤波器的传递函数定义如下

$$H(u,v) = 1/[1+(D_0/D(u,v))^{2n}] \quad (4.4.6)$$

它的剖面图如图4.4.8所示。

3. 指数高通滤波器

指数高通滤波器的传递函数为

$$H(u,v) = e^{-\left[\frac{D_0}{D(u,v)}\right]^n} \quad (4.4.7)$$

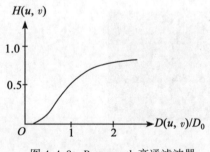

图4.4.8 Butterworth高通滤波器

式中：n 为控制函数的增长率。它的剖面图如图 4.4.9 所示。

4. 梯形高通滤波器

梯形高通滤波器的定义为

$$H(u,v)=\begin{cases}0, & D(u,v)<D_0 \\ \dfrac{D(u,v)-D_0}{D_1-D_0}, & D_0 \leqslant D(u,v) \leqslant D_1 \\ 1, & D(u,v)>D_1\end{cases} \quad (4.4.8)$$

它的剖面如图 4.4.10 所示。

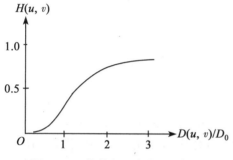

图 4.4.9 指数高通滤波器的剖面

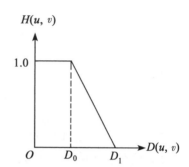

图 4.4.10 梯形高通滤波器的剖面

四种滤波函数的选用类似于低通滤波器。理想高通滤波器增强的图像有明显振铃现象，即图像的边缘有抖动现象；Butterworth 高通滤波效果较好，但计算复杂，其优点是有少量低频通过，$H(u,v)$ 是渐变的，振铃现象不明显；指数高通滤波效果比 Butterworth 差些，振铃现象也不明显；梯形高通滤波会产生微振铃效果，但计算简单，故较常用。

对比空间域和频率域滤波，可见空间域滤波和频率域滤波之间的纽带是卷积定理。由卷积定理可知，若已知一个空间滤波器核，则可用这个核的傅里叶正变换得到其频率域中的表达式。反之，频率域滤波器传递函数的反变换，则是空间域中的对应核。当空间滤波器核较小时，采用空间卷积算法实现滤波。当空间滤波器核较大时，必须借助快速傅里叶变换变换通过频率域滤波来实现。频域滤波器可以作为空间滤波器设计的基础，通过频域滤波做前期设计，通过傅里叶逆变换可以将频域滤波器转换为空间域滤波器，然后实现空间域滤波。

4.4.3 同态滤波增强

同态滤波是一种在频域中同时将图像亮度范围进行压缩和对比度增强的频域方法。由 2.2 节所介绍的图像成像模型可知，图像 $f(x,y)$ 可以表示为照度分量 $i(x,y)$ 与反射分量 $r(x,y)$ 的乘积。为此采用图 4.4.11 的流程对 $f(x,y)$ 进行滤波。

具体步骤如下：

(1) 先对式(2.2.6)的两边同时取对数，得

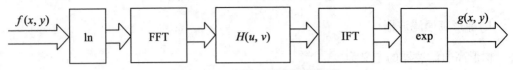

图 4.4.11 同态滤波增强的流程

$$\ln f(x, y) = \ln i(x, y) + \ln r(x, y) \qquad (4.4.9)$$

（2）将上式两边进行傅里叶变换

$$F(u, v) = I(u, v) + R(u, v) \qquad (4.4.10)$$

（3）用一个频域函数 $H(u, v)$ 处理 $F(u, v)$，可得到

$$H(u, v)F(u, v) = H(u, v)I(u, v) + H(u, v)R(u, v) \qquad (4.4.11)$$

（4）上式两边傅里叶逆变换到空间域得

$$h_f(x, y) = h_i(x, y) + h_r(x, y) \qquad (4.4.12)$$

可见增强后的图像由对应照度分量与反射分量的两部分叠加而成。

（5）再将上式两边进行指数运算，得

$$g(x, y) = \exp|h_f(x, y)| = \exp|h_i(x, y)| \cdot \exp|h_r(x, y)| \qquad (4.4.13)$$

这里，$H(u, v)$ 称作同态滤波函数，它可以分别作用于照度分量和反射分量上。因为一般照度分量在空间域变化缓慢，而反射分量在不同物体的交界处是急剧变化的，所以图像对数的傅里叶变换中的低频部分主要对应照度分量，而高频部分主要对应反射分量。以上特性表明，我们可以设计一个对高频和低频分量有不同影响的滤波函数 $H(u, v)$。图 4.4.12 给出了这样一个函数的剖面图，将它绕纵轴转 360° 就得到完整的 $H(u, v)$。如果选择 $H_L<1$，$H_H>1$，那么 $H(u, v)$ 将会一方面削弱低频，而另一方面增强高频，最终结果是同时使图像的动态范围压缩又使图像各部分之间的对比度增强。

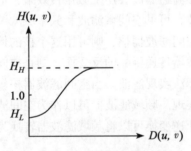

图 4.4.12 同态滤波器的剖面

4.5 彩色增强技术

众所周知，人眼能分辨的灰度级介于十几到二十几级之间，而对不同亮度和色调的彩色分辨能力可达到灰度分辨能力的百倍以上。利用视觉系统的这一特性，彩色增强

技术包括将灰度图像变成彩色图像的伪彩色增强技术和对彩色图像(或多光谱图像)增强的技术。

4.5.1 伪彩色增强

伪彩色增强是把一幅灰度图像的各个不同灰度级按照线性或非线性的映射函数变换成不同的彩色，得到一幅彩色图像的技术。它使原图像细节更易辨认，目标更容易识别。伪彩色增强的方法主要有以下三种。

1. 密度分割法

密度分割法或称强度分割法是伪彩色增强中一种最简单的方法，如图 4.5.1(a)、(b)所示。它是把灰度图像的灰度级从 0(黑)到 M_0(白)分成 N 个区间 I_i($i=1,2,\cdots,N$)，给每个区间 I_i 指定一种彩色 C_i，得到灰度颜色对照表，然后按对照表查找灰度图像各个像素的颜色值，替换后就可以将灰度图像变成一幅伪彩色图像。此法比较直观简单，缺点是变换出的彩色数目有限。

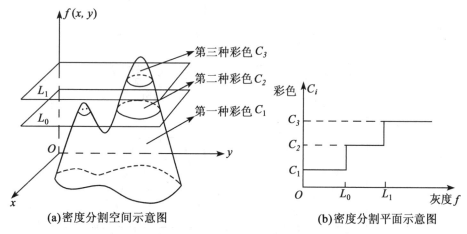

(a) 密度分割空间示意图　　(b) 密度分割平面示意图

图 4.5.1　密度分割原理

2. 空间域灰度级—彩色变换合成法

这是一种更为常用的、比密度分割更有效的伪彩色增强法。处理过程如图 4.5.2 所示，它是根据色度学的原理，将原图像 $f(x,y)$ 的灰度分段经过红、绿、蓝三种不同变换 $T_R(\cdot)$、$T_G(\cdot)$ 和 $T_B(\cdot)$，变成三基色分量 $I_R(x,y)$、$I_G(x,y)$、$I_B(x,y)$，然后用它们分别去控制彩色显示器的红、绿、蓝电子枪，便可以在彩色显示器的屏幕上合成一幅彩色图像。彩色的含量由变换函数 $T_R(\cdot)$、$T_G(\cdot)$、$T_B(\cdot)$ 的形状而定。典型的变换函数如图 4.5.3 所示。其中，图(a)、(b)、(c)分别为红、绿、蓝三种变换函数，而图(d)是把三种变换画在同一坐标系上以便看清相互间的关系。由图(d)可见，只有在灰度为零时呈蓝色，灰度为 $L/2$ 时呈绿色，灰度为 L 时呈红色，灰度为其他值时将由三基色混合成不同的色调。

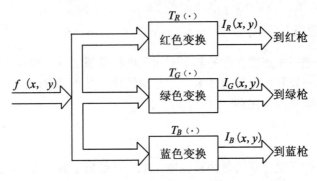

图 4.5.2 灰度级—彩色变换过程

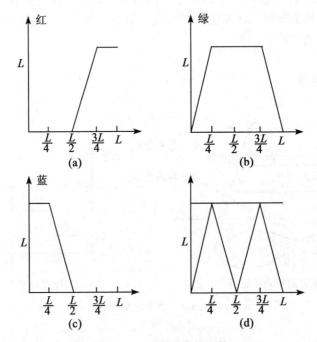

图 4.5.3 典型的变换函数

3. 频率域伪彩色增强

频率域伪彩色增强是先把灰度图像经傅里叶变换到频率域，在频率域内用三个不同传递特性的滤波器分离成三个独立分量，然后对它们进行逆傅里叶变换，便得到三幅代表不同频率分量的单色图像，接着对这三幅图像作进一步的处理(如直方图均衡化)，最后将它们作为三基色分量分别加到彩色显示器的红、绿、蓝显示通道，从而实现频率域分段的伪彩色增强。其框图如图 4.5.4 所示。

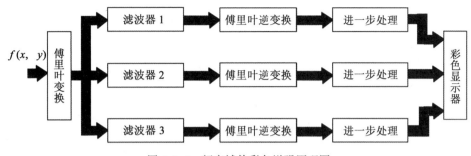

图 4.5.4　频率域伪彩色增强原理图

4.5.2 彩色图像增强技术

1. 彩色图像常规处理技术

彩色图像增强技术涉及的内容比较广，彩色图像增强处理方法包括基于三基色的增强、基于色彩三要素的增强等。前面讲的灰度图像增强处理方法如对比度增强、平滑、锐化等可直接推广应用到彩色图像处理中。也就是说，同样的处理分别直接在三基色通道上进行即可。但为了保证处理后的图像不产生颜色变化，要求保持三基色通道的处理必须相同。只要注意保持三基色通道处理的平衡性，就可以将灰度图像的处理方法用于彩色图像的处理。为避免重复，彩色图像常规处理法就不作介绍了。下面仅介绍一些彩色图像特殊的增强技术。

2. 假彩色增强

伪彩色增强的对象是灰度图像，与伪彩色增强不同，假彩色图像增强所处理的对象是一幅自然彩色图像或多光谱图像。它是通过映射函数将彩色图像或多光谱图像变换成新的三基色分量，经彩色合成在增强图像中各目标呈现出与原图像中不同彩色的技术。假彩色增强的目的有两个：一是使感兴趣的目标呈现奇异的彩色或置于奇特的彩色环境中，从而更引人注目；二是使景物呈现出与人眼色觉相匹配的颜色，以提高对目标的分辨率。如人眼视网膜中锥状细胞对绿色最敏感，因此，若把原来颜色不易辨认的目标经假彩色处理呈现绿色，必能大大提高对目标的分辨率。此外，人眼对蓝光强弱的对比灵敏度最大，若把图像某些细节物体按像素明暗程度经假彩色处理，成为饱和度深浅不一的蓝色，也将提高它的分辨率。

假彩色增强的一个重要应用是用于多光谱遥感图像。多光谱图像中除了可见光波段图像外，还包括一些非可见光波段，如红外和微波成像。由于它们的夜视和全天候能力，可得到可见光波段无法获得的信息，因此若将可见光与非可见光波段结合起来，通过假彩色处理，就能获得更丰富的信息，便于对地物识别。多光谱图像的假彩色增强可表示为

$$\left.\begin{array}{l}R_F=f_R\{g_1, g_2, \cdots, g_i, \cdots\}\\G_F=f_G\{g_1, g_2, \cdots, g_i, \cdots\}\\B_F=f_B\{g_1, g_2, \cdots, g_i, \cdots\}\end{array}\right\} \quad (4.5.1)$$

式中：g_i 表示第 i 波段图像，f_R、f_G、f_B 表示通用的函数运算，R_F、G_F 和 B_F 为经增强处理后送往彩色显示器的三基色分量。

对于自然景色图像，通用的线性假彩色映射可表示为

$$\begin{bmatrix}R_F\\G_F\\B_F\end{bmatrix}=\begin{bmatrix}a_1 & b_1 & c_1\\a_2 & b_2 & c_2\\a_3 & b_3 & c_3\end{bmatrix}\cdot\begin{bmatrix}R_f\\G_f\\B_f\end{bmatrix} \quad (4.5.2)$$

它是将原图像的三基色 R_f、G_f、B_f 转换成另一组新的三基色分量 R_F、G_F 和 B_F。例如，若采用以下的映射关系：

$$\begin{bmatrix}R_F\\G_F\\B_F\end{bmatrix}=\begin{bmatrix}0 & 1 & 0\\0 & 0 & 1\\1 & 0 & 0\end{bmatrix}\cdot\begin{bmatrix}R_f\\G_f\\B_f\end{bmatrix} \quad (4.5.3)$$

则原图中绿色物体呈红色，蓝色物体呈绿色及红色物体呈蓝色。

3. 彩色平衡

对一幅彩色图像数字化后，显示出来的图像色彩看起来有些异常，这是由于颜色通道中不同的敏感度、增光因子、偏移量等影响，使得数字化图像三分量出现不同的变换，从而出现图像的三原色"不平衡"，因此彩色图像所有物体的颜色都偏离了原有的真实色彩。彩色平衡的目的就是纠正偏色，以得到色彩正常的彩色图像。一幅彩色图像是否需进行色彩平衡，首先要判断其是否偏色。判断一幅彩色图像偏色的方法是：①检查在现实中应该是灰色的物体，在图像中是否是灰色，即图像的灰平衡检查；②检查在现实中应该是纯色的物体，在图像中是否有偏色，即高饱和度的颜色检查。对存在彩色不平衡的彩色图像，这里给出一种白平衡原理与方法。

白平衡原理：如果原始场景中的某些像素应该是白色的，但是由于所获得图像中的相应像素点存在色偏，这些点的 R、G、B 三个分量的值不再保持相同，通过调整这三个颜色分量的值，使之达到平衡，由此获得对整幅图像的彩色平衡映射关系，通过该映射关系对整幅图像进行处理，即可达到彩色平衡的目的。

根据白平衡原理，下面给出一种白平衡方法的具体步骤。

(1) 对有偏色的图像，按照下式计算该图像的亮度分量。

$$Y = 0.299 \cdot R + 0.587 \cdot G + 0.114 \cdot B \quad (4.5.4)$$

获得图像的亮度信息之后，因为环境光照等的影响，即使现实场景中白色的点，在图像中也有可能不是理想状态下的白色，即 $Y \neq 255$，但白的亮度为图像中的最大亮度。所以，需要求出图像中的最大亮度 Y_{max} 和 Y。

(2) 考虑到对环境光照的适应性，寻找出图像中所有亮度 $\leq 0.95 \cdot Y_{max}$ 的像素点，将这些点假设为原始场景中的白色点，即设这些点所构成的像素点集为白色点集 $\{f(i, j) \in \Omega_{whrite}\}$。

(3) 计算白色点集 Ω_{whrite} 中所有像素的 R、G、B 三个颜色分量的均值 $\overline{R}$、$\overline{G}$、$\overline{B}$。

(4) 按照式(4.5.5)计算颜色均衡调整参数；

$$k_R = \frac{\overline{Y}}{\overline{R}}, \quad k_G = \frac{\overline{Y}}{\overline{G}}, \quad k_B = \frac{\overline{Y}}{\overline{B}} \tag{4.5.5}$$

(5) 对整幅图像的 R、G、B 三个颜色分量，按式(4.5.6)进行彩色平衡：

$$R^* = k_R \cdot R, \quad G^* = k_G \cdot G, \quad B^* = k_B \cdot B \tag{4.5.6}$$

4. 彩色变换及其应用

在色度学中，红(R)、绿(G)、蓝(B)光称为色光的三原色。将 R、G 和 B 按不同比例组合可以构成自然界中的任何色彩。因此任何颜色可以用 R、G、B 三分量来表示。颜色也可以用亮度(intensity)、色别(hue)和饱和度(satuation)来表示，它们称为颜色的三要素。这两种表示方法可以相互转换。把彩色的 R、G、B 变换成色别(H)、明度(I)、饱和度(S)，称为 HIS 正变换，而由 H、I、S 变换成 R、G、B，称为 HIS 反变换。由于 HIS 变换是一种图像显示、增强和信息综合的方法，具有灵活实用的优点，因此产生了多种 HIS 变换式，见表 4.3。

表 4.3 四种典型的 HIS 变换式

彩色变换	正变换	备 注
球体变换	$I = \frac{1}{2}(M+m)$ $S = \frac{M-m}{2-M-m}$ $H = 60(2+b-g)$ 当 $r=M$ $H = 60(4+r-b)$ 当 $g=M$ $H = 60(6+g-r)$ 当 $b=M$	$r = \frac{\max-R}{\max-\min}$ $g = \frac{\max-G}{\max-\min}$ $b = \frac{\max-B}{\max-\min}$ $\max = \max[R, G, B]$ $\min = \min[R, G, B]$ $M = \max[r, g, b]$ $m = \min[r, g, b]$
圆柱体变换	$I = \frac{1}{\sqrt{3}}(R+G+B)$ $H = \arctan\left(\frac{2R-G-B}{\sqrt{3}(G-B)}\right) + C$ $S = \frac{\sqrt{6}}{3}\sqrt{R^2+G^2+B^2-RG-RB-GB}$	$\begin{cases} C=0, & \text{当 } G \geqslant B \\ C=\pi, & \text{当 } G < B \end{cases}$
三角形变换	$I = \frac{1}{3}(R+G+B)$ $H = \frac{G-B}{3(I-B)} \quad S = 1-\frac{B}{I}$ 当 $B=\min$ $H = \frac{B-R}{3(I-R)} \quad S = 1-\frac{R}{I}$ 当 $R=\min$ $H = \frac{R-G}{3(I-G)} \quad S = 1-\frac{G}{I}$ 当 $G=\min$	$\min = \min[R, G, B]$

续表

彩色变换	正变换	备注
单六角锥变换	$I = \max \quad S = \dfrac{\max - \min}{\max}$ $H = \left(5 + \dfrac{R-B}{R-G}\right)/6$ 当 $R = \max$, $G = \min$ $H = \left(1 - \dfrac{R-G}{R-B}\right)/6$ 当 $R = \max$, $B = \min$ $H = \left(1 + \dfrac{G-R}{G-B}\right)/6$ 当 $G = \max$, $B = \min$ $H = \left(3 - \dfrac{G-B}{G-R}\right)/6$ 当 $G = \max$, $R = \min$ $H = \left(3 + \dfrac{B-G}{B-R}\right)/6$ 当 $B = \max$, $R = \min$ $H = \left(5 - \dfrac{B-R}{B-G}\right)/6$ 当 $B = \max$, $G = \min$	$\max = \max[R, G, B]$ $\min = \min[R, G, B]$

将彩色图像经过 HIS 变换，获得 H、I、S 三分量，根据需要对 H、I、S 三分量之一进行增强，可以得到系列增强的彩色图像。如对 H 进行调节，则改变图像的气氛、换色或去色；对 I 分量调节，可改变彩色图像的亮度；对 S 分量调节，可改变彩色图像的颜色鲜明程度。

多源遥感影像融合是采用某种算法，将覆盖同一地区(或对象)的两幅或多幅空间配准的影像生成满足某种要求的影像的技术。HIS 变换是融合多源遥感数据最常用的方法之一，已成功地用于 MSS 和 HBV、MSS 和 HCMM、TM 和 SPOT PAN、SPOT XS 和 SPOT PAN、航空 SAR 与 TM、航空数字化影像与 TM 等影像的融合。采用 HIS 变换融合的一般流程如图 4.5.5 所示。

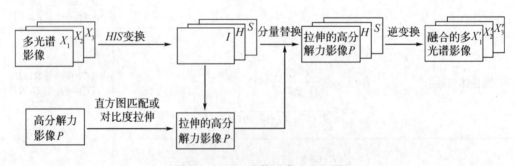

图 4.5.5 HIS 变换融合法流程图

具体步骤为：首先将空间分辨率低的 3 波段多光谱影像变换到 HIS 空间，得到色别 H、明度 I、饱和度 S 三分量；然后将高空间分辨率影像进行直方图匹配(直方图规定化)或对比度拉伸，使之与 I 分量有相同的均值和方差；最后用拉伸后的高空间分辨率影像代替I分量，把它同H、S进行HIS逆变换得到空间分辨率提高的融合影像。要保证融合的影像同原多光谱影像的光谱特征相似，其前提是经对比度拉伸的高分辨率影像不仅要同明度分量I高度相关，而且要求其光谱响应范围同多光谱影像的响应范围接近一致。

为了提高高空间分辨率全色影像和明度影像的相关性，对于SPOT全色影像PAN和多光谱影像XS融合情况，Carper建议不应直接用PAN代替明度I，最好采用明度与红外波段的组合P'=(2*PAN+XS3)/3代替I。在此基础上，编者提出更通用的表达式

$$P' = \frac{1}{3}(3-k) \cdot P + \frac{1}{3}\sum_{i=1}^{k} X_i \tag{4.5.7}$$

式中：k为红外波段数，X_i为红外波段影像。由于P'与明度分量相关性提高，采用P'代替明度分量，融合的影像光谱特性保持较好，从而较好地解决了高分辨率影像与多光谱影像波谱范围不完全一致时的融合问题。

对于球体彩色变换、圆柱体彩色变换、三角形彩色变换和单六角锥彩色变换来说，采用球体变换融合法效果最佳。

4.6 图像代数运算

4.6.1 加运算

若$A(x,y)$和$B(x,y)$为输入图像，则两幅图像的加法运算式为

$$C(x,y) = A(x,y) + B(x,y) \tag{4.6.1}$$

$C(x,y)$为输出图像。它是$A(x,y)$和$B(x,y)$两幅图像内容叠加的结果，这是加运算用途之一。图像相加的一个重要应用是对所获取的同一场景的多幅图像求平均，常常用来有效地削弱图像的加性随机噪声。

多幅图像平均法是将获取的同一景物多幅图像相加取平均，以便消弱噪声影响。设理想图像$f(x,y)$所受到的噪声$n(x,y)$为加性噪声，则产生的有噪图像$g(x,y)$可表示成

$$g(x,y) = f(x,y) + n(x,y) \tag{4.6.2}$$

若图像噪声是互不相关的加性噪声，且均值为0，则

$$f(x,y) = E[g(x,y)] \tag{4.6.3}$$

式中：$E[g(x,y)]$是$g(x,y)$的期望值。M幅有噪图像经平均后得到

$$\hat{f}(x,y) \approx \bar{g}(x,y) = \frac{1}{M}\sum_{i=1}^{M} g_i(x,y) \tag{4.6.4}$$

其估值误差为

$$\sigma_{\bar{g}}^2 = E\{[\hat{f}(x,y) - f(x,y)]^2\} = E\left\{\left[\frac{1}{M}\sum_{i=1}^{M} f_i(x,y) - f(x,y)\right]^2\right\}$$

$$= E\left\{\left[\frac{1}{M}\sum_{i=1}^{M} n_i(x,y)\right]^2\right\} = \frac{1}{M}\sigma_{n(x,y)}^2 \tag{4.6.5}$$

式中：$\sigma^2_{\bar{g}(x,y)}$ 和 $\sigma^2_{n(x,y)}$ 是 $\bar{g}$ 和 n 在点 (x,y) 处的方差。

可见，对 M 幅图像取平均可把噪声方差减少到 $\dfrac{1}{M}$。当 M 增大时，$\bar{g}(x,y)$ 将更加接近 $f(x,y)$。

多幅图像取平均处理常用于摄像机的进图中，以削弱电视摄像机光导析像管的噪声。

4.6.2 减运算

图像的减运算，又称减影技术。差值图像提供了图像间的差异信息，若对同一景物在不同时间拍摄的图像配准后相减，可用于动态监测、运动目标检测和跟踪、图像背景消除等。

在动态监测时，用差值图像可以发现森林火灾、洪水灾情，也能用于监测河口、河岸的泥沙淤积及监视江河、湖泊、海岸等的污染。

利用减影技术消除图像背景相当成功，典型应用表现在医学上。如在血管造影技术中肾动脉造影术采用减影技术对诊断肾脏疾病就有独特效果。

图像作相减运算时必须使两相减图像的对应像素对应于空间同一目标点，否则必须先进行图像空间配准。

4.6.3 乘运算

乘法运算可用来遮掉图像的某些部分。例如使用一掩模图像（对需要被完整保留下来的区域，掩模图像上的值为1，而对被抑制掉的区域则值为0）去乘图像，可抹去图像的某些部分，即使该部分变成背景。

4.6.4 除运算

图像的相除又称比值处理，是遥感图像处理中常用的方法。

图像的亮度可理解为是照射分量和反射分量的乘积。对多光谱图像而言，各波段图像的照射分量几乎相同，对它们作比值处理，就能把它去掉，而对反映地物细节的反射分量，经比值后能把差异扩大，有利于地物的识别。例如，有些地物在单波段图像内的亮度差异极小，用常规方法难于区分它们。像水和沙滩，在第四波段和第七波段上的亮度非常接近，如表4.4所示，判读容易混淆。但如果把两波段图像相除，其比值差别大，就很容易将它们区分开。

表4.4　　　　　　　　　　　　　　　地物亮度

波段 \ 地物	水	沙滩
4	16	17
7	1	4
4/7	16	4.25

比值处理还能用于消除山影、云影及显示隐伏构造。图4.6.1是利用比值图像消除阴影干扰的例子。表4.5是TM4、TM5波段影像上的亮度及比值结果。

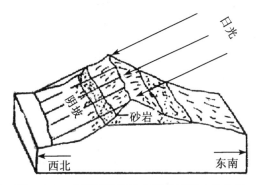

图4.6.1 比值图像消除光照差异影响的实例

表4.5 地物阴影干扰的去除

光照情况	波段4	波段5	比值4/5
阳坡	28	42	0.66
阴坡	22	34	0.65

比值处理若与彩色合成技术相结合,增强效果将更佳。目前国内外将比值彩色合成法用于找铁、铀、铜等矿床。

习题

1. 图像增强的目的是什么?它包含哪些内容?
2. 写出将具有双峰直方图的两个峰分别从23和155移到16和240的线性变换。
3. 直方图修正有哪两种方法?二者有何主要区别与联系?
4. 在直方图修改技术中对变换函数的基本要求是什么?直方图均衡化处理采用何种变换函数?什么情况下采用直方图均衡法增强图像?
5. 直方图规定化处理的技术难点是什么?直方图匹配的应用有哪些?
6. 假定有64×64大小的图像,灰度为16级,概率分布如下表,试进行直方图均衡化,并画出图像均衡化处理前后的直方图。

r	n_k	$P_r(r_k)$
$r_0 = 0$	800	0.195
$r_1 = 1/15$	650	0.160
$r_2 = 2/15$	600	0.147
$r_3 = 3/15$	430	0.106

续表

r	n_k	$P_r(r_k)$
$r_4 = 4/15$	300	0.073
$r_5 = 5/15$	230	0.056
$r_6 = 6/15$	200	0.049
$r_7 = 7/15$	170	0.041
$r_8 = 8/15$	150	0.037
$r_9 = 9/15$	130	0.031
$r_{10} = 10/15$	110	0.027
$r_{11} = 11/15$	96	0.023
$r_{12} = 12/15$	80	0.019
$r_{13} = 13/15$	70	0.017
$r_{14} = 14/15$	50	0.012
$r_{15} = 1$	30	0.007

7. 何谓图像平滑？试述均值滤波的基本原理。

8. 对下图分别作 3×3 中值滤波和邻域平均处理，比较中值滤波与邻域平均的差异。

1	7	1	8	1	7	1	1
1	1	1	5	1	1	1	1
1	1	5	5	5	1	1	7
1	1	5	5	5	1	8	1
8	1	1	5	1	1	1	1
8	1	1	5	1	1	8	1
1	1	1	5	1	1	1	1
1	7	1	8	1	7	1	1

9. 低通滤波法中常有几种滤波器？它们的特点是什么？

10. 试述频率域增强的步骤。频率域平滑与锐化的主要区别在哪里？

11. 什么是伪彩色增强？伪彩色增强有哪些方法？

12. 什么是假彩色增强？它与伪彩色增强有何区别？

13. 什么是彩色变换？试述基于彩色变换的影像融合步骤。

14. 比值变换有何作用？

15. 应用 Photoshop 软件对一幅灰度图像进行以下试验：

  (1) 灰度调整；

  (2) 对比度增强；

  (3) 直方图均衡；

(4) 3×3、5×5 局部平滑;

(5) 中值滤波;

(6) 梯度锐化;

(7) Robert、Prewitt、Sobel 和 Laplace 增强;

(8) 伪彩色增强;

(9) 假彩色合成。

16. 绘出高通指数滤波器和梯形滤波器的透视图,并比较它们的异同点。

17. 已知一幅 64×64 的 8bit 数字图像,各个灰度出现的频率如左表。要求将此幅图像进行直方图匹配,使直方图匹配后的图像具有右表的灰度分布。画出直方图匹配前后图像的直方图。

左表

f(x, y)	n_k	n_k/n
0	560	0.14
1	920	0.22
2	1046	0.26
3	705	0.17
4	356	0.09
5	267	0.06
6	170	0.04
7	72	0.02

右表

$g_k(x, y)$	n_k	n_k/n
0	0	0
1	0	0
2	0	0
3	790	0.19
4	1023	0.25
5	850	0.21
6	985	0.24
7	448	0.11

18. 彩色图像增强处理包括哪些内容?

第 5 章 图像复原与重建

5.1 图像退化

5.1.1 图像的退化

图像在形成、传输和记录过程中，由于成像系统、传输介质和设备的不完善，导致图像质量下降，这一现象称为图像的退化。图像退化的典型表现为图像模糊、失真、有噪声等，而引起图像退化的原因则很多，如光学系统的像差、衍射、非线性、几何畸变、成像系统与被摄体的相对运动、大气的湍流效应等。图像的复原就是要尽可能恢复退化图像的本来面目，它是沿图像退化的逆过程恢复图像。由于引起退化的因素各异，目前还没有统一的恢复方法。典型的图像复原是根据图像退化的先验知识建立一个退化模型，以此模型为基础，采用各种逆退化处理方法进行恢复，使图像质量得到改善。可见，图像复原主要取决于对图像退化过程的先验知识所掌握的精确程度。图像复原的一般过程：

弄清退化原因→建立退化模型→反向推演→恢复图像

对图像复原结果的评价已确定了一些准则，这些准则包括最小均方准则、加权均方准则和最大熵准则等。

图像复原和图像增强是有区别的，虽然二者的目的都是为了改善图像的质量，但图像增强不考虑图像是如何退化的，只通过试探各种技术来增强图像的视觉效果。因此，图像增强可以不顾增强后的图像是否失真，只要看着舒服就行。而图像复原则完全不同，需知道图像退化的机制和过程等先验知识，据此找出一种相应的逆过程解算方法，从而得到复原的图像。如果图像已退化，应先作复原处理，再作增强处理。

5.1.2 图像退化的数学模型

假定成像系统是线性位移不变系统(退化性质与图像的位置无关)，它的点扩散函数用 $h(x,y)$ 表示，则获取的图像 $g(x,y)$ 表示为

$$g(x,y)=f(x,y)*h(x,y) \tag{5.1.1}$$

式中：$f(x,y)$ 表示理想的、没有退化的图像，$g(x,y)$ 是劣化(被观察到)的图像。

若受加性噪声 $n(x,y)$ 的干扰，则退化图像可表示为

$$g(x,y)=f(x,y)*h(x,y)+n(x,y) \tag{5.1.2}$$

这就是线性位移不变系统的退化模型，如图 5.1.1 所示。下面给出离散化的退化模型。

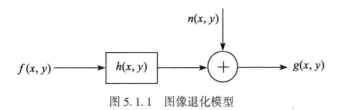

图 5.1.1 图像退化模型

对图像 $f(x, y)$ 和点扩散函数 $h(x, y)$ 均匀采样,就可以得到离散的退化模型。假设数字图像 $f(x, y)$ 和点扩散函数 $h(x, y)$ 的大小分别为 $A \times B$、$C \times D$,可先把它们延拓为 $M \times N$ 周期图像,其方法是添加零。即

$$f_e(x, y) = \begin{cases} f(x, y), & 0 \leq x \leq A-1 \text{ 和 } 0 \leq y \leq B-1 \\ 0, & A \leq x \leq M-1 \text{ 或 } B \leq y \leq N-1 \end{cases} \quad (5.1.3)$$

和

$$h_e(x, y) = \begin{cases} h(x, y), & 0 \leq x \leq C-1 \text{ 和 } 0 \leq y \leq D-1 \\ 0, & C \leq x \leq M-1 \text{ 或 } D \leq y \leq N-1 \end{cases} \quad (5.1.4)$$

把周期延拓的 $f_e(x, y)$ 和 $h_e(x, y)$ 作为二维周期函数来处理,即在 x 和 y 方向上,周期分别为 M 和 N,则由此得到离散的退化模型为两函数的卷积

$$g_e(x, y) = \sum_{m=0}^{M-1} \sum_{n=0}^{N-1} f_e(m, n) h_e(x-m, y-n) \quad (5.1.5)$$

式中:$x=0, 1, 2, \cdots, M-1$,$y=0, 1, 2, \cdots, N-1$。函数 $g_e(x, y)$ 为周期函数,其周期与 $f_e(x, y)$ 和 $h_e(x, y)$ 的周期一样。为了使离散退化模型变得完善,式(5.1.5)中还要加上一个延拓为 $M \times N$ 的离散噪声项,从而得到

$$g_e(x, y) = \sum_{m=0}^{M-1} \sum_{n=0}^{N-1} f_e(m, n) h_e(x-m, y-n) + \eta_e(x, y) \quad (5.1.6)$$

令 f、g 和 n 代表 $M \times N$ 维列向量,这些列向量分别是由 $M \times N$ 维的 $f_e(x, y)$ 矩阵、$h_e(x, y)$ 和 $n_e(x, y)$ 的各个行堆积而成的。例如 f 的第一组 N 个元素是 $f_e(x, y)$ 的第一行元素,相应的第二组 N 个元素是由第二行得到的,对于 $f_e(x, y)$ 的所有行都这样处理。利用这一规定,式(5.1.6)可表示为向量矩阵形式:

$$g = Hf + n \quad (5.1.7)$$

式中:H 为 $MN \times MN$ 维矩阵。这一矩阵是由大小为 $N \times N$ 的 M^2 部分组成,排列顺序为

$$H = \begin{bmatrix} H_0 & H_{M-1} & H_{M-2} & \cdots & H_1 \\ H_1 & H_0 & H_{M-1} & \cdots & H_2 \\ H_2 & H_1 & H_0 & \cdots & H_3 \\ \vdots & \vdots & \vdots & & \vdots \\ H_{M-1} & H_{M-2} & H_{M-3} & \cdots & H_0 \end{bmatrix} \quad (5.1.8)$$

每一部分 H_j 是由周期延拓图像 $h_e(x, y)$ 的第 j 行构成的,构成方法如下:

$$\boldsymbol{H}_j = \begin{bmatrix} h_e(j,\ 0) & h_e(j,\ N\text{-}1) & h_e(j,\ N\text{-}2) & \cdots & h_e(j,\ 1) \\ h_e(j,\ 1) & h_e(j,\ 0) & h_e(j,\ N\text{-}1) & \cdots & h_e(j,\ 2) \\ h_e(j,\ 2) & h_e(j,\ 1) & h_e(j,\ 0) & \cdots & h_e(j,\ 3) \\ \vdots & \vdots & \vdots & & \vdots \\ h_e(j,\ N\text{-}1) & h_e(j,\ N\text{-}2) & h_e(j,\ N\text{-}3) & \cdots & h_e(j,\ 0) \end{bmatrix} \quad (5.1.9)$$

式中利用了 $h_e(x,\ y)$ 的周期性。在这里 $\boldsymbol{H}_j$ 是一循环矩阵，$\boldsymbol{H}$ 的各分块的下标也均按循环方式标注。因此，式(5.1.8)中给出的矩阵 $\boldsymbol{H}$ 常被称为分块循环矩阵。

由于许多种退化都可以用线性位移不变模型来近似描述，这样就可把线性系统中的许多数学工具如线性代数用于求解图像复原问题，因而得到简洁的公式和快速的运算方法。

当退化不太严重时，一般用线性位移不变系统模型来复原图像。把它作为图像退化的近似模型，在很多应用中有较好的复原结果，且计算大为简化。实际上，非线性和位移变的情况能更加普遍而且能准确反映图像复原问题的本质，但难以求解。只有在要求很精确的情况下才用位移变的模型去求解，其求解也常以位移不变的解法为基础修改而成。因此本章着重介绍线性位移不变系统的复原方法。

5.2 代数恢复方法

图像复原法是在具备有关 g、$\boldsymbol{H}$ 和 n 的某些知识情况下，寻求估计原图像 f 的方法。这种估计在某种预先选定的最佳准则下，具有最优的性质。

本节集中讨论在均方误差最小意义下原图像 f 的最佳估计，因为它是各种可能准则中最简单易行的。事实上，由它可以导出许多实用的恢复方法。

5.2.1 无约束复原

由式(5.1.7)可得退化模型中的噪声项为

$$n = g - Hf \quad (5.2.1)$$

当对 n 一无所知时，有意义的准则函数是寻找一个 $\hat{f}$，使得 $\boldsymbol{H}\hat{f}$ 在最小二乘意义上近似于 g，即要使噪声项的范数尽可能小，也就是使

$$\|n\|^2 = \|g - \boldsymbol{H}\hat{f}\|^2 \quad (5.2.2)$$

为最小。把这一问题等效地看做为求准则函数

$$J(\hat{f}) = \|g - \boldsymbol{H}\hat{f}\|^2 \quad (5.2.3)$$

关于 $\hat{f}$ 最小的问题。

令

$$\frac{\partial J(\hat{f})}{\partial \hat{f}} = 2\boldsymbol{H}'(g - \boldsymbol{H}\hat{f}) = 0 \quad (5.2.4)$$

可推出

$$\hat{f} = (\boldsymbol{H}'\boldsymbol{H})^{-1}\boldsymbol{H}'g \quad (5.2.5)$$

令 $M=N$，则 $\boldsymbol{H}$ 为一方阵。并设 $\boldsymbol{H}^{-1}$ 存在，则式(5.2.5)化为

$$\hat{f}=\boldsymbol{H}^{-1}(\boldsymbol{H}')^{-1}\boldsymbol{H}'g=\boldsymbol{H}^{-1}g \tag{5.2.6}$$

式(5.2.6)就是逆滤波恢复法的表达式。对于位移不变产生的模糊，可以通过在频率域进行去卷积来说明。即

$$\hat{F}(u,v)=\frac{G(u,v)}{H(u,v)} \tag{5.2.7}$$

若 $H(u,v)$ 有零值，则 $\boldsymbol{H}$ 为奇异的，无论 $\boldsymbol{H}^{-1}$ 或 $(\boldsymbol{H}'\boldsymbol{H})^{-1}$ 都不存在。这会导致恢复问题的病态性或奇异性。

5.2.2 约束最小二乘复原

为了克服图像恢复问题的病态性质，常需要在恢复过程中施加某种约束，即约束复原。令 Q 为 f 的线性算子，约束最小二乘法复原问题是使形式为 $\|Q\hat{f}\|^2$ 的函数，在约束条件 $\|g-H\hat{f}\|^2=\|n\|^2$ 时为最小。这可以归结为寻找一个 $\hat{f}$，使下面准则函数最小：

$$J(\hat{f})=\|Q\hat{f}\|^2+\lambda\|g-H\hat{f}\|^2-\|n\|^2 \tag{5.2.8}$$

式中：λ 为一常数，叫做拉格朗日系数。

按一般求极小值的解法，令 $J(\hat{f})$ 对 $\hat{f}$ 的导数为零，有

$$\frac{\partial J(\hat{f})}{\partial \hat{f}}=2Q'Q\hat{f}-2\lambda H'(g-H\hat{f})=0 \tag{5.2.9}$$

解得

$$\hat{f}=(H'H+\gamma Q'Q)^{-1}H'g \tag{5.2.10}$$

式中：$\gamma=1/\lambda$。这是求约束最小二乘复原图像的通用方程式。

通过指定不同的 Q，可以得到不同的复原图像。下面便利用通用方程式给出几种具体的恢复方法。

1) 能量约束恢复

若取线性运算

$$Q=I \tag{5.2.11}$$

则得

$$\hat{f}=(H'H+\gamma I)^{-1}H'g \tag{5.2.12}$$

此解的物理意义是在约束条件为式(5.2.2)时，复原图像能量 $\|\hat{f}\|^2$ 为最小。也可以说，当用 g 复原 f 时，能量应保持不变。事实上，上式完全可以在 $\hat{f}'\hat{f}=g'g=c$ 条件下，使 $\|g-H\hat{f}\|$ 为最小推导出来。

2) 平滑约束恢复

把 $\hat{f}$ 考虑成 x,y 的二维函数，平滑约束是指原图像 $f(x,y)$ 为最光滑的，那么它在各点的二阶导数都应最小。顾及二阶导数有正负，约束条件是应用各点二阶导数的平方和最小。Laplacian 算子为

$$\frac{\partial^2 f(x,y)}{\partial x^2} + \frac{\partial^2 f(x,y)}{\partial y^2} = f(x+1,y) + f(x-1,y) + f(x,y+1) + f(x,y-1) - 4f(x,y)$$
(5.2.13)

则约束条件为

$$\sum_{x=0}^{M-1} \sum_{y=0}^{N-1} [f(x+1,y) + f(x-1,y) + f(x,y+1) + f(x,y-1) - 4f(x,y)]^2$$
(5.2.14)

式(5.2.13)还可用卷积形式表示如下

$$\bar{f}(x,y) = \sum_{m=0}^{2} \sum_{n=0}^{2} f(x-m, y-n) C(m,n) \quad (5.2.15)$$

式中：

$$[c(m,n)] = \begin{bmatrix} 0 & 1 & 0 \\ 1 & -4 & 1 \\ 0 & 1 & 0 \end{bmatrix} \quad (5.2.16)$$

于是，复原就是在约束条件(5.2.3)下使 $\|c\hat{f}\|^2$ 为最小。令 $\boldsymbol{Q}=\boldsymbol{C}$，最佳复原解为

$$\hat{f} = (\boldsymbol{H}'\boldsymbol{H} + \gamma \boldsymbol{C}'\boldsymbol{C})^{-1}\boldsymbol{H}'\boldsymbol{g} \quad (5.2.17)$$

3) 均方误差最小滤波(维纳滤波)

将 f 和 n 视为随机变量，并选择 $\boldsymbol{Q}$ 为

$$\boldsymbol{Q} = \boldsymbol{R}_f^{-1/2} \boldsymbol{R}_n^{1/2} \quad (5.2.18)$$

使 $Q\hat{f}$ 最小。其中 $\boldsymbol{R}_f = \varepsilon\{ff'\}$ 和 $\boldsymbol{R}_n = \varepsilon\{nn'\}$ 分别为信号和噪声的协方差矩阵。则可推导出

$$\hat{f} = (\boldsymbol{H}'\boldsymbol{H} + \gamma \boldsymbol{R}_f^{-1}\boldsymbol{R}_n)^{-1}\boldsymbol{H}'\boldsymbol{g} \quad (5.2.19)$$

一般 $\gamma \neq 1$ 时为含参维纳滤波，$\gamma = 1$ 时为标准维纳滤波。在用统计线性运算代替确定性线性运算时，最小二乘滤波将转化成均方误差最小滤波，尽管两者在表达式上有着类似的形式，但意义却有本质的不同。在随机性运算情况下，最小二乘滤波是对一族图像在统计平均意义上给出最佳恢复；而在确定运算的情况下，最佳恢复是针对一幅退化图像给出的。

5.3 频率域恢复方法

5.3.1 逆滤波恢复法

对于线性移不变系统而言，有

$$g(x,y) = \int_{-\infty}^{\infty}\!\!\int f(\alpha,\beta) h(x-\alpha, y-\beta) \mathrm{d}\alpha \mathrm{d}\beta + n(x,y)$$
$$= f(x,y) * h(x,y) + n(x,y) \quad (5.3.1)$$

上式两边进行傅里叶变换得

$$G(u,v) = F(u,v)H(u,v) + N(u,v) \quad (5.3.2)$$

式中：$G(u,v)$，$F(u,v)$，$H(u,v)$ 和 $N(u,v)$ 分别是 $g(x,y)$，$f(x,y)$，$h(x,y)$ 和

$n(x, y)$ 的二维傅里叶变换。$H(u, v)$ 称为系统的传递函数,从频率域角度看,它使图像退化,因而反映了成像系统的性能。

通常在无噪声的理想情况下,式(5.3.2)可变为

$$G(u, v) = F(u, v)H(u, v) \tag{5.3.3}$$

则

$$F(u, v) = \frac{G(u, v)}{H(u, v)} \tag{5.3.4}$$

$1/H(u, v)$ 称为逆滤波器。对(5.3.4)再进行傅里叶反变换可得到 $f(x, y)$。这就是逆滤波复原的基本原理。其复原过程可归纳如下:

(1) 对退化图像 $g(x, y)$ 作二维离散傅里叶变换,得到 $G(u, v)$。

(2) 计算系统点扩散函数 $h(x, y)$ 的二维傅里叶变换,得到 $H(u, v)$。

这里值得注意的是,通常 $h(x, y)$ 的尺寸小于 $g(x, y)$ 的尺寸。为了消除混叠效应引起的误差,需要把 $h(x, y)$ 的尺寸延拓。

(3) 按式(5.3.4)计算 $\hat{F}(u, v)$。

(4) 计算 $\hat{F}(u, v)$ 的傅里叶逆变换,求得 $\hat{f}(x, y)$。

若噪声为零,则采用逆滤波恢复法能完全再现原图像。

但实际上碰到的问题都是有噪声,因而只能求 $F(u, v)$ 的估计值 $\hat{F}(u, v)$:

$$\hat{F}(u, v) = F(u, v) + \frac{N(u, v)}{H(u, v)} \tag{5.3.5}$$

作傅里叶逆变换得

$$\hat{f}(x, y) = f(x, y) + \int\!\!\!\int_{-\infty}^{\infty} [N(u, v)H^{-1}(u, v)] e^{j2\pi(ux+vy)} du dv \tag{5.3.6}$$

若噪声存在,而且 $H(u, v)$ 很小或为零时,则噪声被放大。这意味着退化图像中小噪声的干扰在 $H(u, v)$ 较小时,会对逆滤波恢复的图像产生很大的影响,有可能使恢复的图像 $\hat{f}(x, y)$ 和 $f(x, y)$ 相差很大,甚至面目全非。

为此改进的方法有:

(1) 在 $H(u, v) = 0$ 及其附近,人为地仔细设置 $H^{-1}(u, v)$ 的值,使 $N(u, v) * H^{-1}(u, v)$ 不会对 $\hat{F}(u, v)$ 产生太大影响。图 5.3.1 给出了 $H(u, v)$、$H^{-1}(u, v)$ 和改进的滤波器

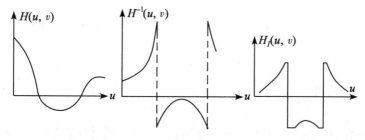

(a) 图像退化响应　(b) 逆滤波器响应　(c) 改进的逆滤波器响应

图 5.3.1

$H_I(u, v)$的一维波形，从中可看出其与正常逆滤波的差别。

(2) 使 $H(u, v)$ 具有低通滤波性质。即使

$$H^{-1}(u, v) = \begin{cases} \dfrac{1}{H(u, v)}, & D \leq D_0 \\ 0, & D > D_0 \end{cases} \tag{5.3.7}$$

5.3.2 去除由匀速运动引起的模糊

在获取图像过程中，由于景物和摄像机之间的相对运动，往往造成图像的模糊。其中均匀直线运动所造成的模糊图像的恢复问题更具有一般性和普遍意义。因为变速的、非直线的运动在某些条件下可以看成是匀速的、直线运动的合成结果。

设图像 $f(x, y)$ 有一个平面运动，令 $x_0(t)$ 和 $y_0(t)$ 分别为在 x 和 y 方向上运动的变化分量。t 表示运动的时间。记录介质的总曝光量是在快门打开到关闭这段时间的积分。则模糊后的图像为

$$g(x, y) = \int_0^T f[x - x_0(t), y - y_0(t)] \mathrm{d}t \tag{5.3.8}$$

式中：$g(x, y)$ 为模糊后的图像。上式就是由目标物或摄像机相对运动造成图像模糊的模型。

令 $G(u, v)$ 为模糊图像 $g(x, y)$ 的傅里叶变换，对上式两边进行傅里叶变换，得

$$\begin{aligned} G(u, v) &= \int_{-\infty}^{+\infty} \int_{-\infty}^{+\infty} g(x, y) \exp[-\mathrm{j}2\pi(ux + vy)] \mathrm{d}x\mathrm{d}y \\ &= \int_{-\infty}^{+\infty} \int_{-\infty}^{+\infty} \left\{ \int_0^T f[x - x_0(t), y - y_0(t)] \mathrm{d}t \right\} \exp[-\mathrm{j}2\pi(ux + vy)] \mathrm{d}x\mathrm{d}y \end{aligned} \tag{5.3.9}$$

改变式(5.3.9)的积分次序，则有

$$G(u, v) = \int_0^T \left\{ \int_{-\infty}^{+\infty} \int_{-\infty}^{+\infty} f[x - x_0(t), y - y_0(t)] \exp[-\mathrm{j}2\pi(ux + vy)] \mathrm{d}x\mathrm{d}y \right\} \mathrm{d}t \tag{5.3.10}$$

由傅里叶变换的位移性质，可得

$$\begin{aligned} G(u, v) &= \int_0^T F(u, v) \exp\{-\mathrm{j}2\pi[ux_0(t) + vy_0(t)]\} \mathrm{d}t \\ &= F(u, v) \int_0^T \exp\{-\mathrm{j}2\pi[ux_0(t) + vy_0(t)]\} \mathrm{d}t \end{aligned} \tag{5.3.11}$$

令

$$H(u, v) = \int_0^T \exp\{-\mathrm{j}2\pi[ux_0(t) + vy_0(t)]\} \mathrm{d}t \tag{5.3.12}$$

由式(5.3.11)可得

$$G(u, v) = H(u, v) F(u, v) \tag{5.3.13}$$

这是已知退化模型的傅里叶变换式。若 $x(t)$、$y(t)$ 的性质已知，传递函数可直接由式(5.3.12)求出，因此，$f(x, y)$ 可以恢复出来。下面直接给出沿水平方向和垂直方向匀速运动造成的图像模糊的模型及其恢复的近似表达式。

(1) 由水平方向均匀直线运动造成的图像模糊的模型及其恢复用以下两式表示：

$$g(x, y) = \int_0^T f\left[(x - \frac{at}{T}), y\right] dt \tag{5.3.14}$$

$$f(x, y) \approx A - mg'[(x - ma), y] + \sum_{k=0}^{m} g'[(x - ka), y], \quad 0 \leq x, y \leq L \tag{5.3.15}$$

式中：a 为总位移量，T 为总运动时间，m 是 $\dfrac{x}{a}$ 的整数部分，$L = ka$（k 为整数）是 x 的取值范围，$A = \dfrac{1}{k} \sum_{k=0}^{k-1} f(x + ka)$。

式(5.3.14)和式(5.3.15)的离散式如下：

$$g(x, y) = \sum_{t=0}^{T-1} f\left[x - \frac{at}{T}, y\right] \cdot \Delta x \tag{5.3.16}$$

$$f(x, y) \approx A - m\{[g[(x-ma), y] - g[(x-ma-1), y]]/\Delta x\} + \sum_{k=0}^{m} \{[g[(x-ka), y] - g[\{(x-ka-1), y]]/\Delta x\}, \quad 0 \leq x, y \leq L \tag{5.3.17}$$

(2) 由垂直方向均匀直线运动造成的图像模糊模型及恢复用以下两式表示：

$$g(x, y) = \sum_{t=0}^{T-1} f\left(x, y - \frac{bt}{T}\right) \cdot \Delta y \tag{5.3.18}$$

$$f(x, y) \approx A - m\{[g[x, (y-mb)] - g[x, (y-mb-1)]]/\Delta y + \sum_{k=0}^{m} \{[g[x, (y-kb)] - g[x, (y-kb-1)]]/\Delta y \tag{5.3.19}$$

图 5.3.2 所示是沿水平方向匀速运动造成的模糊图像的恢复处理例子。图 5.3.2(a) 是模糊图像，图 5.3.2(b) 是恢复后的图像。

(a)

(b)

图 5.3.2 水平匀速运动模糊图像的恢复

5.3.3 维纳滤波复原方法

逆滤波复原方法数学表达式简单，物理意义明确，但其缺点难以克服。因此，在逆滤波理论的基础上，不少人从统计学观点出发，设计一类滤波器用于图像复原，以改善复原图像质量。

维纳滤波恢复的思想是在假设图像信号可近似看做平稳随机过程的前提下，按照恢复的图像与原图像 $f(x, y)$ 的均方差最小原则来恢复图像。即

$$E[(\hat{f}(x, y) - f(x, y))^2] = \min \qquad (5.3.20)$$

为此，当采用线性滤波来恢复时，恢复问题就归结为寻找合适的点扩散函数 $h_w(x, y)$，使 $\hat{f} = h_w(x, y) * g(x, y)$ 满足式(5.3.20)。

由 Andrews 和 Hunt 推导满足这一要求的传递函数为

$$H_w(u, v) = \frac{H^*(u, v)}{|H(u, v)|^2 + \frac{P_n(u, v)}{P_f(u, v)}} \qquad (5.3.21)$$

则有

$$\hat{F}(u, v) = \frac{H^*(u, v)}{|H(u, v)|^2 + P_n(u, v)/P_f(u, v)} G(u, v) \qquad (5.3.22)$$

这里，$H^*(u, v)$ 是成像系统传递函数的复共轭；$H_w(u, v)$ 就是维纳滤波器的传递函数。$P_n(u, v)$ 是噪声功率谱；$P_f(u, v)$ 是输入图像的功率谱。

采用维纳滤波器的复原过程步骤如下：

(1) 计算图像 $g(x, y)$ 的二维离散傅里叶变换得到 $G(u, v)$。

(2) 计算点扩散函数 $h_w(x, y)$ 的二维离散傅里叶变换。同逆滤波一样，为了避免混叠效应引起的误差，应将尺寸延拓。

(3) 估算图像的功率谱密度 P_f 和噪声的谱密度 P_n。

(4) 由公式(5.3.10)计算图像的估计值 $\hat{F}(u, v)$。

(5) 计算 $\hat{F}(u, v)$ 的傅里叶逆变换，得到恢复后的图像 $\hat{f}(x, y)$。

这一方法有如下特点：

(1) 当 $H(u, v) \to 0$ 或幅值很小时，分母不为零，不会出现被零除的情形。

(2) 当 $P_n \to 0$ 时，维纳滤波复原方法就是前述的逆滤波复原方法。

(3) 当 $P_f \to 0$ 时，$\hat{f}(u, v) \to 0$，这表示图像无有用信息存在，因而不能从完全是噪音的信号中来"复原"有用信息。

对于噪声功率谱 $P_n(u, v)$，可在图像上找一块恒定灰度的区域，然后测定区域灰度图像的功率谱作为 $P_n(u, v)$。

5.4 几何校正

图像在生成过程中，由于成像系统本身具有非线性或拍摄角度不同，会使生成的图像

产生几何失真。几何失真一般分为系统失真和非系统失真。系统失真是有规律的、能预测的；非系统失真则是随机的。

当对图像作定量分析时，就要对失真的图像先进行精确的几何校正（即将存在几何失真的图像校正成无几何失真的图像），以免影响量测精度。基本的方法是先建立几何校正的数学模型；其次利用已知条件确定模型参数；最后根据模型对图像进行几何校正。通常分两步：

(1) 图像空间坐标的变换；
(2) 确定校正空间各像素的灰度值（灰度内插）。

5.4.1 空间坐标变换

实际工作中图像几何校正常以一幅图像为基准，去校正几何失真图像。通常基准图像 $f(x, y)$ 是利用没畸变或畸变较小的摄像系统获得，几何畸变图像用 $g(x', y')$ 表示。图像畸变形式是多样的，图 5.4.1 是一种畸变情形。根据两幅图像中的一些已知对应点（控制点对），建立函数关系，通过坐标变换，实现失真图像的几何校正。

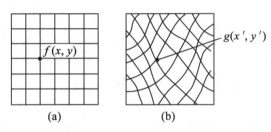

图 5.4.1　几何畸变

设两幅图像对应点坐标畸变关系能用解析式来描述

$$\begin{cases} x' = h_1(x, y) \\ y' = h_2(x, y) \end{cases} \tag{5.4.1}$$

若函数 $h_1(x, y)$ 和 $h_2(x, y)$ 已知，则可以根据一个坐标系统的像素坐标按式(5.4.1)算出在另一坐标系统的对应像素的坐标。

若原图像上 (x, y) 与畸变图 (x', y') 为对应像素，这一对应的像素称为同名像素。则应有

$$f(x, y) = g(x', y') \tag{5.4.2}$$

这是几何复原的基本关系式。这样几何校正问题归结为从畸变图像 $g(x', y')$ 和几何畸变数学模型求解 $f(x, y)$。下面介绍两种情况下图像几何校正的方法。

1. 已知 $h_1(x, y)$ 和 $h_2(x, y)$ 条件下的几何校正

若具备先验知识 $h_1(x, y)$、$h_2(x, y)$，则希望将几何畸变图像 $g(x', y')$ 恢复为基准几何坐标的图像 $f(x, y)$。几何校正方法可分为直接法和间接法两种。

(1)直接法。先由 $\begin{cases} x' = h_1(x, y) \\ y' = h_2(x, y) \end{cases}$ 推导出 $\begin{cases} x = h_1'(x', y') \\ y = h_2'(x', y') \end{cases}$，然后依次计算畸变图像每个像素的校正坐标值，保持各像素灰度值不变，这样生成一幅校正图像，但其像素分布是不规则的，会出现像素挤压、疏密不均等现象，不能满足常规要求。因此还需对不规则图像通过灰度内插生成规则的栅格图像。

(2)间接法。间接法校正如图5.4.2所示，首先要确定校正后图像的范围，这可以通过先对畸变图像四个角点 a、b、c、d 进行坐标变换，获得 a'、b'、c'、d' 来确定。

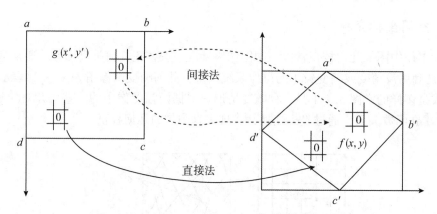

图5.4.2 直接法和间接法纠正示意图

在确定校正图像的范围后，由校正图像每个像素坐标 (x, y) 出发，算出在已知畸变图像上的对应坐标 (x', y')，即

$$(x', y') = [h_1(x, y), h_2(x, y)] \tag{5.4.3}$$

虽然点 (x, y) 坐标为整数，但 (x', y') 一般不为整数，不会位于畸变图像像素中心，因而不能直接确定在畸变图像上该像素的灰度值，而只能由其在畸变图像的周围像素灰度内插求出，作为对应像素 (x, y) 的灰度值，据此获得校正图像。由于间接法内插灰度容易，所以一般采用间接法进行几何纠正。

通常 $h_1(x, y)$ 和 $h_2(x, y)$ 可用多项式来近似：

$$\begin{cases} x' = \sum_{i=0}^{n} \sum_{j=0}^{n-i} a_{ij} x^i y^j \\ y' = \sum_{i=0}^{n} \sum_{j=0}^{n-i} b_{ij} x^i y^j \end{cases} \tag{5.4.4}$$

式中：n 为多项式的次数，a_{ij} 和 b_{ij} 为各项系数。

当 $n=1$ 时为线性变换，表达式为

$$\begin{cases} x' = a_{00} + a_{10} x + a_{01} y \\ y' = b_{00} + b_{10} x + b_{01} y \end{cases} \tag{5.4.5}$$

式(5.4.5)是图像几何变换如平移、旋转、缩放和镜像等的通式。

1) 图像平移

将图像中所有的点都按照指定的平移量水平、垂直移动。设(x, y)为原图像上的一点,图像水平平移量tx,垂直平移量为ty,点(x, y)平移后的坐标变为(x', y')。则点(x, y)与点(x', y')之间的关系为

$$\begin{cases} x'=x+tx \\ y'=y+ty \end{cases} \tag{5.4.6}$$

2) 图像旋转

绕原点按顺时针方向旋转α角,则图像旋转的表达式为

$$\begin{cases} x'=x\cos\alpha-y\sin\alpha \\ y'=x\sin\alpha+y\cos\alpha \end{cases} \tag{5.4.7}$$

3) 图像缩放

若对图像x方向缩放c倍,y方向缩放d倍,则缩放表达式为:

$$\begin{cases} x'=cx \\ y'=dy \end{cases} \tag{5.4.8}$$

4) 图像镜像

水平镜像的表达式为

$$\begin{cases} x'=-x \\ y'=y \end{cases} \tag{5.4.9}$$

垂直镜像的表达式为

$$\begin{cases} x'=x \\ y'=-y \end{cases} \tag{5.4.10}$$

由于一次线性变换含有6个未知数,将参考图像已知点和被校正图像对应点分别构成三角形区域,三角形顶点为3个控制点,通过式(5.4.5)解求6个系数,就可以实现三角形区域内其他像点的坐标变换。该算法计算简单,由于它是以许多小范围内的线性失真去处理大范围内的非线性失真,因此能满足一定的几何校正精度要求。控制点或特征点越多,分布越均匀,三角形面积越小,则校正精度越高。

当$n=2$时式(5.4.4)为二次多项式:

$$\begin{cases} x'=a_{00}+a_{10}x+a_{01}y+a_{20}x^2+a_{11}xy+a_{02}y^2 \\ y'=b_{00}+b_{10}x+b_{01}y+b_{20}x^2+b_{11}xy+b_{02}y^2 \end{cases} \tag{5.4.11}$$

图像几何校正常采用这种二次多项式的曲面拟合,按最小二乘平差法求解未知数来进行校正。

2. $h_1(x, y)$和$h_2(x, y)$未知条件下的几何校正

在这种情况下,通常用基准图像和几何畸变图像上多对同名像素的坐标来具体确定$h_1(x, y)$和$h_2(x, y)$。

1) 若图像为线性畸变

可从基准图像上找出三个点(x_1, y_1),(x_2, y_2),(x_3, y_3),它们在畸变图像上对应的三个点坐标为(x_1', y_1'),(x_2', y_2'),(x_3', y_3')。

把这些点的坐标代入式(5.4.5)，得到

$$\begin{cases} x_1' = a_{00} + a_{10}x_1 + a_{01}y_1 \\ x_2' = a_{00} + a_{10}x_2 + a_{01}y_2 \\ x_3' = a_{00} + a_{10}x_3 + a_{01}y_3 \\ y_1' = b_{00} + b_{10}x_1 + b_{01}y_1 \\ y_2' = b_{00} + b_{10}x_2 + b_{01}y_2 \\ y_3' = b_{00} + b_{10}x_3 + b_{01}y_3 \end{cases} \quad (5.4.12)$$

写成矩阵形式为

$$\begin{bmatrix} x_1' \\ x_2' \\ x_3' \end{bmatrix} = \begin{bmatrix} 1 & x_1 & y_1 \\ 1 & x_2 & y_2 \\ 1 & x_3 & y_3 \end{bmatrix} \begin{bmatrix} a_{00} \\ a_{10} \\ a_{01} \end{bmatrix} \quad (5.4.13)$$

$$\begin{bmatrix} y_1' \\ y_2' \\ y_3' \end{bmatrix} = \begin{bmatrix} 1 & x_1 & y_1 \\ 1 & x_2 & y_2 \\ 1 & x_3 & y_3 \end{bmatrix} \begin{bmatrix} b_{00} \\ b_{10} \\ b_{01} \end{bmatrix} \quad (5.4.14)$$

则可解联立方程组，得到 a_{ij}、b_{ij} 系数，这样 $h_1(x, y)$ 和 $h_2(x, y)$ 就确定了。可按已知 $h_1(x, y)$ 和 $h_2(x, y)$ 的间接法校正几何失真的图像。

2) 二次型畸变

由式(5.4.11)可知，式中包含有12个未知数，因此至少要有6对同名像素坐标已知。在多于6对同名点坐标已知时，根据最小二乘法求解 a_{ij}、b_{ij}。这样 $h_1(x, y)$ 和 $h_2(x, y)$ 确定了，可按已知 $h_1(x, y)$ 和 $h_2(x, y)$ 的间接法校正几何失真的图像。

5.4.2 像素灰度内插

常用的像素灰度内插法有最近邻元法、双线性内插法和三次内插法三种。

1. 最近邻元法

在待求像素的四邻像素中，将距离最近的像素灰度赋给待求像素，这种方法称最近邻元法。该方法最简单，但校正后的图像有明显锯齿状，即存在灰度不连续性。

2. 双线性内插法

双线性内插法是利用待求像素四个邻像素在行、列方向上作线性内插，如图5.4.3所示。对于 $(i, j+v)$，$f(i, j)$ 到 $f(i, j+1)$ 的灰度变化为线性关系，则有

$$f(i, j+v) = [f(i, j+1) - f(i, j)]v + f(i, j) \quad (5.4.15)$$

同理对于 $(i+1, j+v)$ 则有

$$f(i+1, j+v) = [f(i+1, j+1) - f(i+1, j)]v + f(i+1, j) \quad (5.4.16)$$

从 $f(i, j+v)$ 到 $f(i+1, j+v)$ 的灰度变化也为线性关系，由此可推导出待求像素灰度的计算式如下

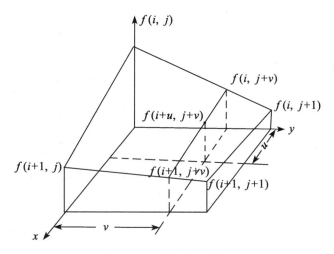

图 5.4.3 双线性内插法

$$f(i+u, j+v) = (1-u)(1-v)f(i, j) + (1-u)vf(i, j+1)$$
$$+ u(1-v)f(i+1, j) + u v f(i+1, j+1) \qquad (5.4.17)$$

双线性内插的计算比最近邻点法复杂些，计算量大。但内插生成的图像没有灰度不连续性的缺点，结果令人满意。它具有低通滤波性质，使高频分量受损，图像轮廓有一定模糊。

3. 三次内插法

该方法利用三次多项式 $S(x)$ 来逼近理论上的最佳插值函数 $\sin x / x$，如图 5.4.4 所示。其数学表达式为

$$S(x) = \begin{cases} 1 - 2|x|^2 + |x|^3, & 0 \leqslant |x| < 1 \\ 4 - 8|x| + 5|x|^2 - |x|^3, & 1 \leqslant |x| < 2 \\ 0, & |x| \geqslant 2 \end{cases} \qquad (5.4.18)$$

上式 $|x|$ 是周围像素沿 x 方向离原点的距离。如图 5.4.5 所示，待求像素 (x, y) 的灰度值由其周围十六个点的灰度值加权内插得到。可推导出待求像素的灰度计算式如下：

$$f(x, y) = f(i+u, j+v) = A \cdot B \cdot C \qquad (5.4.19)$$

其中：

$$A = \begin{bmatrix} S(1+v) \\ S(v) \\ S(1-v) \\ S(2-v) \end{bmatrix}^{\mathrm{T}} \qquad (5.4.20)$$

$$B = \begin{bmatrix} f(i-1, j-1) & f(i-1, j) & f(i-1, j+1) & f(i-1, j+2) \\ f(i, j-1) & f(i, j) & f(i, j+1) & f(i, j+2) \\ f(i+1, j-1) & f(i+1, j) & f(i+1, j+1) & f(i+1, j+2) \\ f(i+2, j-1) & f(i+2, j) & f(i+2, j+1) & f(i+2, j+2) \end{bmatrix} \qquad (5.4.21)$$

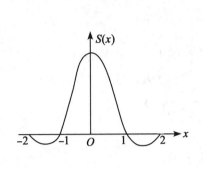
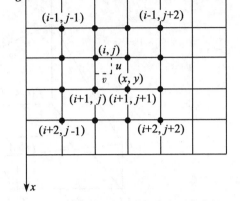

图 5.4.4　$S(x)$ 函数曲线　　　　　　　图 5.4.5　用三次多项式内插

$$C = \begin{bmatrix} S(1+u) \\ S(u) \\ S(1-u) \\ S(2-u) \end{bmatrix} \tag{5.4.22}$$

该算法计算量最大,但内插灰度图像效果最好,精度最高。

5.5　图像重建

投影重建一般指由一个物体的多个(轴向)投影图重建目标图像的技术。投影重建图像是一类特殊的图像恢复技术,把投影看成是一种劣化过程,而重建则是一种复原过程。通过投影重建可以直接看到原来被投影物体某种特性的空间分布,比直接观察投影图直观,因此在许多学科领域都得到了应用。例如医疗放射学、核医学、电子显微、无线和雷达天文学、光显微和全息成像学及理论视觉等领域都有广泛应用。

图 5.5.1 中给出了图像重建的三种模型,即透射模型、发射模型和反射模型。透射模型建立于能量通过物体后有一部分能量会被吸收的基础之上,透射模型经常用于 X 射线、电子射线及光线和热辐射的情况下,它们都遵从一定的吸收规则。发射模型用来确定物体

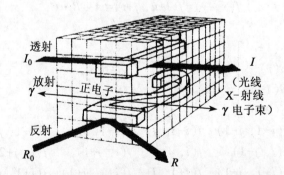

图 5.5.1　图像重建采用的透射、反射和发射三种模式

的位置,并且这种方法已经广泛用于正电子检测,它是通过在相反的方向分解散射的两束伽马射线来实现的。这两束射线的渡越时间可用来确定物体的位置。能量反射可以用来测定物体的表面特征,例如光线、电子束、激光或超声波等都采用这种方式测定。这三种模型是无损检测中常用的数据获取方法。

图像重建经多年研究取得了巨大进展,产生了许多有效的算法,如代数法、迭代法、傅里叶反投影法、卷积反投影法等。近年来,采用与计算机图形学相结合的技术,由多幅二维图像合成三维图像,并应用光照模型和各种渲染技术,已能生成各种具有强烈真实感及纯净的高质量三维人造图像,即三维重建。这些重建方法融入了三维图形的主要算法,如线框法、表面法、实体法、彩色分域法等。此外,三维重建技术是当今颇为热门的虚拟现实和科学可视化技术的基础。这里简单地介绍由一维投影数据形式生成二维图像的计算机断层扫描获得人体断面成像的原理。

5.5.1 计算机断层扫描的二维重建方法与应用

计算机断层扫描的基本原理,如图 5.5.2 所示,从线性并排着的 X 线源发射一定强度的 X 线,把通过人脑部的 X 线用与 X 线源平行排列的 X 线检测器接收。然后把 X 线源和检测器组以体轴为中心一点一点地旋转,反复进行同样的操作。

利用这种方法获得各个方向上的投影数据,可以重建垂直于体轴的断面图像。从多个投影数据重建图像有多种方法,这里介绍最基本的傅里叶变换法。

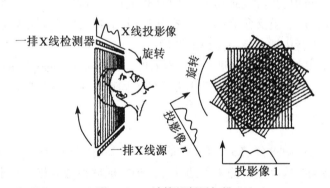

图 5.5.2 计算机断层扫描

图像 $f(x, y)$ 的傅里叶变换为

$$F(u, v) = \int\!\!\int_{-\infty}^{\infty} f(x, y) e^{-j2\pi(xu+yv)} dxdy \qquad (5.5.1)$$

而 $f(x, y)$ 对 x 轴的投影可表示为

$$P_y(x) = \int_{-\infty}^{\infty} f(x, y) dy \qquad (5.5.2)$$

对其进行傅里叶变换,得

$$P_y(u) = \int_{-\infty}^{\infty} P_y(x) e^{-j2\pi ux} dx$$

$$= \int_{-\infty}^{\infty}\int f(x,\ y)\mathrm{e}^{-\mathrm{j}2\pi ux}\mathrm{d}x\mathrm{d}y$$
$$= F(u,\ 0) \tag{5.5.3}$$

可见，$f(x,y)$ 向 x 轴投影的傅里叶变换是和 $f(x,y)$ 的傅里叶变换沿 $v=0$ 的断面一致的，如图 5.5.3 所示。因为傅里叶变换是正交变换，所以这一点对任意的方向都是成立的。若对多个方向上的投影数据分别进行傅里叶变换，就可求出沿着与这个方向相同的直线上的 $F(u,v)$，如果把由它们计算出的 $F(u,v)$ 进行傅里叶逆变换，就得到重建图像 $f(x,y)$。

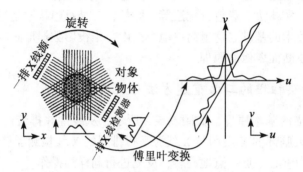

图 5.5.3 投影数据的傅里叶变换

因为从投影数据的傅里叶变换得到的是极坐标形式的 $F(u,v)$，因此为了求得在直角坐标系中的 $F(u,v)$，就必须在 (u,v) 空间进行内插，或者按照极坐标进行傅里叶逆变换，在图像空间进行内插，得到重建的图像。

自 Housfiled 于 1969 年设计发明了第一台 CT(Computer Topograph) 原型机至今，CT 设备先后经过不断的设计和发展，按照采集方式的不同可分为以下类型：

1. 断面采集 CT

自从 CT 原型机至 1989 年之前，CT 设备采用的是层面采集方式，即每次扫描采集一个断面的信息，扫描时检查床是静止不动的，扫描完成后检查床移动一定的距离再进行下一个断面的扫描。这种设计的原因是 CT 扫描架内的 X 线管连接着高压电缆，受电缆的制约，每次扫描管球旋转后必须复位，再开始下一次扫描。除少数不发达地区使用外，断面采集方式的 CT 机已退出主流市场。

2. 螺旋 CT

螺旋 CT 采集方式发展的基础是滑环技术的开发与应用。该设计是在扫描架内置一个环形滑轨即滑环，X 线球管可以从滑环上得到电源(早期为高压电源，现已发展为低压电源)，这样 X 线球管就能够摆脱传统的电缆，在滑轨上连续绕患者旋转和不断发射 X 线束。检测器仍采用断面采集 CT 的设计模式，在滑环上与 X 线管同步连续旋转。

螺旋 CT 与断面采集 CT 另一个不同之处在于，当 X 线管在滑环上连续旋转时，检查床不再是静止不动，而是在整个信息采集过程中作匀速的纵向移动。这样，X 线束在人体上的扫描轨迹不再是垂直于身体长轴的平面,而是连续的螺旋状,此即为螺旋扫描方式。

第一台临床实用的螺旋 CT 设备在 1989 年问世,这种新的扫描方式不仅大大提高了扫描速度,而且在设备的硬件上引发了一次新的突破性发展。螺旋 CT 的优点是:①扫描层面之间不需再做停顿,可连续快速扫描,提高了扫描速度,断面采集时间可减少到 0.75~1.5s;②螺旋 CT 连续扫描,可防止体部微小病变的遗漏;③螺旋 CT 的扫描和重建方式有利于数据进行三维后处理,为 CT 后处理技术的发展打下了基础。

较早开发的螺旋 CT 设备是以螺旋状扫描轨迹逐断面地采集信息,称之为单层螺旋扫描 CT。

3. 多层螺旋 CT

多层螺旋 CT 技术的进步发生在 X 线-检测系统 X 线束由扇形改为锥形束,即增大 Z 轴方向上 X 线的厚度;而检测器由一列增加为多列,形成具有一定宽度的检测器阵列。通过把多列检测器检测到的信息进行不同的组合,可以同时得到多个断面的螺旋扫描的信息,称多排检测器螺旋扫描 CT,简称为多层螺旋 CT,如图 5.5.4 所示。

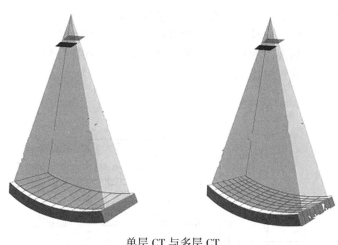

单层 CT 与多层 CT

图 5.5.4

多层螺旋扫描方式进一步提高了信息的采集速度,扫描效率得到了更大的提高,单位时间内可扫描更大的解剖范围。

由于多层螺旋 CT 技术的出现,CT 的时间分辨率有了较大程度的提高,最新的 64 层螺旋 CT 时间分辨率可缩短至几十毫秒,能够用于心脏和冠状动脉的成像。多层螺旋 CT 的出现再次促进了 CT 技术的发展,其优势主要表现在:①时间分辨率大大提高,使原 CT 成像有困难的运动器官,如心脏和冠状动脉的成像成为可能;②由于设备能力的提高,可进行连续大范围扫描,如全身成像,并且可在扫描后针对不同部位进行不同层厚、不同重建与重组方式的显示;③对于腹部脏器,单次扫描时间明显缩短,这样可以进行精确的多时相扫描,有利于病变的定性和发现微小病变。

4. 双源 CT 与能谱 CT

双源 CT 是在 64 层 CT 技术之上,采用 2 个高压发生器、2 个球管、2 套探测器组和 2 套数据采集系统来采集 CT 图像。两个球管在 X-Y 平面上间隔 90°,也就是说,机架旋转 90°即可获得 180°的数据,使单扇区采集的时间分辨率达 83 毫秒,基本实现了冠状动脉 CT 的临床常规应用。双源 CT 设备还实现了能量 CT 的临床常规应用。当双源 CT 的两个球窗分别以管电压 80kV/100kV 和 140kV 同时、同层扫描时,可同时获得低能和高能数据,实现双能量 CT 成像,获得同一组织在不同能量射线下所具有的不同 X 射线衰减特性,从而可区分不同的组织结构成分特征,鉴别病变性质等。CT 能量成像技术的价值还在于可以增加实质器官与对比剂的区别,明显降低背景噪声影响,避免线束硬化伪影和容积效应造成的小病灶遗漏和误诊,从而提高小病灶和多发病灶的检出率。

能谱 CT 彻底改变了常规 CT 几十年来的传统诊断模式,在获得混合能量图像的同时,还可以一次扫描得到单能量图像以及不同物质(水、碘、钙等)的图像。CT 能谱成像对于常规 CT 单一密度参数成像提供了全新的解决手段。

5.5.2 三维形状的复原

上面从多个一维投影数据重建二维断面的方法,医学上称为计算机层析 CT。为了测出三维物体的形状,可以一面将检测器沿物体中心线一点点地移动位置,一面求出多个垂直于通过物体中心线的断面,然后把它们依次连接起来。如图 5.5.5 所示,即根据一系列二维图像的位置变化构成三维图像。

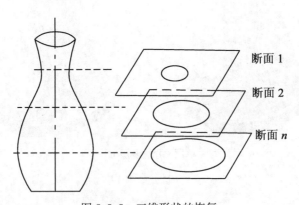

图 5.5.5 三维形状的恢复

一旦这样的物体三维信息被恢复,就可以求出关于具有任意倾斜度平面的断面,或者可以由三维的任意方向来看物体,从而使对物体形状的判读变得非常容易。采用这种重建技术获得人体器官的三维图像,通过各种各样的视点来观看人体器官的构像,对疾病的诊断特别重要。这种专用装置也正在开发中。

从多个断面恢复三维形状的方法如下。

1. Voxel 法(体素法)

如果把断面的间隔加密,让断面内的抽样间隔和断面间的间隔相等,断面内的各像素就可以看成三维空间的小的立方体(voxel)，如图 5.5.6(a)所示。因此，在多个断面图像中，给予相当于这个立方体高度的厚度，把它们三维地堆积起来就可以表现物体的三维图像。总的来说，用这种方法能够表现任意复杂形状的物体，但通常因为体素比较大，所以在重建目标表面上可以看到人为的凹凸不平的现象。

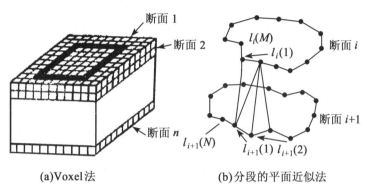

(a)Voxel法　　　　　　　　(b)分段的平面近似法

图 5.5.6　三维形状的恢复

2. 分块的平面近似法

这种方法是把物体的表面作为小平面组合来表现的。为此，首先求出断面 i 和断面 $i+1$ 中物体的轮廓线。假设两个轮廓线如图 5.5.6(b)那样，用 $l_i(m)$、$l_{i+1}(n)$ ($m=1$, 2, $\cdots$, M, $n=1$, 2, $\cdots$, N) 和折线来表示。这时，如果从 $l_i(1)-l_{i+1}(1)$ 组出发，连接 $l_i(1)-l_{i+1}(2)$ 或者 $l_i(2)-l_{i+1}(1)$，就可以构造一个三角形。像这样研究 $l_{i+1}(m)-l_i(n)$ 的各种各样的组合，由此构造求三角形面积总和为最小的组合，把在这种情况下形成的这些三角形平面连接起来，描述物体表面。这种方法是用三角形面积作为评价函数来描述表面的。

图 5.5.6(a)的方法是面向体积型的三维物体的表示法；图 5.5.6(b)的方法则是面向表面型的表示法。用前者求物体表面很困难，而用后者由任意的平面作出断面也很困难。因此要根据目的的不同采用合适的表示法。图 5.5.7 是从断面合成的头部三维图像。在这幅图像中，头骨表面用图 5.5.6(b)的方法来近似表现。

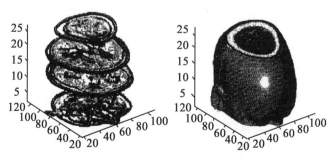

图 5.5.7　从断面合成的头部三维图像

习题

1. 试述图像退化的模型，写出离散退化模型。
2. 何谓图像复原？图像复原与增强有何区别？
3. 什么是约束复原？什么是非约束复原？各在什么条件下进行选择？
4. 试述逆滤波复原的基本原理。它的主要难点是什么？如何克服？
5. 图像几何校正的一般包括哪两步？像素灰度内插有哪三种方法？各有何特点？
6. 若 $f(1,1)=1$，$f(1,2)=5$，$f(2,1)=3$，$f(2,2)=4$，分别按最近邻元法、双线性插值法确定点 $(1.2, 1.6)$ 的灰度值。
7. 图像重建中数据的获取模型有哪几种？
8. 试述傅里叶重建法的基本原理。
9. 试比较三维物体形状的两种基本表示法。
10. 若采用线性变换对一幅图像进行几何校正，它能纠正哪些失真？最起码要多少个控制点？

第6章 图像编码与压缩

6.1 概 述

6.1.1 图像数据压缩的必要性与可能性

数据压缩最初是信息论研究中的一个重要课题。在信息论中,数据压缩被称为信源编码。但近年来,数据压缩不仅限于编码方法的研究与探讨,已逐步形成较为独立的体系。它主要研究数据的表示、传输、变换和编码方法,目的是减少存储数据所需的空间和传输所用的时间。

随着计算机与数字通信技术的迅速发展,特别是网络和多媒体技术的兴起,图像编码与压缩作为数据压缩的一个分支,已受到越来越多的关注。

从本质上来说,图像编码与压缩就是对图像数据按一定的规则进行变换和组合,从而实现以尽可能少的代码(符号)来表示尽可能多的信息的目的。图像数据的特点之一是数据量大。例如一张A4(210mm×297mm)幅面的照片,若用中等分辨率(300dpi)的扫描仪按真彩色扫描时,共有(300×210/25.4)×(300×297/25.4)个像素,每个像素占3个字节,其数据量为26M字节。在多媒体中,海量图像数据的存储和处理是难点之一。如不进行编码压缩处理,一张存储600M字节的光盘仅能存放20s左右的640×480图像画面。又如在Internet上,传统的基于字符界面已被能够浏览图像信息的WWW(World Wide Web)方式所取代。WWW尽管很漂亮,但是也带来了一个问题:图像信息的数据量太大了,导致网络宽带变得不堪重负,使得WWW会变成World Wide Wait。

总之,大数据量的图像信息对存储器的存储容量、通信干线信道的带宽以及计算机的处理速度提出了更高的要求。单纯地靠增加存储器容量,提高信道带宽以及计算机的处理速度等方法来解决这个问题是不现实的。很显然,在信道带宽、通信链路容量一定的前提下,采用编码压缩技术,减少传输数据量,是提高通信速度的重要手段。

可见没有图像编码技术的发展,大容量图像信息的存储与传输是难以实现的,多媒体、信息高速公路等新技术在实际中的应用也会碰到很大困难。

因为一般图像中存在编码、时间与空间相关、视觉心理三种冗余数据,所以图像数据的压缩是可能的。

(1)编码冗余。编码是用于表示信息主体或事件集合的符号(字母、数字、比特等)系统。每条信息或事件被赋予一系列编码符号,我们称之为码字。如果对一幅图像编码所产生的码字数量多于实际需要的码字数量，则图像包含编码冗余。例如，用8bit等长码表示灰度图像的每一个灰度级，就存在编码冗余。

（2）像素间冗余。像素空间内在相关性所导致的冗余称为空间冗余或几何冗余。这样像素灰度值能借助于相邻像素灰度值预测或估计出来。在视频序列中，像素还有时间上的相关性，这种像素间的冗余称为时间冗余或帧间冗余。

（3）心理视觉冗余。当人观察一幅图像时，有些信息在视觉系统中与其他信息相比重要程度小而被忽视。这些信息心理视觉上是冗余的，去除这些信息并不会明显降低图像视觉质量。

但图像数据到底能压缩多少，除了和图像本身存在的冗余度多少有关外，很大程度取决于对图像质量的要求。例如广播电视要考虑艺术欣赏，对图像质量要求高，要压缩比达到3∶1都是很困难的。而对可视电话，因画面活动部分少，对图像质量要求也低，可采用高效编码技术，使压缩比高达1500∶1以上。目前高效图像压缩编码技术已能用硬件实现实时处理，在广播电视、工业电视、电视会议、可视电话、传真和互联网、遥感等多方面得到应用。

6.1.2 图像编码系统与方法分类

图像编码系统由两部分组成：编码器和解码器。如图6.1.1所示，编码器通过三个独立操作，去除冗余。映射器对$f(x,\cdots)$变换以减少空间和时间冗余。这一操作通常是可逆的，但不一定会直接减少表示图像所需的数据量。量化器根据预先建立的保真度准则来降低映射器输出的精度，目的是减少心理视觉冗余。这一操作是由多到少的映射，因此这一操作是不可逆的。在进行无误差压缩时，就要省去这个步骤。符号编码器生成一个定长编码或变长编码来表示量化器的输出，并根据这一编码来映射输出，这一操作是可逆的。完成这一操作后，就可去除输入图像中的冗余。

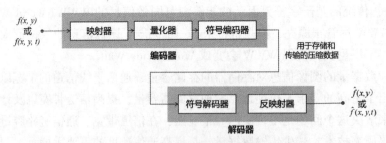

图 6.1.1　图像编码系统

解码器包含两个部分：符号解码器和反映射器。解码器反序执行编码器中的符号编码器和映射器的操作。由于量化会导致不可逆的信息损失，因此通用解码器模型中不包含反量化器模块。

6.2 图像保真度准则

在图像编码压缩中，解码图像与原始图像可能会有差异，因此，需要评价压缩后图像的质量。描述解码图像相对原始图像偏离程度的测度一般称为保真度(逼真度)准则。常用的准则可分为两大类：客观保真度准则和主观保真度准则。

6.2.1 客观保真度准则

最常用的客观保真度准则是原图像和解码图像之间的均方根误差和均方信噪比。令 $f(x, y)$ 为 $M \times N$ 原图像，$\hat{f}(x, y)$ 为解码得到的图像，对任意 x 和 y，$f(x, y)$ 和 $\hat{f}(x, y)$ 之间的误差定义为

$$e(x, y) = \hat{f}(x, y) - f(x, y) \tag{6.2.1}$$

则均方根误差 e_{rms} 定义为

$$e_{\text{rms}} = \left[\frac{1}{MN} \sum_{x=0}^{M-1} \sum_{y=0}^{N-1} \left[\hat{f}(x, y) - f(x, y) \right]^2 \right]^{1/2} \tag{6.2.2}$$

如果将 $\hat{f}(x, y)$ 看成原始图 $f(x, y)$ 和噪声信号 $e(x, y)$ 的和，那么解压图像的均方信噪比 SNR_{ms} 为

$$\text{SNR}_{\text{ms}} = \sum_{x=0}^{M-1} \sum_{y=0}^{N-1} \hat{f}(x, y)^2 \bigg/ \sum_{x=0}^{M-1} \sum_{y=0}^{N-1} \left[\hat{f}(x, y) - f(x, y) \right]^2 \tag{6.2.3}$$

实际使用中常将 SNR_{ms} 归一化并用分贝(dB)表示。令

$$\bar{f} = \frac{1}{MN} \sum_{x=0}^{M-1} \sum_{y=0}^{N-1} f(x, y) \tag{6.2.4}$$

则有

$$\text{SNR} = 10 \lg \left[\frac{\sum_{x=0}^{M-1} \sum_{y=0}^{N-1} \left[f(x, y) - \bar{f} \right]^2}{\sum_{x=0}^{M-1} \sum_{y=0}^{N-1} \left[\hat{f}(x, y) - f(x, y) \right]^2} \right] \tag{6.2.5}$$

如果令 $f_{\max} = \max f(x, y)$，$x = 0, 1, \cdots, M-1$，$y = 0, 1, \cdots, N-1$，则可得到峰值信噪比 PSNR 如下

$$\text{PSNR} = 10 \lg \left[\frac{f_{\max}^2}{\sum_{x=0}^{M-1} \sum_{y=0}^{N-1} \left[\hat{f}(x, y) - f(x, y) \right]^2} \right] \tag{6.2.6}$$

6.2.2 主观保真度准则

尽管客观保真度准则提供了一种简单、方便的评估信息损失的方法，但很多解压图像最终是供人观看的。对具有相同客观保真度的不同图像，在人的视觉中可能产生不同的视觉效果。这是因为客观保真度是一种统计平均意义下的度量准则，对于图像中的细节差异

无法反映出来,而人的视觉能够觉察出来。这种情况下,用目视的方法来评价解码图像的质量更为合适。一种常用的方法是让一组(不少于 20 人)观察者观看解码图像并打分,将他们对该图像的评分取平均,用来评价一幅图像的主观质量。

主观评价也可对照某种绝对尺度进行。表 6.1 给出一种对电视图像质量进行绝对评价的尺度,据此可对图像的质量进行判断打分。

表 6.1   电视图像质量评价尺度

评 分	评 价	说 明
1	优秀	图像质量非常好,如同人能想象出的最好质量
2	良好	图像质量高,观看舒服,有干扰但不影响观看
3	可用	图像质量可接受,有干扰但不太影响观看
4	刚可看	图像质量差,有些干扰妨碍观看,观察者希望改进
5	差	图像质量很差,妨碍观看的干扰始终存在,几乎无法观看
6	不能用	图像质量极差,不能使用

也可通过比较 $\hat{f}(x,y)$ 和 $f(x,y)$ 并按照某种相对的尺度进行评价。如果观察者将 $\hat{f}(x,y)$ 和 $f(x,y)$ 逐个进行对照,则可以得到相对的质量分。例如可用 $\{-3,-2,-1,0,1,2,3\}$ 来代表主观评价 $\{$很差,较差,稍差,一般,稍好,较好,很好$\}$。

6.3　统计编码方法

根据信源的概率分布改变码长,使平均码长非常接近于熵。这种压缩编码称为统计编码。

为了衡量一种编码方法的优劣,本节首先讨论冗余度和编码效率,然后介绍统计编码方法中的霍夫曼编码方法和算术编码方法。

6.3.1　图像冗余度和编码效率

从信息论观点看,描述图像信源的数据由有用数据和冗余数据两部分组成。冗余数据有:编码冗余、像素间冗余、心理视觉冗余 3 种。如果能减少或消除其中的一种或多种冗余,就能取得数据压缩的效果。

根据 Shannon 无干扰信息保持编码定理,若对原始图像数据进行无失真图像编码,压缩后平均码率 $\overline{B}$ 存在一个下限,这个下限是信源信息熵 H。理论上最佳信息保持编码的平均码长可以无限接近信源信息熵 H。若原始图像平均码长为 $\overline{B}$,则

$$\overline{B} = \sum_{i=0}^{L-1} \beta_i p_i \tag{6.3.1}$$

β_i 为灰度级 i 对应的码长,p_i 为灰度级 i 出现的概率。那么 $\overline{B}$ 总是大于或等于图像的熵 H。

因此可定义冗余度

$$r = \frac{\overline{B}}{H} - 1 \tag{6.3.2}$$

编码效率 η 定义为

$$\eta = \frac{H}{\overline{B}} = \frac{1}{1+r} \tag{6.3.3}$$

当经过编码压缩后图像冗余度 r 已接近于零,或编码效率已接近于 1 时,平均码长已接近其下限,这类编码方法称为高效编码。

6.3.2 霍夫曼编码

霍夫曼编码是 1952 年由霍夫曼(Huffman)提出的一种编码方法。这种编码方法根据信源数据符号发生的概率进行编码。在信源数据中出现概率越大的符号,分配的码长越短;出现概率越小的信号,其码长越长,从而达到用尽可能少的码表示信源数据。它在变长编码方法中是最佳的。下面通过实例来说明这种编码方法。

设有编码输入 $X = \{x_1, x_2, x_3, x_4, x_5, x_6\}$。其频率分布分别为 $P(x_1) = 0.4$,$P(x_2) = 0.3$,$P(x_3) = 0.1$,$P(x_4) = 0.1$,$P(x_5) = 0.06$,$P(x_6) = 0.04$。现求其最佳霍夫曼编码 $W = \{w_1, w_2, w_3, w_4, w_5, w_6\}$。

具体编码方法是:①把输入元素按其出现的概率由大到小的顺序排列起来,然后把最末两个最小概率加起来;②把该概率之和同其余元素概率由大到小排队,然后再把两个最小概率加起来,再重新排队;③重复②,直到最后只剩下两个概率为止。

在上述工作完毕之后,从最后两个概率开始从右向左进行编码。对于概率大的赋予 0,小的赋予 1。本例中对 0.6 赋予 0,对 0.4 赋予 1。0.4 传递到 x_1,所以 x_1 的编码便是 1。而 0.6 传递到前一级是两个 0.3 相加,大值是单独一个元素 x_2 的概率,则 x_2 的编码是 00,而剩余元素编码的前两位码应为 01。对 0.2 赋予 0,0.1 赋予 1。以此类推,最后得到诸元素的编码如下:

元　素 x_i	x_1	x_2	x_3	x_4	x_5	x_6
概　率 $P(x_i)$	0.4	0.3	0.1	0.1	0.06	0.04
编　码 w_i	1	00	011	0100	01010	01011

其编码过程如图 6.3.1 所示。

经霍夫曼编码后,平均码长为

$$\overline{B} = \sum_{i=1}^{6} P(w_i) n_i$$
$$= 0.4 \times 1 + 0.30 \times 2 + 0.1 \times 3 + 0.1 \times 4 + 0.06 \times 5 + 0.04 \times 5$$
$$= 2.20 \text{ (bit)}$$

该信源的熵为 $H = 2.14\text{bit}$,编码后计算的平均码长 2.2bit,非常接近于熵。可见霍夫

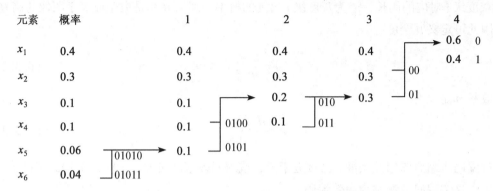

图 6.3.1 霍夫曼编码

曼编码是一种较好的编码。

也可按二叉树进行霍夫曼编码。算法步骤为：

(1) 统计出每个元素出现的频率。

(2) 从左到右把上述频率按从大到小的顺序排列。

(3) 选出频率最小的两个值，作为二叉树的两个叶子节点，将其和作为它们的根节点，这两个叶子节点不再参与比较，新的根节点同其余元素出现的频率排序。

(4) 重复(3)，直到最后得到和为 1 的根节点。

(5) 将形成的二叉树的子节点概率大的为 0，概率小的为 1。把最上面的根节点到最下面的叶子节点途中遇到的 0、1 序列串起来，就得到了各个元素的编码。

以上过程如图 6.3.2 所示，其中圆圈中的数字是新节点产生的顺序。可见，与前面给出的编码结果是不一样的。这是因为霍夫曼具有以下特点：

(1) 霍夫曼编码构造出来的编码值不是唯一的。原因是在给两个最小概率的图像的灰度值进行编码时，可以是大概率为"0"，小概率为"1"，但也可相反。而当两个灰度值的概率相等时，"0"、"1"的分配也是人为定义的，这就造成了编码的不唯一性，但不影响解码的正确性。

(2) 当图像灰度值分布很不均匀时，霍夫曼编码的效率就高。当信源概率是 2 的负幂次方时，编码效率为 100%。而在图像灰度值的概率分布比较均匀时，霍夫曼编码的效率就很低。

(3) 霍夫曼编码必须先计算出图像数据的概率特性形成编码表后，才能对图像数据编码，因此，霍夫曼编码缺乏构造性。即不能使用某种数学模型建立信源符号与编码之间的对应关系，而必须通过查表方法，建立起它们之间的对应关系。如果信源符号很多，那么码表就会很大，这必将影响到存储、编码与传输。

可见，采用霍夫曼编码需要对图像扫描两遍。第一遍扫描要精确地统计出原图像中每一灰度级出现的频率，建立霍夫曼树并进行编码，形成编码表；第二遍扫描是利用编码表对原图像各像素编码生成图像压缩文件。由于需要建立二叉树并遍历二叉树生成编码，因此数据压缩和还原速度都较慢,但霍夫曼编码简单有效,因而得到广泛的应用。

从编码最终结果可看出上述方法有其规律:短的码不会作为更长码的起始部分,否则在码流中区分码字时会引起混乱。另外这种码和计算机常用的数据结构(以字节和半字节为基础的字长)不匹配,因而数据压缩的效果不甚理想。因此有时用半字节为基础的近似霍夫曼方式加以折中解决,是这种编码方法的扩展。

6.3.3 费诺-香农编码

由于霍夫曼编码法需要多次排序,当元素 x_i 很多时十分不便,为此费诺(Fano)和香农(Shannon)分别单独提出类似的方法,使编码更简单。具体编码方法如下:

(1)把 $x_1 \sim x_n$ 按概率由大到小从上到下排成一列,然后把 $x_1 \sim x_n$ 分成两组 $x_1 \sim x_k$,$x_{k+1} \sim x_n$,并使得 $\sum_{i=1}^{k} p(x_i) \approx \sum_{i=k+1}^{n} p(x_i)$。

(2)把两组的 x_i 赋值,将概率大的一组赋0,概率小的一组赋1。这是该方法的赋值原则。

(3)把两组分别按①②分组、赋值,不断重复,直到每组只有一种输入元素为止。将每个 x_i 所赋的值依次排列起来就是费诺-香农码。以前面的数据为例,其费诺-香农编码如图6.3.3所示。

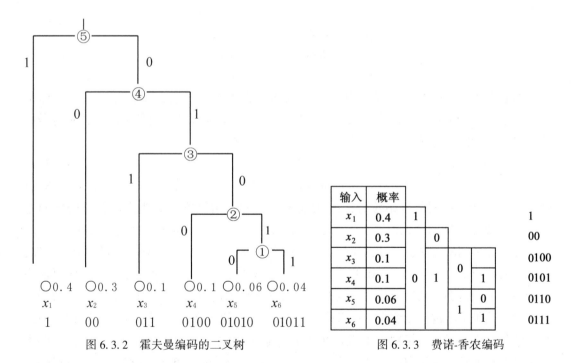

图 6.3.2 霍夫曼编码的二叉树　　　　图 6.3.3 费诺-香农编码

6.3.4 算术编码

理论上,用霍夫曼方法对源数据流进行编码可达到最佳编码效果。但由于计算机中存储、处理的最小单位是比特位，因此，在一些情况下，实际压缩比与理论压缩比的极限相去甚远。例如源数据流由 X 和 Y 两个符号构成，它们出现的概率分别是 2/3 和 1/3。理论上，根据字符 X 的熵确定的最优码长为

$$H(x) = -\log_2(2/3) = 0.585\text{bit}$$

字符 Y 的最优码长为

$$H(Y) = -\log_2(1/3) = 1.58\text{bit}$$

若要达到最佳编码效果，相应于字符 X 的码长为 0.585 位，字符 Y 的码长为 1.58 位。计算机中不可能有非整数位出现。硬件的限制使得编码只能按"位"进行。用霍夫曼方法对这两个字符进行编码，得到 X、Y 的代码分别为 0 和 1。显然，对于概率较大的字符 X 不能给予较短的代码。这就是实际编码效果不能达到理论压缩比的原因所在。

算术编码没有延用数据编码技术中用一个特定的代码代替一个输入符号的一般做法，它把要压缩处理的整段数据映射到 $[0, 1)$ 内的某一区间，构造出位于该区间的数值。这个数值是输入数据流的唯一可译代码。

下面通过一个例子来说明算术编码的方法。

例 一个 5 符号信源 $A = a_1 a_2 a_3 a_2 a_4$，各字符出现的概率和设定的取值范围如下：

字符	概率	范 围
a_3	0.2	$[0.0, 0.2)$
a_1	0.2	$[0.2, 0.4)$
a_2	0.4	$[0.4, 0.8)$
a_4	0.2	$[0.8, 1.0)$

"范围"给出了符号的赋值区间。这个区间是根据符号发生的概率划分的。具体把 $a_1 a_2 a_3 a_4$ 分配在哪个区间范围，对编码本身没有影响，只要保证编码器和解码器对符号的概率区间有相同的定义即可。为讨论方便起见，假定有

$$N_s = F_s + C_l * L \tag{6.3.4}$$

$$N_e = F_e + C_r * L \tag{6.3.5}$$

式中：N_s 为新子区间的起始位置；F_s 为前子区间的起始位置；C_l 为当前符号的区间左端；N_e 为新子区间的结束位置；C_r 为当前符号的区间右端；L 为前子区间的长度。

按上述区间的定义，若数据流的第一个符号为 a_1，由符号概率取值区间的定义可知，代码的实际取值范围在 $[0.2, 0.4)$ 之间，亦即输入数据流的第一个符号决定了代码最高有效位取值的范围。然后继续对源数据流中的后续符号进行编码。每读入一个新的符号，输出数值范围就将进一步缩小。读入第二个符号 a_3 取值范围在区间 $[0.4, 0.8)$ 内。但需要说明的是由于第一个符号 a_2 已将取值区间限制在 $[0.2, 0.4)$ 的范围中，因此，a_3 的实际取值是在前符号范围 $[0.2, 0.4)$ 的 $[0.4, 0.8)$ 处，根据式 (6.3.4) 和式 (6.3.5) 计算，符号 a_3 的编码取值范围为 $[0.28, 0.36)$。也就是说，每输入一个符号，都将按事先对概率范围的定义，在逐步缩小的当前取值区间上按式 (6.3.4) 和式 (6.3.5) 确定新的范围上、下限。继续读入第三个符号 a_1 受到前面已编码的两个字符的限制，它的编码取值应在

[0.28，0.36)中的[0.0，0.2)内，即[0.28，0.296]。重复上述编码过程，直到输入数据流结束。最终结果如下：

输入字符	区间长度	范围
a_1	0.2	[0.2，0.4)
a_2	0.08	[0.28，0.36)
a_3	0.016	[0.28，0.296)
a_2	0.0064	[0.2864，0.2928)
a_4	0.00128	[0.2915，0.2928]

由此可见，随着符号的输入，代码的取值范围越来越小。当字符串 $A=a_1a_2a_3a_2a_4$ 被全部编码后，其范围在[0.2915，0.2928]内。换句话说，在此范围内的数值代码都唯一对应于字符串"$a_1a_2a_3a_2a_4$"。我们可取这个区间的下限 0.2915 作为对源数据流"$a_1a_2a_3a_2a_4$"进行压缩编码后的输出代码，这样，就可以用一个浮点数表示一个字符串，达到减少所需存储空间的目的。

按这种编码方案得到的代码，其解码过程的实现比较简单。根据编码时所使用的字符概率区间分配表和压缩后的数值代码所在的范围，可以很容易地确定代码所对应的第一个字符。在完成对第一个符号的解码后，设法去掉第一个字符对区间的影响，再使用相同的方法找到下一个符号。重复如上的操作，直到完成解码过程。

6.3.5 行程编码

行程编码简称 RLE 压缩方法(Run Length Encoding)，是一种建立在统计特性基础上的无损压缩编码方法。可分为一维行程编码和二维行程编码。图像一维行程编码的原理是将一行中颜色值相同的相邻像素用一个计数值和该颜色值来表示。例如，有一串用字母表示的数据为"aaabbbbccccdddedddaa"，经过行程编码处理可表示为"3a4b4c3d1e3d2a"。这种方法在处理包含大量重复信息时可以获得很好的压缩效率。但是如果连续重复的数据很少，则难获得较好的压缩比，甚至可能会导致压缩后的编码字节数大于处理前的图像字节数。一维行程编码只考虑了消除行内像素间的相关性，却没有考虑其他方向的相关性。要提高行程编码的效率，就希望通过排序使相邻像素值相同的情况尽可能多。二维行程编码就是利用图像二维信息的强相关性，按照一定的扫描路径遍历所有的像素形成一维的序列，对序列进行一维行程编码的方法。对一幅灰度图像采用二维行程编码时，首先将图像分为一定大小的子块，然后对每个子块进行按照一定的扫描路径遍历所有的像素形成一维的序列，进行一维行程编码，那么所有子块的编码就是图像的二维行程编码结果。图 6.3.4(a)是对图像按 8×8 划分子块的常用排列方式；图 6.3.4(b)是变换编码中采用的 Zig-Zag 排列方式，如 JPEG 图像编码就采用这种排列方式。

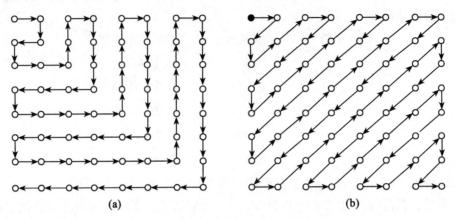

图 6.3.4 二维行程编码数据排列方式

6.4 预测编码

预测就是根据过去时刻的样本序列，采用一种模型预测当前的样本值。

预测编码不是直接对信号编码，而是对图像预测误差编码。实质上是只对新的信息进行编码，以消除相邻像素之间的相关性和冗余性。因为像素的灰度是连续变化的，所以在某一区域中，相邻像素之间灰度值的差别可能很小。如果我们只记录第一个像素的灰度，其他像素的灰度都用它与前一个像素灰度之差来表示，就能起到压缩的目的。如238，2，0，1，1，3，实际上这6个像素的灰度是238，240，240，241，242，245。表示238需要8个比特，而表示2只需要2个比特，这样就实现了压缩。常用的预测编码有 Δ 调制 DM(delta modulation)和差分预测编码 DPCM(differential pulse code modulation)。在此只介绍后一种编码方法。

图6.4.1是其原理框图。图中 x_N 为 t_N 时刻的亮度取样值，预测器根据 t_N 时刻之前的样本 x_1，x_2，…，x_{N-1} 对 x_N 作预测，得到预测值 x'_N。x_N 与 x'_N 之间的误差为

$$e_N = x_N - x'_N \tag{6.4.1}$$

量化器对 e_N 进行量化得到 e'_N。编码器对 e'_N 进行编码发送。接收端解码时的预测过程与发送端相同，所用预测器亦相同。接收端恢复的输出信号 x''_N 是 x_N 的近似值，两者的误差是

$$\Delta x_N = x_N - x''_N = x_N - (x'_N - e'_N) = e_N - e'_N \tag{6.4.2}$$

当 Δx_N 足够小时，输入信号 x_N 和 DPCM 系统的输出信号 x''_N 几乎一致。预测编码分为线性预测和非线性预测两类，这里主要介绍线性预测编码。

6.4.1 线性预测编码

设图像像素序列 $\{x_i\}$ ($i = 1, 2, \cdots, N-1$)，据 x_1，x_2，…，x_{N-1} 对 x_N 作预测。令 x_N

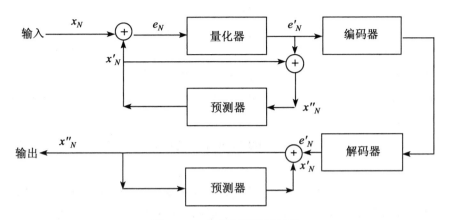

图 6.4.1　差分预测编码原理

的预测估计值为 x'_N，若 x'_N 是 $x_1, x_2, \cdots, x_{N-1}$ 的线性组合，则称对 x_N 的预测为线性预测。

假定二维图像信号 $x(t)$ 是一个均值为零、方差为 σ^2 的平稳随机过程，$x(t)$ 在 $t_1, t_2, \cdots, t_{N-1}$ 时刻的抽样集合为

$$\{x\} = x_1, x_2, \cdots, x_{N-1} \tag{6.4.3}$$

则 t_N 时刻抽样值的预测值为

$$x'_N = \sum_{i=1}^{N-1} a_i x_i = a_1 x_1 + a_2 x_2 + \cdots + a_{N-1} x_{N-1} \tag{6.4.4}$$

式中：a_i 为预测系数。

显然，x'_N 必须十分逼近 x_N，这就要求 $a_1, a_2, \cdots, a_{N-1}$ 为最佳系数。采用均方误差最小的准则，可得到 a_i 的最佳估计。

设 x_N 的均方误差为

$$E[e_N^2] = E[(x_N - x'_N)^2] = E\{[x_N - (a_1 x_1 + a_2 x_2 + \cdots + a_{N-1} x_{N-1})]^2\} \tag{6.4.5}$$

为使 $E[e_N^2]$ 最小，在式(6.4.5)中对 a_i 求微分

$$\begin{aligned}\frac{\partial}{\partial a_i} E[e_N^2] &= \frac{\partial}{\partial a_i} E\{[x_N - (a_1 x_1 + a_2 x_2 + \cdots + a_{N-1} x_{N-1})]^2\} \\ &= -2E\{[x_N - (a_1 x_1 + a_2 x_2 + \cdots + a_{N-1} x_{N-1})] x_i\} \\ i &= 1, 2, \cdots, N-1 \end{aligned} \tag{6.4.6}$$

令 $\dfrac{\partial}{\partial a_i}[e_N^2] = 0$，则

$$\begin{aligned} E\{[x_N - (a_1 x_1 + a_2 x_2 + \cdots + a_{N-1} x_{N-1})] x_i\} &= 0 \\ i &= 1, 2, \cdots, N-1 \end{aligned} \tag{6.4.7}$$

假设 x_i 和 x_j 的协方差为

$$R_{ij} = E[x_i x_j], \quad i, j = 1, 2, \cdots, N-1 \tag{6.4.8}$$

则式(6.4.7)可表示为

$$R_{Ni} = a_1 R_{1i} + a_2 R_{2i} + \cdots + a_{N-1} R_{(N-1)i}$$
$$i = 1, 2, \cdots, N-1 \tag{6.4.9}$$

若所有的协方差 R_{ij} 已知，则可利用递推算法求解(N-1)个预测系数 a_i。

在线性预测编码中，若只采用 x_{N-1} 对 x_N 进行预测，则称为前值预测；若采用同一行中 x_N 前的若干抽样值来对 x_N 预测，则称为一维预测；若采用几行内的抽样值来预测 x_N，则称为二维预测。

根据前面的定义，若图像是平稳的随机过程，则用自相关系数代替 R_{ij}，可求得预测系数。

DPCM 预测是一种近似处理系统，因为不同图像的自相关系数是不尽相同的，这一幅图像适用的模型和系数，对另一幅图像不一定适用。在实际工作中，针对不同情况，常采用相对固定系数 a_i 的方法。

6.4.2　非线性预测编码

线性预测编码的基础是假设图像全域为平稳的随机过程，自相关系数与像素在域中的位置无关。实际上，图像的起伏始终是存在的，被描述像素和周围像素之间，含有多种多样的关系。线性预测系数 a_i 是一种近似条件下的常数，忽略了像素的个性，存在以下缺点，影响图像质量。

（1）对灰度有突变的地方，会有较大的预测误差，致使重建图像的边缘模糊，分辨率降低。

（2）对灰度变化缓慢区域，其差值信号接近于零，但因其预测值偏大而使重构图像有颗粒噪声。

为了改善图像质量，克服上述预测编码带来的缺点，非线性预测充分考虑了图像的统计特性和个别变化，尽量使预测系数与图像所处的局部特性相匹配，即预测系数随预测环境而变，故称为自适应预测编码。

将式(6.4.4)改写成如下形式：

$$x'_N = k \sum_{i=1}^{N-1} a_i x_i = k(a_1 x_1 + a_2 x_2 + \cdots + a_{N-1} x_{N-1}) \tag{6.4.10}$$

这里 k 为自适应系数。一般情况下，令 $k=1$。但对灰度变化大的局部，由于预测值偏小，这时可令 $k=1.125$，以避免局部边缘被平滑；对灰度变化缓慢区，预测值可能偏大，这时可令 $k=0.875$，以消除颗粒噪声的影响。

6.5　正交变换编码

从理论上，采用正交变换不能直接对图像数据进行有效的压缩，但正交变换改变了图像数据的表现形式，为编码压缩提供了可能。

6.5.1 变换编码原理

变换编码的基本原理是通过正交变换把图像从空间域转换为能量比较集中的变换域系数,然后对变换系数进行编码,从而达到压缩数据的目的。

图 6.5.1 给出一个典型的变换编码系统框图。编码部分由 4 个功能模块构成:构造子图像、变换、量化和编码。一幅 $N×N$ 图像先被分割为 $n×n$ 的子图像,通过变换这些子图像得到 $(N/n)^2$ 个 $n×n$ 子图像变换数组。变换的目的是解除每个子图像内部像素之间的相关性或将尽可能多的信息集中到尽可能少的变换系数上。量化时有选择地消除或较粗糙地量化携带信息最少的系数,因为它们对重建的子图像质量影响最小。最后是符号编码,即对量化了的系数进行编码(常利用变长编码)。解码部分由与编码部分相反排列的一系列逆操作模块构成。由于量化是不可逆的,所以解码部分没有对应的模块。

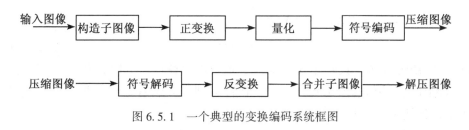

图 6.5.1 一个典型的变换编码系统框图

6.5.2 正交变换的性质

正交变换之所以能用于图像压缩,主要是因为正交变换具有如下性质:

(1) 正交变换是熵保持的,说明正交变换前后不丢失信息。因此传输图像时,直接传送各像素灰度和传送变换系数可以得到相同的信息。

(2) 正交变换是能量保持的。

(3) 正交变换重新分配能量。常用的正交变换如傅里叶变换,能量集中于低频区,在低频区变换系数能量大,而高频区系数能量小得多。这样可用熵编码中不等长码来分配码长,能量大的系数分配较少的比特,从而达到压缩的目的。同理,也可用零替代能量较小的系数的方法压缩。

(4) 去相关性质。正交变换把空间域中高度相关的像素灰度值变为相关很弱或不相关的频率域系数。显然这样能去掉存在于相关性中的冗余度。

总之,正交变换可把空间域相关的图像像素变为能量保持,而且能量集中于弱相关或不相关的变换域系数。

6.5.3 变换压缩的数学分析

正交变换中常采用的有傅里叶变换、沃尔什变换、离散余弦变换和 K-L 变换等。设一幅图像可看成一个随机的向量,通常用 n 维向量表示

$$X = \begin{bmatrix} x_0 & x_1 & x_2 & \cdots & x_{n-1} \end{bmatrix}^T \qquad (6.5.1)$$

经正交变换后，输出为 n 维向量 Y(即 $F(u,v)$)

$$Y = \begin{bmatrix} y_0 & y_1 & y_2 & \cdots & y_{n-1} \end{bmatrix}^T \qquad (6.5.2)$$

设 A 为正交变换矩阵，则有

$$Y = AX \qquad (6.5.3)$$

由于 A 为正交阵，有

$$AA^T = AA^{-1} = E \qquad (6.5.4)$$

传输或存储利用变换得到的 Y，在接收端，经逆变换可恢复 X

$$X = A^{-1}Y = A^T Y \qquad (6.5.5)$$

若在允许失真的情况下，传输和存储只用 Y 的前 $M(M<N)$ 个分量，这样得到 Y 的近似值 $\hat{Y}$

$$\hat{Y} = \begin{bmatrix} y_0 & y_1 & y_2 & \cdots & y_{M-1} \end{bmatrix}^T \qquad (6.5.6)$$

利用 Y 的近似值 $\hat{Y}$ 来重建 X，得到 X 的近似值 $\hat{X}$

$$\hat{X} = A_1^T \hat{Y} \qquad (6.5.7)$$

式中：A_1 为 $M \times M$ 矩阵。只要 A_1 选择恰当，就可以保证重建图像的失真在一定允许限度内。关键的问题是如何选择 A 和 A_1，使之既能得到最大压缩又不造成严重失真。因此要研究 X 的统计性质。对于

$$X = \begin{bmatrix} x_0 & x_1 & x_2 & \cdots & x_{n-1} \end{bmatrix}^T \qquad (6.5.8)$$

其均值为

$$\overline{X} = E[X] \qquad (6.5.9)$$

X 的协方差矩阵为

$$\boldsymbol{\Sigma}_x = E[(X - \overline{X})(X - \overline{X})^T] \qquad (6.5.10)$$

同理，对于

$$Y = \begin{bmatrix} y_0 & y_1 & y_2 & \cdots & y_{n-1} \end{bmatrix}^T \qquad (6.5.11)$$

Y 的均值为

$$\overline{Y} = E[Y] \qquad (6.5.12)$$

Y 的协方差为

$$\boldsymbol{\Sigma}_Y = E[(Y - \overline{Y})(Y - \overline{Y})^T] \qquad (6.5.13)$$

根据式(6.5.3)得

$$\begin{aligned} \boldsymbol{\Sigma}_Y &= E[(AX - A\overline{X})(AX - A\overline{X})^T] \\ &= AE[(X - \overline{X})(X - \overline{X})^T]A^T \\ &= A\boldsymbol{\Sigma}_x A^T \end{aligned} \qquad (6.5.14)$$

可见，Y 的协方差 $\boldsymbol{\Sigma}_Y$ 可由 $\boldsymbol{\Sigma}_X$ 作二维正交换 $A\boldsymbol{\Sigma}_X A^T$ 得到。$\boldsymbol{\Sigma}_X$ 是图像固有的，因此关键是要选择合适的 A，使变换系数 Y 之间有更小的相关性。另外，去掉了一些系数使得 $\hat{Y}$

误差不大。总之，选择合适的 A 和相应的 A_1，使变换系数之间的相关性全部解除和使 Y 的方差高度集中，这称为最佳变换。

6.5.4 最佳变换与准最佳变换

若选择变换矩阵 A 使 Σ_Y 为对角阵，那么变换系数之间的相关性可完全消除。选择集中主要能量的 Y 系数前 M 项，则得到的 $\hat{Y}$ 产生的误差小，使 Y 的截尾误差小，这就是最佳变换 A 选择的准则。能满足均方误差准则下的最佳变换，通常称为 K-L 变换。

设误差 e 为

$$e = \hat{X} - X = \sum_{i=0}^{N-1}(\hat{x}_i - x_i) \quad (6.5.15)$$

则均方误差为

$$\overline{e^2} = \frac{1}{N^2}\sum_{i=0}^{N-1}(x_i - \hat{x}_i)^2 \quad (6.5.16)$$

将 A 写成列分块矩阵形式，则有

$$A = \begin{bmatrix} \varphi_0^T \\ \varphi_1^T \\ \vdots \\ \varphi_{N-1}^T \end{bmatrix}, \quad A^T = [\varphi_0, \varphi_1, \cdots, \varphi_{N-1}] \quad (6.5.17)$$

由正交性得

$$\varphi_i^T \varphi_j = \begin{cases} 1, & \text{当 } i=j \text{ 时} \\ 0, & \text{当 } i \neq j \text{ 时} \end{cases} \quad (6.5.18)$$

由 $Y = AX$ 得

$$Y_i = \varphi_i^T X \quad (6.5.19)$$

$$X = A^T Y = [\varphi_0 \quad \varphi_1 \quad \cdots \quad \varphi_{N-1}] Y$$
$$= \sum_{i=0}^{N-1} y_i \varphi_i \quad (6.5.20)$$

为了压缩数据，在重建 X 时只能取 Y 的 M 个分量（$M<N$），从 Y 中选择 M 个分量构成一个子集 $\hat{Y}$，即

$$\hat{Y} = [y_0, y_1, \cdots, y_{M-1}] \quad (6.5.21)$$

而把 Y 的 M 到 $N-1$ 分量用一常数 b_i 来代替，即

$$\hat{X} = \sum_{i=0}^{M-1} y_i \varphi_i + \sum_{i=M}^{N-1} b_i \varphi_i \quad (6.5.22)$$

此处 $\hat{X}$ 可作为 X 的估计，其误差为

$$\Delta X = X - \hat{X} = \sum_{i=M}^{N-1}(y_i - b_i)\varphi_i \quad (6.5.23)$$

ΔX 的均方误差 ε

$$\varepsilon = E\{\|\Delta\|^2\} = E\{(\Delta X)^T(\Delta X)\}$$

$$= E\left\{\sum_{i=M}^{N-1}[(y_i-b_i)\varphi_i]^T[(y_i-b_i)\varphi_i]\right\}$$

$$= \sum_{i=M}^{N-1}(y_i-b_i)^2\varphi_i^T\varphi_i$$

$$= \sum_{i=M}^{N-1}E\{(y_i-b_i)^2\} \tag{6.5.24}$$

为了选择 b_i 和 φ_i 使 ε 最小，可使 ε 分别对 b_i 及 φ_i 求导，并令导数等于零。即

$$\frac{\partial \varepsilon}{\partial b_i} = \frac{\partial}{\partial b_i}E\{(y_i-b_i)^2\}$$

$$= -2\{E\{y_i\}-b_i\} = 0 \tag{6.5.25}$$

$$b_i = E\{y_i\} \tag{6.5.26}$$

将式(6.5.19)代入式(6.5.26)，得

$$b_i = \{\varphi_i^T X\} = \varphi_i^T \overline{X} \tag{6.5.27}$$

将式(6.5.19)和式(6.5.27)代入式(6.5.24)得

$$\varepsilon = \sum_{i=M}^{N-1}E\{(y_i-b_i)(y_i-b_i)^T\}$$

$$= \sum_{i=M}^{N-1}\varphi_i^T\boldsymbol{\Sigma}_x\varphi_i \tag{6.5.28}$$

若还要满足 $\varphi_i^T\varphi_i = 1$ 的正交条件，使 ε 为最小，那么可建立拉格朗日方程

$$J = \varepsilon - \sum_{i=M}^{N-1}\lambda_i(\varphi_i^T\varphi_i - 1)$$

$$= \sum_{i=M}^{N-1}\varphi_i^T\boldsymbol{\Sigma}_x\varphi_i - \sum_{i=M}^{N-1}\lambda_i[\varphi_i^T\varphi_i - 1] \tag{6.5.29}$$

令 $\dfrac{\partial J}{\partial \varphi_i} = 0$，则有

$$\sum_{i=M}^{N-1}[2\boldsymbol{\Sigma}_x\varphi_i - 2\lambda_i\varphi_i] = 0$$

即

$$\boldsymbol{\Sigma}_x\varphi_i = \lambda_i\varphi_i \tag{6.5.30}$$

由线性代数理论可知，λ_i，φ_i 就是 $\boldsymbol{\Sigma}_x$ 的特征值和特征向量。

若已知 $\boldsymbol{\Sigma}_x$ 的 λ_i 和 φ_i，可找到一矩阵 A，使 $Y = AX$，Y 的协方差阵 $\boldsymbol{\Sigma}_y$ 为对角阵，且对角线元素恰为特征值 λ_i。若把求出的 λ_i 从大到小排列起来，使得 $\lambda_1 > \lambda_2 > \cdots > \lambda_n$，那么由其相应 φ_i 组成 A 阵的每一行，就能使 $\boldsymbol{\Sigma}_y$ 恰为对角阵。

从以上讨论可知，最佳正交变换阵 A 是从 X 的统计协方差中得到的，不同图像要有不同的 $\boldsymbol{\Sigma}_x$。因此 K-L 变换中的变换矩阵不是一个固定的矩阵，它由图像而定。欲求图像的 K-L 变换，一般要经过由图像求 $\boldsymbol{\Sigma}_x$，从 $\boldsymbol{\Sigma}_x$ 求 λ_i，对 λ_i 按大小排队然后求 φ_i，再从 φ_i 得到 A，最后用 A 对图像进行变换，求得 $Y = AX$ 等步骤。

理论上说，K-L 变换是所有变换中信息集中能力最优的变换。对任意的输入图像和保留任意个系数，K-L 变换都能使均方误差最小。但 K-L 与图像数据有关，由于运算复杂，没有快速算法，因而 K-L 变换的实用性受到很大限制。研究快速 K-L 算法是一个很具有吸

引力的课题。

最佳变换的核心在于经变换后能使 Σ_y 为对角阵。若采用某种变换矩阵 A，变换后的 Σ_y 接近于对角阵，则这种变换称为准最佳变换。

由线性代数理论可知，任何矩阵都可以相似于一个约旦矩阵，这个约旦矩阵就是准对角矩阵，其形式如下：

$$\begin{bmatrix} \lambda_0 & & & & & & \\ 0 & \lambda_1 & & & & & \\ & 1 & \lambda_2 & & 0 & & \\ & & 0 & \ddots & & & \\ & & & \ddots & \lambda_{N-2} & \\ 0 & & & & 1 & \lambda_{N-1} \end{bmatrix}$$

根据相似变换理论可知，总可以找到一个非奇异矩阵 A，使得 $A^{\mathrm{T}}\Sigma_x A$ 为准对角阵，而且这个 A 并不是唯一的。

在第 3 章介绍的变换中，变换矩阵都具有 A 的性质，它们是常用的准最佳变换。尽管它们的性能比 K-L 变换稍差，但由于它们的变换矩阵是固定的，因此实际中常用的是这些准最佳变换。

不同变换的信息集中能力不同。离散余弦变换比离散傅里叶变换、沃尔什变换有更强的信息集中能力。在这些变换中，非正弦类变换(如沃尔什变换)实现起来相对简单，但正弦类变换(如离散傅里叶变换、离散余弦变换)更接近 K-L 变换的信息集中能力。

近年来，由于离散余弦变换的信息集中能力和计算复杂性综合得比较好而得到了较多的应用，离散余弦变换已被设计在单个集成块上。对大多数自然图像，离散余弦变换能将最多的信息附在最少的系数上。

6.5.5 各种准最佳变换的性能比较

从运算量大小和压缩效果这两个方面来比较各种正交变换，其性能比较如表 6.2 所示。

表中列举一维 N 点各种正交变换所需的运算次数。从下至上的顺序代表了从运算量大小或硬件设备量的角度来看的优劣次序。而其压缩效果与表中的排列顺序一致。从表中可见，K-L 变换的运算量大，极难做到用硬件来实现。而沃尔什—哈达玛变换运算量最小，用一般数字集成电路就可以做到实时变换，但其压缩效果较差。

表 6.2　　　　　　　　　　　各种正交变换性能比较

正交变换类型	运算量	对视频图像实时处理的难易度
K-L	求 $[C_X]$ 及其特征值，特征矢量，矩阵运算用 N^2 次实数加法和 N^2 次实数乘法	极难做到
DFT	$N\log_2 N$ 次复数乘法和 $N\log_2 N$ 次复数加法	较复杂

续表

正交变换类型	运 算 量	对视频图像实时处理的难易度
DCT	$\frac{3N}{2}\log_2(N-1)+2$ 次实数加法以及 $N\log_2 N - \frac{3N}{2}+4$ 次数乘法	采用高速 CMOS/SOS 大规模集成电路，能做到实时处理
DWHT	$N\log_2 N$ 次实数加法或减法	可利用一般高速 TTL，ECL 数字集成电路做到实时处理
HT	$2(N-1)$ 次实数加法或减法	与 DWHT 相同

假如图像信号为马尔可夫模型，那么各种正交变换在变换域能量集中由优到劣的顺序为

$$K\text{-}L \to DCT \to DFT \to \genfrac{}{}{0pt}{}{DWHT}{HT}$$

6.5.6 编码方法

变换为压缩数据创造了条件，压缩数据还要通过编码来实现。通常所用的编码方法有两种：一是区域编码法，二是门限编码法。

1. 区域编码法

这种方法的关键在于选出能量集中的区域。例如，正交变换后变换域中的能量多半集中在低频率空间上，在编码过程中就可以选取这一区域的系数进行编码传送，而其他区域的系数可以舍弃不用。在解码端对舍弃的系数进行补零处理。这样，由于保持了大部分图像能量，在恢复图像中带来的质量劣化并不显著。

在区域编码中，区域抽样和区域编码的均方误差都与方块大小有关。图 6.5.2 给出了图像变换区域抽样的均方误差与方块尺寸的关系。图 6.5.3 给出了图像区域编码均方误差和方块尺寸的关系。区域编码显著缺点是一旦选定某个区域就固定不变了，有时图像中的能量也会在其他区域集中较大的数值，舍弃它们会造成图像质量较大的损失。

2. 门限编码法

这种采样方法不同于区域编码法，它不是选择固定的区域，而是事先设定一个门限值 T。如果系数超过 T 值，就保留下来并且进行编码传送；如果系数值小于 T 值，就舍弃不用。这种方法有一定的自适应能力，可以得到较区域编码好的图像质量。但是，这种方法也有缺点，那就是超过门限值的系数位置是随机的。因此，在编码中除对系数值编码外，还要有位置码。这两种码同时传送才能在接收端正确恢复图像。所以，其压缩比有时会有所下降。

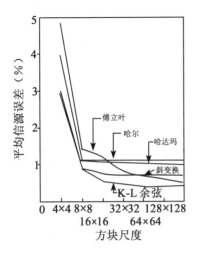

图 6.5.2 区域抽样的均方误差与方块尺寸的关系

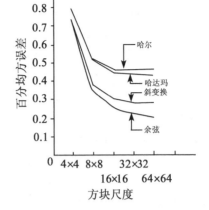

图 6.5.3 区域编码均方误差和方块尺寸的关系

6.6 图像编码的国际标准简介

图像编码的国际标准主要是由国际标准化组织（International Standardization Organization，ISO）和国际电信联盟（International Telecommunication Union，ITU）制定的。国际电信联盟的前身是国际电话电报咨询委员会（Consultative Committee of the International Telephone and Telegraph，CCITT）。由这两个组织制定的国际标准可分成三个部分：静止灰度（或彩色）图像压缩标准、运动图像压缩标准和二值图像压缩标准。

6.6.1 静止图像压缩标准

由上述两个组织的灰度图像联合专家组 JPEG（Joint Picture Expert Group），建立了静态灰度（或彩色）图像压缩的公开算法，并于 1991 年开始使用。它定义三种编码系统：① DCT 有损编码系统；②扩展编码系统；③无失真编码系统。在视觉效果不受到严重损失的前提下，对灰度图像压缩算法可以达到 15 到 20 的压缩比。如果在图像质量上稍微牺牲一点的话，可以达到 40∶1 或更高的压缩比。如果处理的是彩色图像，JPEG 算法首先将 RGB 分量转化成亮度分量和色差分量，同时丢失一半的色彩信息（空间分辨率减半）。然后，用离散余弦变换来进行变换编码，舍弃高频的系数，并对余下的系数进行量化，以进一步减小数据量。最后，使用行程长度编码和霍夫曼编码来完成压缩任务。由于 JPEG 超强的压缩能力，JPEG 为 Web 图像的传输立下了汗马功劳，但由于信息丢失较多，JPEG 仅适合压缩供人欣赏而不是供数据分析的图像。

JPEG2000 作为一种图像压缩格式，相对于现在的 JPEG 标准有了很大的技术飞跃。主要是因为它放弃了 JPEG 所采用的以离散余弦变换算法为主的区块编码方式，而利用离散子波变换、位平面编码和基于上下文的算编码等一系列新技术，将图像编码的效率提高了 30% 左右，提供无损和有损两种压缩方式，支持渐近传输等功能。

此外，JPEG2000 还将彩色静态画面采用的 JPEG 编码方式、2 值图像采用的 JBIG 编码方式及低压缩率采用 JPEGLS 统一起来，成为对应各种图像的通用编码方式。

在不久的将来，JPEG2000 无论是在传统的 JPEG 市场(如数码相机、扫描仪等)，还是在新兴应用领域(如网路传输、无线通信、医疗影像等)都将大有用武之地。相信在它的正式标准确定之后，现有的 JPEG 将迅速被其取代。

6.6.2 运动图像压缩标准

运动图像专家组 MPEG(Moving Pictrue Expert Group)的任务是制定用于数字存储媒介中活动图像及伴音的编码标准。MPEG 与 JPEG 算法在概念上类似，只不过它还利用了相继图像之间的冗余信息。由于可达到 100∶1 的压缩比，所以 MPEG 算法非常实用，如用于在每秒一兆位的信道中传送带声音的彩色电视图像，以及在磁盘驱动器中存储较长一段时间的数字电视图像片段等。最初的 MPEG 标准(即 MPEG1)是 1991 年 11 月提出来用于 VCD 的，它针对音频的压缩格式，就是大家熟悉的 MP3。后来针对不同的应用，又提出了 MPEG2、MPEG4、MPEG7 等多种标准。

6.6.3 二值图像压缩标准

二值图像联合专家组 JBIG(Joint Bilevel Imaging Group)的任务是研究制定用于二值图像的编码标准。该标准主要是为二值传真图像的应用而设计的。

受篇幅限制，关于二值图像压缩标准此处不展开讲述，有兴趣的读者请参阅有关书籍。

习题

1. 图像数据压缩的目的是什么？
2. 最常用的客观保证真度准则包括哪两种？各有什么特点？
3. 有如下之信源 X，$X = \left\{ \begin{matrix} u_1 & u_2 & u_3 & u_4 & u_5 & u_6 & u_7 & u_8 \\ P_1 & P_2 & P_3 & P_4 & P_5 & P_6 & P_7 & P_8 \end{matrix} \right\}$，

其中：$P_1 = 0.20$，$P_2 = 0.09$，$P_3 = 0.11$，$P_4 = 0.13$，$P_5 = 0.07$，$P_6 = 0.12$，$P_7 = 0.08$，$P_8 = 0.20$。试将该信源进行霍夫曼编码，并计算信源的熵、平均码长、编码效率及冗余度。若要求采用二叉树编码，请绘出二叉树。

4. 为什么图像正交变换有利于图像压缩？何为最佳变换？最佳的准则是什么？

第7章 图 像 分 割

7.1 概　　述

在对图像的研究和应用中，人们往往仅对图像中的某些部分感兴趣。这些感兴趣的部分常称为目标或对象，它们一般对应图像中特定的、具有独特性质的区域。图像处理的重要任务就是对图像中的对象进行分析和理解。前面介绍的图像处理着重强调在图像之间进行变换以改善图像的视觉效果；图像分析则主要是对图像中感兴趣的目标进行检测和测量，以获得它们的客观信息，从而建立对图像的描述；图像理解的重点是在图像分析的基础上，进一步研究图像中各目标的性质和它们之间的相互联系，并得出对原始客观场景的解释，从而指导和规划行动。图像分析的大致步骤为：

(1) 把图像分割成不同的区域或把不同的对象分开；

(2) 找出分开的各区域的特征；

(3) 识别图像中要找的对象或对图像分类；

(4) 对不同区域进行描述或寻找出不同区域的相互联系，进而找出相似结构或将相关区域连成一个有意义的结构。

这里的区域是指相互连通的、有一致属性的像素的集合。它是一个方便的、很好的图像中层描述符号，是对图像模型化和进行高层理解的基础。为了辨识和分析目标，需要将它们分离提取出来，在此基础上才有可能对目标进一步分析。图像分割是指把图像分成互不重叠的区域并提取出感兴趣目标的技术。图像分割是由图像处理到图像分析的关键步骤。一方面，它是目标表达的基础，对特征测量有重要的影响。另一方面，因为图像分割及其基于分割的目标表达、特征提取和参数测量等，都将原始图像转化为更抽象、更紧凑的形式，使得更高层的图像分析和理解成为可能。

多年来人们对图像分割的含义提出了不同的理解，这里借助集合概念，给出图像分割比较正式的定义。

令集合 R 代表整个图像区域，对 R 的分割可看做将 R 分成 N 个满足以下五个条件的非空子集(子区域) R_1, R_2, $\cdots$, R_N。

(1) $\bigcup\limits_{i=1}^{N} R_i = R$;

(2) 对所有的 i 和 j, $i \neq j$, 有 $R_i \cap R_j = \varnothing$;

(3) 对 $i = 1, 2, \cdots, N$, 有 $P(R_i) = \text{TRUE}$;

(4) 对 $i \neq j$, 有 $P(R_i \cup R_j) = \text{FALSE}$;

(5)对 $i=1, 2, \cdots, N$，R_i 是连通的区域。

其中 $P(R_i)$ 是对所有在集合 R_i 中元素的逻辑谓词，$\varnothing$ 代表空集。

条件(1)指出在对一幅图像的分割结果中全部区域的总和(并集)应能包括图像中所有像素(即原图像)；条件(2)指出分割结果中各个子区域是互不重叠的，或者说在分割结果中一个像素不能同时属于两个区域；条件(3)指出属于同一个区域中的像素应该具有某些相同特性；条件(4)指出在分割结果中属于不同区域的像素应该具有一些不同的特性；条件(5)要求分割结果中同一个区域内的任意两个像素在该区域内互相连通，或者说分割得到的区域是一个连通成分。

可见分割的基本问题就是把一幅图像分成满足前述条件的多个区域。为有效地分割各种各样的图像，人们已经提出了很多分割方法。按分割途径分为：

(1)基于边缘提取的分割法。先提取区域边界，再确定边界限定的区域。

(2)区域分割。从图像出发，按"有意义"的属性一致的原则，确定每个像素的归属区域，形成一个区域图。

(3)区域增长。从像素出发，按"有意义"的属性一致的原则，将属性接近的连通像素聚集成区域。

(4)分裂—合并分割。综合利用上述(2)、(3)两种方法，既存在图像的划分，又有像素的合并。

至今，图像区域分割已有了很长的研究历史，针对各种具体图像建立了许多算法，但尚无统一的理论。为了寻求更好的分割方法，今后主要的研究方向是：①提取有效的属性；②寻求更好的分割途径和分割质量评价体系；③分割自动化。

本章我们主要介绍边缘检测、边缘跟踪、区域分割、区域增长和分裂—合并分割法等内容。

7.2 边缘检测

边缘是指图像中像素灰度有阶跃变化或屋顶状变化的那些像素的集合。它存在于目标与背景、目标与目标、区域与区域、基元与基元之间。它对图像识别和分析十分有用，边缘能勾画出目标轮廓，使观察者一目了然，包含了丰实的信息(如方向、阶跃性质、形状等)，是图像识别中抽取的重要属性。

边缘粗略分为阶跃状和屋顶状两种。阶跃状边缘位于其两边的像素灰度值有明显不同的地方；屋顶状边缘位于灰度值从增加到减少的转折处。

图 7.2.1(a)中 oxy 图像平面上 PP' 是阶跃状边缘，PP' 上每个像素均是阶跃边缘点。图 7.2.1(b)中 QQ' 是屋顶状边缘，位于图像平面 OIJ 上边缘 QQ' 的每个像素称为屋顶状边缘点。

考察过 P''、Q'' 与 PP' 和 QQ' 分别正交的截面，阶跃边缘和屋顶状边缘分别为一维阶跃函数和正态状函数，如图 7.2.1(c)、(d)所示。P'' 和 Q'' 是相应的边缘点。设阶跃状边缘点 P'' 左右灰度变化曲线为 $y=f_E(x)$，屋顶状边缘点 Q'' 左右灰度变化曲线为 $y=f_R(x)$。

$f_E(x)$ 和 $f_R(x)$ 的一阶、二阶导数分别如图 7.2.1 的(e)、(f)和(g)、(h)所示。

对于阶跃状边缘点 P''，灰度变化曲线 $y=f_E(x)$ 的一阶导数在 P'' 点达到极值，二阶导数在 P'' 近旁呈零交叉。对于屋顶状边缘点 Q''，灰度变化曲线 $y=f_R(x)$ 的一阶导数在 Q'' 点近旁呈零交叉，二阶导数在 Q'' 点达到极值。

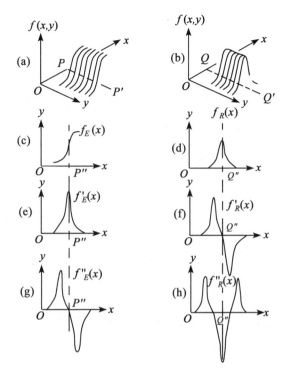

图 7.2.1　两种边缘和边缘点近旁灰度方向导数变化规律

利用边缘灰度变化的一阶或二阶导数特点，可以将边缘点检测出来。下面介绍几种常用的边缘检测算子。

7.2.1　梯度算子

对阶跃状边缘，在边缘点处一阶导数有极值，因此可计算每个像素处的梯度来检测边缘点。有关梯度的定义式及其简化计算见式(4.3.1)至式(4.3.5)，梯度算子也可以用图7.2.2的模板表示。梯度的大小代表边缘的强度，梯度方向与边缘走向垂直。

图 7.2.2　梯度算子

为检测边缘点，选取适当的阈值 T，对梯度图像进行二值化，则有

$$g(x,y)=\begin{cases}1, & \text{Grad}(x,y) \geqslant T \\ 0, & \text{其他}\end{cases} \tag{7.2.1}$$

这样形成一幅边缘二值图像 $g(x,y)$。

梯度算子仅计算相邻像素的灰度差，对噪声敏感，无法抑制噪声的影响。

7.2.2 Roberts 梯度算子

Roberts 梯度算子与梯度算子检测边缘的方法类似，但效果较梯度算子略好。

7.2.3 Prewitt 和 Sobel 算子

为在检测边缘的同时减少噪声的影响，Prewitt 从加大边缘检测算子的模板大小出发，由 2×2 扩大到 3×3 来计算差分算子，如图 7.2.3(a)所示。

-1	0	1
-1	0	1
-1	0	1

-1	-1	-1
0	0	0
1	1	1

(a) Prewitt 算子

-1	0	1
-2	0	2
-1	0	1

-1	-2	-1
0	0	0
1	2	1

(b) Sobel 算子

图 7.2.3 Prewitt、Sobel 算子

对于 Prewitt 算子，
$$fx' = |f(x+1, y-1) + f(x+1, y) + f(x+1, y+1) - f(x-1, y-1) - f(x-1, y) - f(x-1, y+1)|$$
$$fy' = |f(x-1, y+1) + f(x, y+1) + f(x+1, y+1) - f(x-1, y-1) - f(x, y-1) - f(x+1, y-1)|$$
(7.2.2)

根据式(4.3.4)或式(4.3.5)就可以计算 Prewitt 梯度。再按式(7.2.1)对梯度图像二值化，就得到一幅边缘二值图像。采用 Prewitt 算子不仅能检测边缘点，而且能抑制噪声的影响。

Sobel 在 Prewitt 算子的基础上，对 4 邻域采用带权的方法计算差分，对应的模板如图 7.2.3(b)所示。该算子不仅能检测边缘点，且能进一步抑制噪声的影响，但检测的边缘较宽。

7.2.4 方向算子

方向算子是利用一组模板对图像中的同一像素求卷积，选取其中最大的值作为边缘强度，而将与之对应的方向作为边缘方向。常用的八方向 Kirsch(3×3)模板如图 7.2.4 所示，各方向间的夹角为 45°。

-5	3	3
-5	0	3
-5	3	3

3	3	3
-5	0	3
-5	-5	3

3	3	3
3	0	3
-5	-5	-5

3	3	3
3	0	-5
3	-5	-5

3	3	-5
3	0	-5
3	3	-5

3	-5	-5
3	0	-5
3	3	3

-5	-5	-5
3	0	3
3	3	3

-5	-5	3
-5	0	3
3	3	3

图 7.2.4 3×3 Kirsch 算子的八方向模板

5×5 Kirsch 方向算子模板的前 4 个如图 7.2.5 所示。

-1	-1	0	1	1
-1	-1	0	1	1
-1	-1	0	1	1
-1	-1	0	1	1
-1	-1	0	1	1

0	1	1	1	1
-1	0	1	1	1
-1	-1	0	1	1
-1	-1	-1	0	1
-1	-1	-1	-1	0

1	1	1	1	1
1	1	1	1	1
0	0	0	0	0
-1	-1	-1	-1	-1
-1	-1	-1	-1	-1

1	1	1	1	0
1	1	1	0	-1
1	1	0	-1	-1
1	0	-1	-1	-1
0	-1	-1	-1	-1

图 7.2.5 5×5 Kirsch 算子的前 4 个模板

另外一种有名的方向算子称 Nevitia 算子,共有 12 个 5×5 模板,其中前 6 个(后 6 个可由对称性得到)见图 7.2.6,各方向间的夹角为 30°。注意它利用了各位置的权值调整边缘的方向。

-100	-100	0	100	100
-100	-100	0	100	100
-100	-100	0	100	100
-100	-100	0	100	100
-100	-100	0	100	100

-100	32	100	100	100
-100	-78	92	100	100
-100	-100	0	100	100
-100	-100	-92	78	100
-100	-100	-100	-32	100

100	100	100	100	100
-32	78	100	100	100
-100	-92	0	92	100
-100	-100	-100	-78	32
-100	-100	-100	-100	-100

100	100	100	100	100
100	100	100	100	100
0	0	0	0	0
-100	-100	-100	-100	-100
-100	-100	-100	-100	-100

100	100	100	100	100
100	100	100	78	32
100	92	0	-92	-100
-32	-78	-100	-100	-100
-100	-100	-100	-100	-100

100	100	100	32	-100
100	100	92	-78	-100
100	100	0	-100	-100
100	78	-92	-100	-100
100	-32	-100	-100	-100

图 7.2.6 5×5 Nevitia 算子的前 6 个模板

图 7.2.7 是采用几种梯度算子检测出的边缘二值图。图 7.2.7(a)是一位摄影师图像;图 7.2.7(b)、(c)、(d)、(e)和(f)分别是采用梯度算子、Roberts 和 3×3 Prewitt、Sobel、

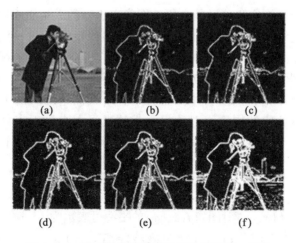

图 7.2.7 用几种梯度算子检测出的边缘二值图

Kirsch算子根据式(4.3.5)检测出的边缘二值图像。可见3×3算子比2×2算子边缘检测能力强，且抗噪性能好。

上面几种边缘检测算子的检测过程可看做是以检测算子为模板，在图像各像素处比较图像与模板的相似性，因此称为模板匹配。

7.2.5 拉普拉斯算子

对于阶跃状边缘，其二阶导数在边缘点出现零交叉，并且边缘点两旁像素的二阶导数异号。据此，对数字图像的每个像素计算关于 x 轴和 y 轴的二阶偏导数之和 $\nabla^2 f(x,y)$。

$$\nabla^2 f(x,y) = f(x+1,y) + f(x-1,y) + f(x,y+1) + f(x,y-1) - 4f(x,y) \tag{7.2.3}$$

上式就是著名的拉普拉斯算子。该算子对应的模板如图7.2.8所示，它是一个与方向无关的各向同性(旋转轴对称)边缘检测算子。若只关心边缘点的位置而不顾其周围的实际灰度差，则一般选择该算子进行检测。

0	1	0
1	-4	1
0	1	0

图7.2.8　拉普拉斯算子

其特点是：各向同性、线性和位移不变的；对细线和孤立点检测效果好。但边缘方向信息丢失，常产生双像素的边缘，对噪声有双倍加强作用。

由于梯度算子和拉普拉斯算子都对噪声敏感，因此一般在用它们检测边缘前要先对图像进行平滑。

7.2.6 马尔算子

前面几种简单的边缘检测算子是在原始图像上进行的。由于噪声的影响，这些方法可能把噪声像素当边缘点检测出来了，而真正的边缘反而没被检测出来。马尔(Marr-Hildreth)算子是在拉普拉斯算子的基础上实现的，它得益于对人的视觉机理的研究，有一定的生物学和生理学意义。由于拉普拉斯算子对噪声比较敏感，为了减少噪声影响，可先对待检测图进行平滑，然后再用拉普拉斯算子检测边缘。由于在成像时，一个给定像素所对应场景点，它的周围点对该点贡献的光强大小呈正态分布，则平滑函数应反映不同远近的周围点对给定像素具有不同的平滑作用，因此，平滑函数采用正态分布的高斯函数，即

$$h(x,y) = e^{-\frac{x^2+y^2}{2\sigma^2}} \tag{7.2.4}$$

式中：σ^2 是方差。用 $h(x,y)$ 对图像 $f(x,y)$ 的平滑可表示为

$$g(x,y) = h(x,y) * f(x,y) \tag{7.2.5}$$

*代表卷积。如果令 r 是离原点的径向距离，即 $r^2 = x^2 + y^2$，则将式(7.2.4)代入式

(7.2.5)，然后对图像 $g(x, y)$ 采用拉普拉斯算子进行边缘检测，可得

$$\nabla^2 g = \nabla^2 [h(x, y) * f(x, y)] = \frac{r^2 - \sigma^2}{\sigma^4} e^{-\frac{r^2}{2\sigma^2}} * f(x, y)$$
$$= \nabla^2 h * f(x, y)$$
（7.2.6）

这样利用二阶导数算子过零点的性质，可确定图像中阶跃状边缘的位置。上式中的 $\nabla^2 h$ 称为高斯-拉普拉斯滤波算子，$\nabla^2 h$ 也称为"墨西哥草帽"，它是一个轴对称函数，各向同性，它的一个轴截面如图 7.2.9(a)，这个函数的传递函数轴截面见图 7.2.9(b)。由图 7.2.9(a) 可见这个函数在 $r = \pm\sigma$ 处过零点，在 $|r| < \sigma$ 时为正，在 $|r| > \sigma$ 时为负。另外，可以证明这个算子定义域内的平均值为零，因此将它与图像卷积并不会改变图像的整体动态范围。但由于它相当光滑，因此将它与图像卷积会模糊图像，并且其模糊程度是正比于 σ 的。正因为 $\nabla^2 h$ 的平滑性质能减少噪声的影响，所以当边缘模糊或噪声较大时，利用 $\nabla^2 h$ 检测过零点能提供较可靠的边缘位置。在该算子中，σ 的选择很重要，σ 小时边缘位置精度高，但边缘细节变化多；σ 大时平滑作用大，但细节损失大，边缘点定位精度低。应根据噪声水平和边缘点定位精度要求适当选取 σ。

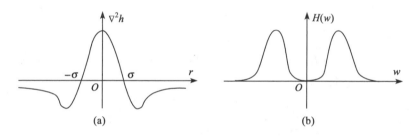

图 7.2.9 $\nabla^2 h$ 的剖面和对应的转移函数

马尔算子用到的卷积模板一般较大（典型半径为 8~32 个像素），不过这些模板可以分解为一维卷积来快速计算。通过判断零交叉点及其两侧像素符号的变化来确定边缘点。边缘点两侧的二阶微分是异号的，且正号对应边像点的暗侧，负号对应边像点的亮侧，两侧的符号指示着边缘的起伏走向。

图 7.2.10(a)、(b) 分别是用拉普拉斯算子和马尔算子检测出的边缘二值化图像。

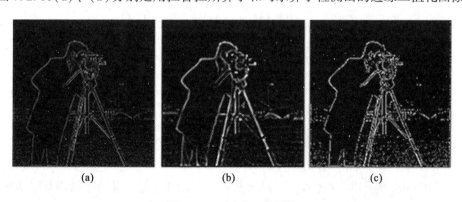

图 7.2.10 边缘二值图像

7.2.7 Canny 边缘检测算子

Canny 的主要工作是推导了最优边缘检测算子。它考核边缘检测算子的指标是：①低误判率，即尽可能少地把边缘点误认为是非边缘点；②高定位精度，即准确地把边缘点定位在灰度变化最大的像素上；③抑制虚假边缘。

在一维空间，Canny 推导的算子与 $\nabla^2 h$ 算子几乎一样，在二维空间，Canny 算子的方向性质使得它的边缘检测和定位能优于 $\nabla^2 h$，具有更好的边缘强度估计，能产生梯度方向和强度两个信息，方便了后续处理。

对阶跃边缘，Canny 推导出的最优二维算子形状与 Gauss 函数的一阶导数相近。取 Gauss 函数为

$$G(x, y) = \frac{1}{2\pi\sigma^2} e^{-\frac{x^2+y^2}{2\sigma^2}} \tag{7.2.7}$$

在某一方向 n 上，G 的一阶方向导数为

$$\boldsymbol{G}(x, y)_n = \partial G(x, y)/\partial \boldsymbol{n} = \boldsymbol{n} \cdot \Delta G(x, y) \tag{7.2.8}$$

式中：$\boldsymbol{n} = \begin{bmatrix} \cos\theta \\ \sin\theta \end{bmatrix}^T$，$\nabla \boldsymbol{G}(x, y) = \begin{bmatrix} \partial G(x, y)/\partial x \\ \partial G(x, y)/\partial y \end{bmatrix}$。

将 $f(x, y)$ 与 G_n 进行卷积，不断改变 n 的方向，$f(x, y) * G_n$ 取得最大值的方向就是梯度(正交于边缘走向)方向，由

$$\frac{\partial [G_n * f(x, y)]}{\partial \theta} = \frac{\partial \left[\cos\theta \frac{\partial G(x, y)}{\partial x} * f(x, y) + \sin\theta \frac{\partial G(x, y)}{\partial y} * f(x, y)\right]}{\partial \theta} = 0 \tag{7.2.9}$$

得到

$$\tan\theta = \frac{(\partial G(x, y)/\partial y) * f(x, y)}{(\partial G(x, y)/\partial x) * f(x, y)} \tag{7.2.10}$$

$$\cos\theta = \frac{(\partial G(x, y)/\partial x) * f(x, y)}{|\nabla G(x, y) * f(x, y)|} \tag{7.2.11}$$

$$\sin\theta = \frac{(\partial G(x, y)/\partial y) * f(x, y)}{|\nabla G(x, y) * f(x, y)|} \tag{7.2.12}$$

因此，对应于 $G_n * f(x, y)$ 变化最强的方向导数为

$$n = \frac{\nabla G(x, y) * f(x, y)}{|\nabla G(x, y) * f(x, y)|} \tag{7.2.13}$$

在该方向上 $G_n * f(x, y)$ 有最大的输出响应

$$|G_n * f(x, y)| = |\cos\theta(\partial G(x, y)/\partial x) * f(x, y) + \sin\theta(\partial G(x, y)/\partial y) * f(x, y)|$$
$$= |\nabla G(x, y) * f(x, y)| \tag{7.2.14}$$

可见，Canny 算子建立在 $\nabla G(x, y) * f(x, y)$ 基础之上，得到边缘强度和方向，通过阈值判定来检测边缘。

实际计算时，把$\nabla G(x, y)$的二维卷积模板分解为两个一维滤波器：

$$\frac{\partial G(x, y)}{\partial x} = kx\mathrm{e}^{-\frac{x^2}{2\sigma^2}}\mathrm{e}^{-\frac{y^2}{2\sigma^2}} = h_1(x)h_2(y) \tag{7.2.15}$$

$$\frac{\partial G(x, y)}{\partial y} = ky\mathrm{e}^{-\frac{y^2}{2\sigma^2}}\mathrm{e}^{-\frac{x^2}{2\sigma^2}} = h_1(y)h_2(x) \tag{7.2.16}$$

$$h_1(x) = \sqrt{k}x\mathrm{e}^{-\frac{x^2}{2\sigma^2}};\ h_2(y) = \sqrt{k}\mathrm{e}^{-\frac{y^2}{2\sigma^2}} \tag{7.2.17}$$

$$h_1(y) = \sqrt{k}y\mathrm{e}^{-\frac{y^2}{2\sigma^2}};\ h_2(x) = \sqrt{k}\mathrm{e}^{-\frac{x^2}{2\sigma^2}} \tag{7.2.18}$$

$$h_1(x) = xh_2(x);\ h_1(y) = yh_2(y) \tag{7.2.19}$$

然后把这两个模板分别与$f(x, y)$进行卷积，得到

$$E_x = \frac{\partial G(x, y)}{\partial x}*f;\ E_y = \frac{\partial G(x, y)}{\partial y}*f \tag{7.2.20}$$

令

$$A(x, y) = \sqrt{E_x^2 + E_y^2};\ a(x, y) = \arctan\frac{E_y(x, y)}{E_x(x, y)} \tag{7.2.21}$$

则A反映边缘强度，$a(x, y)$为垂直于边缘的方向。

一个像素如果满足下列条件，就认为是边缘点：

(1)像素(x, y)的边缘强度大于沿梯度方向的两个相邻像素的边缘强度；

(2)与该像素梯度方向上相邻两点的方向差小于45°；

(3)以该像素为中心的3×3邻域中的边缘强度极大值小于某个阈值。

下面给出Canny算子边缘检测算法的基本步骤。

(1)用高斯滤波器对原图进行平滑。

(2)根据非极大值抑制方法确定梯度图像与方向。

分别用水平、垂直、正对角线、反对角线四个掩码(mask)检测边缘。将原图与4个mask所做的卷积都保存下来。采用非极大值抑制方法，即将当前像素的梯度强度与沿正负梯度方向上的两个像素进行比较。如果当前像素的梯度强度与另外两个像素相比最大，则该像素点保留为边缘点，否则该像素点将被抑制。每个像素点的梯度幅值为4个方向的梯度幅值中的最大值，方向也为幅值最大值对应的方向。这样计算得到了图像中每个像素点的梯度及其方向。

(3)使用双阈值处理与边缘连接。

考虑到较大的梯度有可能是边缘，但没有一个确定的值可以确定到底多大的梯度才是边缘，所以canny算法采用了滞后阈值的策略。即采用两个阈值：高阈值T_H和低阈值T_L。一般而言$T_H \approx 2T_L$。利用这两个阈值，便可得到两幅边缘图像$gH(x, y)$和$gL(x, y)$。由于$gH(x, y)$采用高阈值得到，噪声对其干扰较小，其结果更接近真实的边缘，但同时，该图像边缘也不可避免地存在开断的情况。滞后阈值方法就是在$gH(x, y)$中的端点处，在$gL(x, y)$的八邻域像素点寻找可以连接到轮廓的边缘。即算法不断地在$gH(x,$

y)的中断处从 $gL(x, y)$ 中收集边缘，使得 $gH(x, y)$ 连接成一个完整的轮廓。

(4) 重复步骤(3)直到最低分辨率子图像。

Canny 这种算法可以减少小模板检测中的边缘中断，有利于得到较为完整的线段。

7.2.8 曲面拟合法

基于差分检测图像边缘的算子往往对噪声敏感。因此对一些噪声比较严重的图像进行边缘检测就难以取得满意的效果。若用平面或高阶曲面来拟合图像中某一小区域的灰度表面，可先求这个拟合曲面中心点处的梯度，再进行边缘检测。

下面以四点拟合灰度表面法为例说明。

用一平面 $p(x, y) = ax+by+c$ 来拟合空间四邻像素的灰度值 $f(x, y)$、$f(x, y+1)$、$f(x+1, y)$、$f(x+1, y+1)$，若定义均方差为

$$\varepsilon = \sum [p(x, y) - f(x, y)]^2 \qquad (7.2.22)$$

按均方差最小准则，令 $\frac{\partial \varepsilon}{\partial a} = \frac{\partial \varepsilon}{\partial b} = \frac{\partial \varepsilon}{\partial c} = 0$，可解出参数 a，b，c，推导出

$$\begin{cases} a = \frac{1}{2}\{[f(x+1, y) + f(x+1, y+1)] - [f(x, y) + f(x, y+1)]\} \\ b = \frac{1}{2}\{[f(x, y+1) + f(x+1, y+1)] - [f(x, y) + f(x+1, y)]\} \\ c = \frac{1}{4}[3f(x, y) + f(x+1, y) + f(x, y+1)] \end{cases}$$

$$(7.2.23)$$

按梯度的定义，由平面 $p(x, y) = ax+by+c$ 的偏导数 $\frac{\partial p}{\partial x} = a$，$\frac{\partial p}{\partial y} = b$，很容易求得梯度。由式(7.2.23)看出，$a$ 为两行像素平均值的差分，b 为两列像素平均值的差分。其过程是求平均后再求差分，因而对噪声有抑制作用。图 7.2.10(c)是采用这种方法检测出的边缘二值化图像。这种方法可简化用模板对图像求卷积进行边缘检测，计算 a 和 b 对应的模板如下：

$$\frac{1}{2}\begin{bmatrix} -1 & -1 \\ 1 & 1 \end{bmatrix}, \quad \frac{1}{2}\begin{bmatrix} -1 & 1 \\ -1 & 1 \end{bmatrix}$$

7.3 边缘跟踪

将检测的边缘点连接成线就是边缘跟踪。线是图像分析中一个基本而重要的内容，它是图像的一种中层符号描述，它使图像的表述更简洁。将边缘点连成线的方法很多，但都不完善，基本上是按一定的规则来进行，且需要知识的引导，对跟踪的效果往往要人工编辑。

由边缘形成线特征包括两个过程：①可构成线特征的边缘提取；②将边缘连成线。

7.3 边缘跟踪

连接边缘的方法很多,这里简要介绍光栅扫描跟踪法和全向跟踪法。

7.3.1 光栅扫描跟踪

光栅扫描跟踪是一种采用电视光栅行扫描顺序对遇到的像素进行分析,从而确定是否为边缘的跟踪方法。下面结合一个实例来介绍这种方法。

图7.3.1(a)是一幅含有三条曲线的模糊图像,假设在任何一点上,曲线斜率都不超过90°,现在我们要从该图中检出这些曲线。光栅跟踪的具体步骤如下:

(1)确定一个比较高的阈值d,把高于该阈值的像素作为对象点,称该阈值为"检测阈值",在本例中$d=7$。

(2)用检测阈值d对图像第一行像素进行检测,凡超过d的点都接受为对象点,并作为下一步跟踪的起始点,本例检测结果如图7.3.1(b)所示。

(3)选取一个比较低的阈值t作为跟踪阈值。该阈值可以根据不同准则来选择。例如,本例中取相邻对象点之灰度差的最大值4作为跟踪阈值,有时还利用其他参考准则,如梯度方向、对比度等。

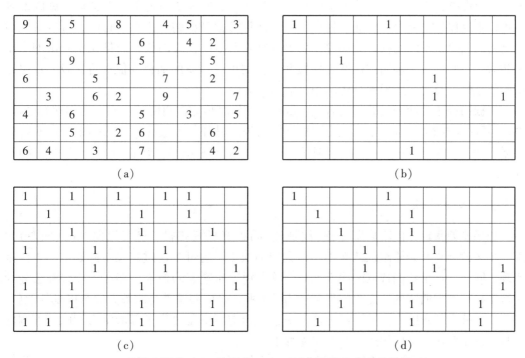

(a)输入图像 (b)取阈值7对(a)进行阈值化处理的结果
(c)阈值取4时,阈值化的结果 (d)检测阈值$d=7$,跟踪阈值$t=4$进行跟踪的结果

图7.3.1 光栅扫描跟踪

(4)确定跟踪邻域。本例中取像素(i,j)的下一行像素$(i+1, j-1)$,$(i+1, j)$,$(i+1, j+1)$为跟踪邻域。

(5)扫描下一行像素，凡和上一行已检测出来的对象像素相邻接的像素，其灰度差小于跟踪阈值 t 的，都接受为对象点，反之去除。

(6)对于已检测出的某一对象点，如果在下一行跟踪领域中，没有任何一个像素被接受为对象点，那么，这一条曲线的跟踪便可结束。如果同时有两个，甚至三个邻域点均被接受为对象点，则说明曲线发生分支，跟踪将对各分支同时进行。如果若干分支曲线合并成一条曲线，则跟踪可集中于一条曲线上进行。一条曲线跟踪结束后，采用类似上述步骤从第一行的其他检出点开始下一条曲线的跟踪。

(7)对于未被接受为对象点的其他各行像素，再次用检测阈值进行检测，并以新检测出的像素为起始点，重新使用阈值跟踪程序，以检测出不是从第一行开始的其他曲线。

(8)当扫描完最后一行时，跟踪结束。本例的跟踪结果如图7.3.1(d)所示。

由结果可以看出，本例原图像中存在着三条曲线，两条从顶端开始，一条从中间开始，然而，如果不用跟踪法，只用一种阈值 d 或 t 检测均不能得到满意的结果。如图7.3.1(b)和(c)所示检测的结果就差些。

应该指出，检测和跟踪所选择的特征可以是灰度，也可以是其他反映局部性质的量，例如对比度、梯度等。此外，每个点所对应的邻域也可以取其他的定义，不一定是紧邻的下一行像素，稍远一些的邻域也许对于弥合曲线的间隙更有好处。类似地，跟踪准则也可以不仅仅针对每个已检测出的点，而是针对已检测出的一组点。这时，可以对先后检测出的点赋予不同的权。譬如说，后检测出的点给以较大的权，而早先检测出的点赋予相对小一些的权，利用被检测点性质和已检测出点性质的加权均值进行比较，以决定接收或拒绝。总之，应根据具体问题灵活加以运用。

光栅扫描跟踪和扫描的方向有关，因此最好沿其他方向再跟踪一次，例如逆向跟踪，将两种跟踪的结合综合起来，能得到更好的结果。另外，若边缘和光栅扫描方向平行时效果不好，则最好在垂直扫描方向跟踪一次，它相当于把图像转置90°后再进行光栅扫描跟踪。

7.3.2 全向跟踪

如果能使跟踪方向不局限于逐行(或逐列)的光栅式扫描，还可以向上(或向左)跟踪，那么就会克服光栅跟踪依赖于扫描方向的缺点。这可以通过定义不同邻域的方法来实现。同样，如果我们选取的跟踪准则能够辨别远非紧邻的像素，那么光栅跟踪会漏掉平行于扫描方向曲线的缺点也能得到适当的克服。全向跟踪就是跟踪方向可以是任意的，并且有足够大的跟踪距离的跟踪方法。显然，全向跟踪是改变了邻域定义和跟踪准则的一种光栅跟踪法。全向跟踪的具体步骤如下：

(1)按光栅扫描方式对图像进行扫描，用检测阈值找出一个起始跟踪的流动点(沿被检测曲线流动)。

(2)选取一个适当的、能进行全向跟踪的邻域定义(例如八邻域)和一个适当的跟踪准则(例如灰度阈值、对比度和相对流动点的距离等)，对流动点进行跟踪。在跟踪过程中，若①遇到了分支点或者若干曲线的交点(即同时有几个点都跟踪一个流动点)，则先取其中和当前流动点性质最接近的作为新的流动点，继续进行跟踪。而把其余诸点存储起来,以备后面继续跟踪。如果在跟踪过程中又遇到了新的分支或交叉点,则重复上面的处理步骤。当按照跟踪准则没有未被检测过的点可接受为对象点时,一个分支曲线的跟踪便已结束。②在一个分支曲线跟踪完毕以后,回到最近的一个分支点处,取出另一个性质最接近该分支点的像素作为新的流动点,重复上述跟踪程序。③全部分支点处的全部待跟踪点均已跟踪完毕,便返回第一步,继续扫描,以选取新的流动点(不应是已接受为对象的点)。

(3)当整幅图像扫描完成时,跟踪程序便结束。

全向跟踪改进了光栅扫描跟踪法,跟踪时把初始点的八邻域全部考虑进行跟踪。

一种全局边界跟踪方法是图搜索,它是借助动态规划过程寻求全局最优化。具体就是将边界点和边界段用图(graph)结构表示,通过在图中进行搜索对应最小代价的通道,来寻找闭合边界。

7.4 线 检 测

7.4.1 Hough 变换检测直线

如图 7.4.1(a)所示,设在直角坐标系中有一条直线 l,原点到该直线的垂直距离为 ρ,垂线与 x 轴的夹角为 θ,则可用 ρ、θ 来表示该直线,且其直线方程为

$$\rho = x\cos\theta + y\sin\theta \tag{7.4.1}$$

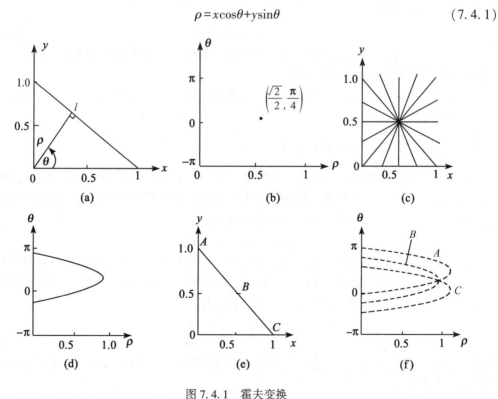

图 7.4.1 霍夫变换

而这条直线用极坐标表示则为一点(ρ, θ),如图7.4.1(b)。可见,直角坐标系中的一条直线对应极坐标系中的一点,这种线到点的变换就是Hough变换。

在直角坐标系中过任一点(x_0, y_0)的直线系,如图7.4.1(c)所示,满足

$$\rho = x_0\cos\theta + y_0\sin\theta = (x_0^2+y_0^2)^{\frac{1}{2}}\sin(\theta+\phi) \tag{7.4.2}$$

式中:$\phi = \arctan\dfrac{x_0}{y_0}$。

这些直线在极坐标系中所对应的点(ρ, θ)构成图7.4.1(d)中的一条正弦曲线。反之,在极坐标系中位于这条正弦曲线上的点,对应直角坐标系中过点(x_0, y_0)的一条直线,如图7.4.1(e)所示。设平面上有若干点,过每点的直线系分别对应于极坐标上的一条正弦曲线。若这些正弦曲线有共同的交点(ρ', θ'),如图7.4.1(f)所示,则这些点共线,且对应的直线方程为

$$\rho' = x\cos\theta' + y\sin\theta' \tag{7.4.3}$$

这就是Hough变换检测直线的原理。Hough变换检测直线的算法步骤如下:

(1)在ρ、θ的极值范围内对其分别进行m,n等分,设一个二维数组的下标与ρ_i、θ_j的取值对应。

(2)对图像上的边缘点作Hough变换,求每个点在$\theta_j(j=0, 1, \cdots, n-1)$Hough变换后的$\rho_i$,判断$(\rho_i, \theta_j)$与哪个数组元素对应,则让该数组元素值加1。

(3)比较数组元素值的大小,最大值所对应的(ρ_i, θ_j)就是这些共线点对应的直线方程的参数。共线方程为

$$\rho_i = x\cos\theta_j + y\sin\theta_j \tag{7.4.4}$$

由上可知,对ρ、θ量化过粗,直线参数就不精确,过细则计算量增加。因此,对ρ、θ量化要兼顾参数量化精度和计算量。

Hough变换检测直线的抗噪性能强,能将断开的边缘连接起来。此外,Hough变换也可用来检测曲线。

7.4.2 广义Hough变换检测曲线

Hough变换检测法可推广用于检测图像中是否存在某一特定形状的物体,特别是对于较难用解析公式表示的某些形状物,可用广义Hough变换找出图像中这种任意形状的存在位置,例如寻找圆。对于圆,设圆的方程为:

$$(x-a)^2 + (y-b)^2 = R^2 \tag{7.4.5}$$

这时,参数空间增加到三维,由a,b,R组成,如像找直线那样直接计算,计算量增大,不合适。若已知圆的边缘元(当然图中还有其他非圆的边缘点混在一起),而且边缘方向已知,则可减少一维处理,把上式对x取导数,有

$$2(x-a) + 2(y-b) \cdot \frac{\mathrm{d}y}{\mathrm{d}x} = 0 \tag{7.4.6}$$

这表示参数a和b不独立,因此,寻找圆只需用两个参数(例如a和R)组成参数空间,计算量就缩减很多。

又如寻找椭圆,为检测图像中是否存在椭圆,可仿照上述步骤进行。

设椭圆方程为
$$\frac{(x-x_0)^2}{a^2}+\frac{(y-y_0)^2}{b^2}=1 \tag{7.4.7}$$

取导数有
$$\frac{x-x_0}{a^2}+\frac{y-y_0}{b^2}\cdot\frac{\mathrm{d}y}{\mathrm{d}x}=0 \tag{7.4.8}$$

可见这里有三个独立参数。只需要从(a,b,x_0,y_0)中选择三个参数进行检测。

再如图7.4.2所示的任意形状物,在形状物中可确定一个任意点(x_c,y_c)为参考点,从边界上任一点(x,y)到参考点(x_c,y_c)的长度为r,它是ϕ的函数,ϕ是(x,y)边界点上的梯度方向。通常是把r表示为ϕ的参数$r(\phi)$,(x_c,y_c)到边界连线的角度为$\alpha(\phi)$,则(x_c,y_c)应满足下式:

$$\left.\begin{array}{l}x_c=x+r(\phi)\cos\alpha(\phi)\\y_c=y+r(\phi)\sin\alpha(\phi)\end{array}\right\} \tag{7.4.9}$$

式中:(x,y)为边界上任一点。

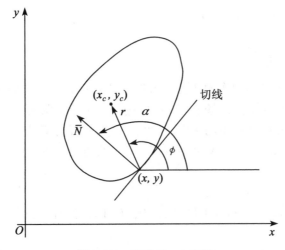

图7.4.2 广义Hough变换

设已知边界R,可按ϕ的大小列成一个二维表格,即$\phi_i\sim(\alpha,r)$表,ϕ_i确定后可查出α和r,经上式计算可得到(x_c,y_c)。

对已知形状建立了R表格后,开辟一个二维数组,对未知图像各点都来查已建立的R表,然后计算(x_c,y_c),若未知图像各点计算出的(x_c,y_c)很集中,就表示已找到该形状的边界。集中的程度就是找最大值。具体步骤如下:

(1)对将要找寻的某物边界建立一个R表,这是一个二维表,以ϕ_i的步进值求r和α;

(2)在需要判断被测图像中有无已知某物时,也可对该图像某物各点在内存中建立一存储区,存储内容是累加的。把x_c,y_c从最小到最大用步进表示,并作为地址,记为$A(x_{c\min\sim\max},y_{c\min\sim\max})$,存储阵列内容初始化为零;

(3)对图像边界上每一点(x_i,y_i),计算ϕ,查原来的R表计算(x_c,y_c);

$$x_c = x + r(\phi)\cos[\alpha(\phi)] \\ y_c = y + r(\phi)\sin[\alpha(\phi)]\} \qquad (7.4.10)$$

(4) 使相应的存储阵列 $A(x_c, y_c)$ 加 1。即

$$A(x_c, y_c) = A(x_c, y_c) + 1 \qquad (7.4.11)$$

(5) 在阵列中找一最大值，就找出了图像中符合要找的某物体边界。

7.5 区域分割

一幅图像中属于同一区域的像素应具有相同或相似的属性，不同区域的像素属性不同。因此图像的分割就要寻求具有代表性的属性，利用这类属性对图像进行划分，使具有相同属性的像素归属同一区域，不同属性的像素归属不同区域。当只利用一个属性时，图像区域分割就成为确定属性阈值的问题。只具有两类区域的图像是最简单图像，在此首先介绍最简单图像的几种区域分割法，然后介绍复杂图像的区域分割法。

7.5.1 最简单图像的区域分割

1. 状态法(峰谷法)

状态法首先统计最简单图像的灰度直方图，若其直方图呈双峰且有明显的谷，则将谷所对应的灰度值 t 作为阈值，按式(2.4.2)进行二值化，就可将目标从图像中分割出来。这种方法适用于目标和背景的灰度差较大、有明显谷的情况。

为便于阈值的选取，可采用灰度加权产生新的直方图，得到更大的峰谷比。

2. 判断分析法

假定最简单图像 $f(i,j)$ 的灰度区间为 $[0, L-1]$，选择一阈值 t 将图像的像素分为 c_1、c_2 两组。

$$\begin{cases} c_1 & f(i,j) \leq t \quad \text{像元数为} w_1, \text{灰度平均值为} m_1, \text{方差为} \sigma_1^2 \\ c_2 & f(i,j) > t \quad \text{像元数为} w_2, \text{灰度平均值为} m_2, \text{方差为} \sigma_2^2 \end{cases}$$

图像总像素数为 $w_1 + w_2$，灰度均值为 $m = (m_1 w_1 + m_2 w_2)/(w_1 + w_2)$。

则组内方差为
$$\sigma_w^2 = w_1 \sigma_1^2 + w_2 \sigma_2^2 \qquad (7.5.1)$$

组间方差为
$$\sigma_B^2 = w_1(m_1 - m)^2 + w_2(m_2 - m)^2 = w_1 w_2 (m_1 - m_2)^2 \qquad (7.5.2)$$

显然，组内方差越小，则组内像素越相似；组间方差越大，则两组的差别越大。因此 σ_B^2/σ_w^2 的比值越大，表明分割效果越好。改变 t 的取值，使 σ_B^2/σ_w^2 最大所对应的 t 就是分割的阈值。按式(2.4.2)就可得到分割的二值图像。

可见，判断分析法较便利，是一种常用的方法。但它不能反映图像的几何结构，有时分割结果与人的视觉效果不一致。

3. 最佳熵自动阈值法

最佳熵自动阈值法是通过研究图像灰度直方图的熵测量，由此自动找出分割图像的

最佳阈值的区域分割法。从不同的角度出发，产生了多种熵测量选择最佳阈值的方法。这里将介绍 Kapur 等人提出的基于两个分布假设的方法(简称 KSW 熵方法)。

设阈值 t 将灰度范围为 $[0, L-1]$ 的图像划分为目标 W 与背景 B 两类，$[0, t]$ 的像素分布和 $[t+1, L-1]$ 的像素分布分别是

$$B: \frac{p_0}{P_t}, \frac{p_1}{P_t}, \cdots, \frac{p_t}{P_t} \tag{7.5.3}$$

$$W: \frac{p_{t+1}}{1-P_t}, \frac{p_{t+2}}{1-P_t}, \cdots, \frac{p_{L-1}}{1-P_t} \tag{7.5.4}$$

式中：P_i 是各灰度级出现的频率，$P_t = \sum_{i=0}^{t} p_i$。

设两个分布对应的熵分别为 $H_W(t)$ 和 $H_B(t)$，则

$$H_B(t) = -\sum_{i=0}^{t} \frac{p_i}{P_t} \ln \frac{p_i}{P_t} = -\frac{1}{P_t} \sum_{i=0}^{t} [p_i \ln p_i - P_i \ln P_t] = \ln P_t + H_t/P_t \tag{7.5.5}$$

$$H_W(t) = -\sum_{i=t+1}^{L-1} \frac{p_i}{1-P_t} \ln \frac{p_i}{1-P_t} = -\frac{1}{1-P_t} \left[\sum_{i=t+1}^{l-1} p_i \ln p_i - (1-P_t)\ln(1-P_t) \right]$$

$$= \ln(1-P_t) + \frac{H-H_t}{1-P_t} \tag{7.5.6}$$

式中：H_t 和 H 分别为

$$H_t = -\sum_{i=0}^{t} p_i \ln P_i \tag{7.5.7}$$

$$H = -\sum_{i=0}^{L-1} p_i \ln P_i \tag{7.5.8}$$

图像的熵 $H(t)$ 为 $H_W(t)$ 与 $H_B(t)$ 之和，即

$$H(t) = \ln P_t(1-P_t) + \frac{H_t}{P_t} + \frac{H-H_t}{1-P_t} \tag{7.5.9}$$

使熵 $H(t)$ 取最大值的 t，就是分割目标与背景的最佳阈值。

4. 最小误差分割

设图像中背景像素的灰度级服从正态分布，概率密度为 $p_1(z)$，均值和方差分别为 μ_1 和 σ_1^2；感兴趣目标的像素灰度级服从正态分布，概率密度为 $p_2(z)$，均值和方差分别为 μ_2 和 σ_2^2。

设背景像素数占图像总像素数的百分比为 θ，目标像素数占 $(1-\theta)$，如图 7.5.1 所示，则混合概率密度为

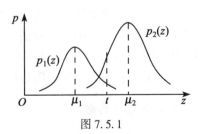

图 7.5.1

$$p(z) = \theta p_1(z) + (1-\theta) p_2(z) = \frac{\theta}{\sqrt{2\pi}\sigma_1} e^{\frac{-(z-\mu_1)^2}{2\sigma_1^2}} + \frac{1-\theta}{\sqrt{2\pi}\sigma_2} e^{\frac{-(z-\mu_2)^2}{2\sigma_2^2}} \tag{7.5.10}$$

当选定阈值为 t 时，目标像素错分为背景像素的概率为

$$E_2(t) = \int_{-\infty}^{t} p_2(z) \mathrm{d}z \tag{7.5.11}$$

把背景像素错分为目标像素的概率为

$$E_1(t) = \int_{t}^{\infty} p_1(z) \mathrm{d}z \tag{7.5.12}$$

则总错误概率为

$$E(t) = \theta E_1(t) + (1-\theta) E_2(t) \tag{7.5.13}$$

为了使这个误差最小，可令 $\dfrac{\partial E(t)}{\partial t} = 0$，则有

$$-\theta p_1(t) + (1-\theta) p_2(t) = 0 \tag{7.5.14}$$

由此得出

$$\ln \frac{\theta \sigma_2}{(1-\theta)\sigma_1} - \frac{(t-\mu_1)^2}{2\sigma_1^2} = \frac{-(t-\mu_2)^2}{2\sigma_2^2} \tag{7.5.15}$$

当 $\sigma_1^2 = \sigma_2^2 = \sigma^2$ 时，有

$$t = \frac{\mu_1 + \mu_2}{2} + \frac{\sigma^2}{\mu_2 - \mu_1} \ln \frac{\theta}{1-\theta} \tag{7.5.16}$$

若先验概率已知，例如 $\theta = \dfrac{1}{2}$，则有

$$t = \frac{\mu_1 + \mu_2}{2} \tag{7.5.17}$$

这表示正态分布时，最佳阈值可按式(7.5.16)求得。若 $p_1(z)$、$p_2(z)$ 不是正态分布，则可用式(7.5.14)确定最小误差的阈值 t。

7.5.2 复杂图像的区域分割

最简单图像的区域分割都是针对两类问题的，并且在图像灰度范围内搜索一个最佳阈值。当这类方法推广至多类问题时，需要在全灰度范围内搜索出最佳的阈值组合。下面给出一种复杂图像的区域分割新算法，它主要由下列步骤组成。

1. 自动平滑直方图

若待分析图像的灰度直方图一般不够平滑，会给自动寻峰带来了一些困难。因此有必要对其直方图作平滑。一般用一空间滤波器与待分析的图像直方图作卷积。空间滤波器大小比较关键，选小了不足以平滑，选大了则会改变直方图原有的基本变化特性。显然，若对所有图像直方图都用相同大小的滤波器滤波，难保证直方图平滑处理得当。

2. 确定区域类数

由平滑直方图确定初始区域类数，也就是确定峰的个数。

对于灰度层次不多的图像，一个区域类通常会对应直方图中的一个峰。但是，平滑后的直方图中的每个峰不一定都对应一个区域类，因而有必要通过检查认定峰对应的区域类。

3. 自动搜索多个阈值

依次在所求的峰峰之间搜索两类区域分割的最佳阈值，这就可以采用前面介绍的最简单图像的分割方法。这里选用判断分析法，依次计算出各峰之间的最佳阈值，再用这组阈值分割原图像，可以获得较好的分割效果。当然这种分割方法也是有局限性的。

7.5.3 特征空间聚类

根据特征进行模式分类是指根据提取的特征值将一组目标划分到各类中的技术。利用特征空间聚类的方法进行图像分割可看做是对阈值分割概念的推广。特征空间聚类是根据象素特征将图像各像素映射到特征空间，根据它们在特征空间的聚集对特征空间进行分割，然后利用判别准则得到分割的结果。

一般的阈值分割可看做是以像素的灰度为特征，灰度直方图代表特征空间，用阈值将灰度直方图特征空间划分，根据阈值将图像中不同灰度的像素划分不同的区域。除像素灰度外，其他图像特征也可用于聚类。

与阈值分割类似，聚类方法也是一种全局的方法，比基于边缘检测的方法更抗噪声。

前面介绍的方法中，一般要求类别数已知。实际图像分割中，我们不具备任何有关模式的先验知识，既不知道它的分布，也不知道它该分成多少类，当然更不知道各类的参数，如均值、方差等。这时，聚类方法就显示出独特优越性。聚类的方法很多，在此只介绍最基本的 K 均值聚类方法。

K 均值算法是一种迭代算法，每迭代一次，类中心就刷新一次，经过多次迭代，使类中心趋于稳定为止。K 均值算法可以总结为下述几步：

(1) 任意选择 K 个初始类均值 $\bar{Z}_1, \bar{Z}_2, \cdots, \bar{Z}_K$。

(2) 使用最小距离判别法将任一样本分给 K 类中的某一类。若对所有的 $i \neq j$，有 $|\bar{x} - \bar{z}_i| < |\bar{x} - \bar{z}_j|$，则判 $\bar{x}$ 属于第 i 类。

(3) 根据步骤(2)中分类结果，计算各类均值，并以此作为新的类均值。

(4) 比较新旧类均值，若它们之差小于某一阈值，则认为中心已经稳定，可以终止算法，输出结果；否则，返回步骤(2)，继续进行。

一般来说，K 均值算法需要预先设定类的数目，实际中常使用试探法确定 K。即采用不同的 K 值进行聚类，根据聚类品质确定最后的类别数。为此需要评价聚类品质，常用的判别准则多基于分割后类内和类间特征值的散布图，要求类内接近而类间区别大。虽然 K 均值算法的收敛问题一直没有得到理论证明，但在很多情况下，其分类结果并不受初始中心的影响，因此 K 均值算法不失为一个很好的算法。

在 K 均值算法的基础上，又发展起了更完善的 ISODATA(iterative self-organizaing data analysis techiques algorithm)算法，称迭代自组织分析算法。它与 K 均值算法的主要区别有两点：①它不是每调整一个样本的类别就重新计算一次各类样本的均值，而是在每次把所有样本都调整完毕后才重新计算各类样本的均值，前者称为逐个样本修正法，后者称为成批样本修正法；②ISODATA 聚类法不仅可以通过调整样本所属类别完成样本的聚类分析，而且可以自动进行类别的"分裂"与"合并"，从而得到类数比较合理的聚类结果。

7.5.4 分水岭算法

分水岭算法是一种基于区域的图像分割算法,分水岭算法因实现方便,已经在医疗图像,模式识别等领域得到了广泛应用。

分水岭方法是 L. Vincent 于 1991 年提出的,分水岭分割方法是一种基于数学形态学的区域分割方法,其基本思想是把灰度图像看作一幅地形图,图像中每一像素的灰度值表示该点的海拔高度,每一个局部极小值及其影响区域称为集水盆地,而集水盆地的边界则形成分水岭,从而将图像由各自封闭的曲线分割成不同的区域。

基于梯度的分水岭算法是考虑到图像各区域内部像素灰度值较为接近,梯度小;而相邻区域像素间的灰度差距较大,梯度大。因此在梯度图中寻找大梯度像素所在位置,即分水岭,从而实现图像分割的目的。下面给出一种分水岭分割方法。

设给定一幅待分割图像 $f(x,y)$,其梯度图像为 $g(x,y)$,分水岭的计算是在梯度空间进行的。用 M_1,M_2,$\cdots$,M_R 表示 $g(x,y)$ 中各局部极小值的像素坐标,R 是极小值个数,$C(M_i)$ 为与 M_i 对应的(分水岭所围绕的)区域中的像素坐标集合。用 n 表示当前的梯度阈值,$T[n]$ 为 $g(u,v)<n$ 的 (u,v) 像素集合,即

$$T[n] = \{(u,v) | g(u,v) < n\}$$

在梯度阈值为 n 时,统计处于平面 $g(x,y)=n$ 以下的像素集合 $T[n]$,标记为黑色,其他像素标记为白色。对 M_i 所在的区域,其中满足条件的坐标集合 $C_n(M)_i)$ 可看作一幅二值图像

$$C_n(M)_i) = C(M_i) \cap T[n]$$

即在 $(x,y) \in C(M_i)$ 且 $(x,y) \in T[n]$ 的地方,有 $C_n(M)_i) = 1$,其他地方 $C_n(M)_i) = 0$。即对处于平面 $g(x,y)=n$ 以下的像素,用"与"操作可将与最低点 M_i 对应的那些像素提取出来。

如果用 $C[n]$ 代表在图像中所有满足梯度值小于 n 的像素集合

$$C[n] = \bigcup_{i=1}^{R} C_n(M)_i)$$

那么,$C[\max+1]$ 将是所有区域的并集(max 是图像灰度范围的最高值):

$$C[\max+1] = \bigcup_{i=1}^{R} C_{\max+1}(M)_i)$$

在将 n 逐渐增加期间始终保持在原集合中。随着 n 的整数增加,这两个集合中的元素个数是单增不减的。所以 $C[n-1]$ 是 $C[n]$ 的子集。根据上式,$C[n]$ 是 $T[n]$ 的子集,所以 $C[n-1]$ 又是 $T[n]$ 的子集。由此可知,每个 $C[n-1]$ 中的连通成分都包含在一个 $T[n]$ 的连通成分中。

寻找分水岭算法先初始化 $C[\min+1] = T[\min+1]$,然后算法逐步递归,$C[n-1]$ 计算 $C[n]$ 程。令 s 代表 $T[n]$ 中的连通成分集合,对每个连通成分 $s \in S[n]$,存在如下三种可能性:

(1) $s \cap C[n-1]$ 是一个空集;

(2) $s \cap C[n-1]$ 里包含 $C[n-1]$ 中的一个连通成分;

(3) $s \cap C[n-1]$ 里包含 $C[n-1]$ 中一个以上的连通成分。

从 $C[n-1]$ 得到 $C[n]$ 的计算过程取决于上面三个条件中哪个条件成立。条件(1)在遇到一个新的极小值时成立,在这种情况下,$C[n]$ 可由把连通成分 s 加到 $C[n-1]$ 中得到。条件(2)在 s 属于某些极小值的区域时成立,在这种情况下,同样 $C[n]$ 可由把连通成分 s 加到 $C[n-1]$ 中得到。条件(3)在遇到部分或整个区分两个或以上区域的分界线时成立。如果 n 继续增加,不同的区域将会连通,这时就需要在 s 中建分水岭。实际上,通过用全是 1 的 3×3 结构元素对 $s \cap C[n-1]$ 进行膨胀(限定在 s 中)就可获得宽度为 1 的边界。

基于梯度的分水岭算法容易导致图像的过分割,因为极小值点过多,图像分割效果差。

7.6 区域增长

图像区域分割技术都没有考虑到图像像素空间的连通性,区域增长是把图像分割成若干小区域,比较相邻小区域特征的相似性。若它们足够相似,则作为同一区域合并,以此方式将特征相似的小区域不断合并,直到不能合并为止,最后形成特征不同的各区域。这种分割方法也称区域扩张法。

进行区域增长首先要解决三个问题:①确定区域的数目;②选择有意义的特征;③确定相似性准则。

特征相似性是构成与合并区域的基本准则,相邻性是指所取的邻域方式。区域增长根据所用的邻域方式和相似性准则的不同分为:①单一型(像素与像素);②质心型(像素与区域);③混合型(区域与区域)三种区域扩张法。

7.6.1 简单区域扩张法

以图像的某个像素为生长点,比较相邻像素的特征,将特征相似的相邻像素合并为同一区域;以合并的像素为生长点,继续重复以上的操作,最终形成具有相似特征的像素的最大连通集合。这种方法称简单(单一型)区域扩张法。下面给出以像素灰度为特征进行简单区域增长的步骤。

(1)对图像进行光栅扫描,求出不属于任何区域的像素。当寻找不到这样的像素时结束操作。

(2)把这个像素灰度同其周围(4 邻域或 8 邻域)不属于其他区域的像素进行比较,若灰度差值小于阈值,则合并到同一区域。并对合并的像素赋予标记。

(3)从新合并的像素开始,反复进行(2)的操作。

(4)反复进行(2)(3)的操作,直至不能再合并。

(5)返回(1)操作,寻找新区域出发点的像素。

这种方法简单,但如果区域之间的边缘灰度变化很平缓或边缘交于一点时,如图 7.6.1 所示,两个区域会合并起来。为克服这一点,在步骤(2)中不是比较相邻像素灰度,而是比较已存在区域的像素灰度平均值与该区域邻接的像素灰度值。

第7章 图像分割

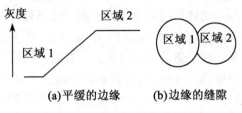

(a)平缓的边缘　　(b)边缘的缝隙

图 7.6.1　边缘对区域扩张的影响

7.6.2　质心型增长

与简单区域增长不同,质心型增长是比较单个像素的特征与其相邻区域的特征,若相似则将像素归并到区域中。质心型增长操作步骤类似简单区域扩张法,唯一不同的是在上述(2)的操作中,改为比较已存在区域的像素灰度平均值与该区域邻接的像素灰度值。若差值小于阈值,则合并。这种方法的缺点是区域增长的结果与起始像素有关,起始位置不同则分割结果有差异。

图 7.6.2 给出了一个质心型区域增长的例子。相似性准则是待检测点灰度与已检测出的区域的灰度均值比较(接受条件是灰度差小于 2)。图 7.6.2(a)为原图像,9 为第一个检测出的点(画有横线);图 7.6.2(b)是第一步按 8-邻域检测出生长点;图 7.6.2(c)是对第一步检出区域像素灰度取平均,进行第二步检测的结果。

$$\begin{bmatrix} 5 & 5 & 8 & 6 \\ 4 & 8 & \underline{9} & 7 \\ 2 & 2 & 8 & 3 \\ 3 & 3 & 3 & 3 \end{bmatrix} \quad \begin{bmatrix} 5 & 5 & \underline{8} & 6 \\ 4 & \underline{8} & \underline{9} & 7 \\ 2 & 2 & \underline{8} & 3 \\ 3 & 3 & 3 & 3 \end{bmatrix} \quad \begin{bmatrix} 5 & 5 & \underline{8} & 6 \\ 4 & \underline{8} & \underline{9} & 7 \\ 2 & 2 & \underline{8} & 3 \\ 3 & 3 & 3 & 3 \end{bmatrix}$$

　　(a)　　　　　　(b)　　　　　　(c)

图 7.6.2　质心型区域生长

7.6.3　混合型增长

把图像分割成小区域,比较相邻的小区域的相似性,相似则合并。下面介绍两种方法。

1. 不依赖于起始点的方法

(1) 以灰度相同为相似性条件,用简单区域扩张法把具有相同灰度的像素合并到同一区域,得到图像的初始分割图像。

(2) 从分割图像一个小区域开始,求出相邻区域间的灰度差,将差值最小的相邻区域合并。

(3) 反复(2)的操作,把区域依次合并。

这种方法若不在适当的阶段停止区域合并,整幅图像经区域扩张的最终结果就会为一个区域。

2. 假设检验法

该方法是根据区域内的灰度分布的相似性进行区域合并。

(1)把图像分割成如图 7.6.3 所示互不交叠的、大小为 $n \times n$ 的子块。

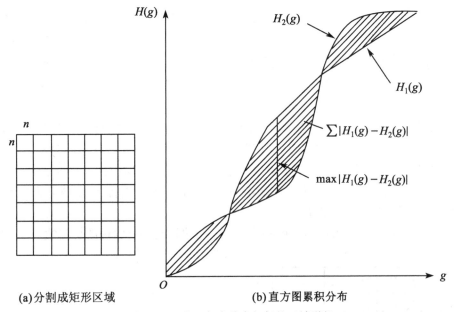

(a)分割成矩形区域　　(b)直方图累积分布

图 7.6.3　基于灰度分布相似的区域增长

(2)比较相邻小区域的灰度直方图相似性,相似则合并成同一区域。相似性判断标准可选用下面其中之一:

① Kolmogorov-Smirnov 检测标准:

$$\max_{g} | H_1(g) - H_2(g) | \tag{7.6.1}$$

② Smoothed-Difference 检测标准:

$$\sum_{g} | H_1(g) - H_2(g) | \tag{7.6.2}$$

$H_1(g)$、$H_2(g)$ 分别是相邻两子块的直方图累积分布。

(3)反复②的操作,直至区域不能合并为止。

这种方法难点在于 n 如何确定。n 太大,则区域形状变得不自然,会遗漏小的目标;n 太小,则(a)和(b)可靠性下降,导致分割质量差。实际中 n 一般取 5~10,由于检测标准(b)的要求比(a)的严,采用检测标准(b)比用(a)会带来更好的结果。

7.7　分裂合并法

当事先完全不了解区域形状和区域类数时,可采用分裂合并法,它是基于四叉树思想，把原图像作为树根或零层，将该图像等分成 4 个子块，作为被分裂的第一层。对第一层的每个子块，若像素属性一致则不再等分；如果属性不一致，则子块须分裂成相等的 4 块作为第二层，如此循环(见图 7.7.1)。小块中的标号是这样确定的，对于第一层的 4 块，从左上块开始按顺时针方向标号为 1，2，3，4，第二层每一块又以同样的方式标号。如第二层左上角的标号为 11，12，13，14。即下一层子块的标号是在它从属的上一层的标号后添号。当块不再往下分时，其尾数添 0。

假定一幅图像的大小为 $2^2 \cdot 2^2$，当最高层次小方块的像素数确定后，可以计算出分裂层次。如 $L=7$，最小方块尺寸为 $2^l \times 2^l = 2^4 \times 2^4 = 16 \times 16$，则分裂层次 N 为 $N = L - l = 7 - 4 = 3$。如图 7.7.2 所示，这样零层的根可看做一个节点，第一层有 4 个节点，第二层有 16 个节点，第三层有 64 个节点。

分裂或合并操作按下面原则进行：

(1) 合并。当同一层的 4 块中的像素满足某一特性的均匀性时，将它们合并为一母块。例如，图 7.7.3 中 41、42、43、44 满足均匀性条件，则将它们合并为 40。

(2) 分裂。当第一层中的某一子块内像素不满足特性的均匀性条件时，将它们分裂成 4 个子块。例如图 7.7.1 中的 21 子块不满足均匀性条件，则将 21 子块分为 211，212，213，214。如图 7.7.4 所示子块分裂。

某一特性的均匀性，可以是灰度的均匀性，也可以是某种纹理的均匀性。

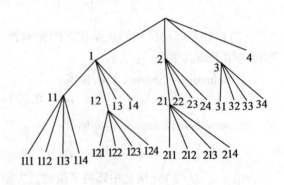

图 7.7.1　分裂、合并标号　　　　　图 7.7.2　分裂四叉树

 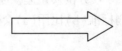

图 7.7.3　子块合并

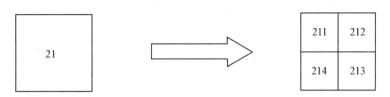

图 7.7.4　子块分裂

下面介绍分裂合并法的具体步骤：

(1) 初始分割。把一幅图像分到第二层，子块数 $n=16$，子块标号如图 7.7.5(a) 所示。

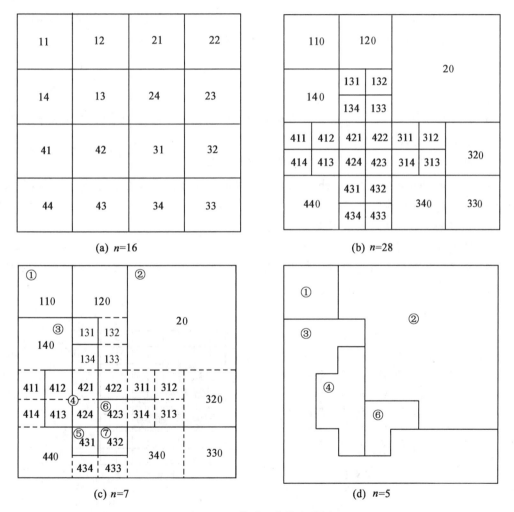

图 7.7.5　分裂、合并法示例

(2) 合并处理。按预先给定的合并原则，对第二层的每 4 个子块进行检查，假定子块 21、22、23、24 符合合并原则，合并后标记为 20。如图 7.7.5(b) 所示。

(3)分裂处理。对其他 12 个子块检查发现,原标号为 13、31、41、42 和 43 的子块内像素,不符合均匀性规则,故将它们分成 4 个子块。经一次合并和五次分裂后的结果如图 7.7.5(b)所示。

(4)组合处理。经上述步骤后,图像共分成 28 块,然后以每块为中心,检查相邻各块,凡符合特征均匀性的,再次合并。如图 7.7.5(c)所示,组合处理后变成 7 块。

(5)消失小区。对图 7.7.5(c)中标号为⑤和⑦的两个小区,与相邻大块比较,按它们对邻近大块的均匀性程度分别划到区号为④和⑥中去,经这样处理后的输出结果为 5 个区域,如图 7.7.5(d)所示。

究竟一幅图像初始分割为多少层,视图像大小而定。另外在"消失小区"时,会给区域边缘带来误差。

与前面谈到的一些区域分割方法相比,此方法的算法较复杂。但对复杂图像来说,不仅效果很好,而且特征均匀性的条件,除小块灰度外,对纹理特征也适用。

习题

1. 什么是区域?什么是图像分割?
2. 边缘检测的理论依据是什么?有哪些方法?各有什么特点?编写对一幅灰度图像进行边缘检测、二值化的程序。
3. 拉普拉斯边缘检测算子与拉普拉斯边缘增强算子有何区别?
4. 什么是 Hough 变换?Hough 变换检测直线时,为什么不采用 $y=kx+b$ 的表达形式?试述采用 Hough 变换检测直线的原理。
5. 区域分割与区域增长二者有何区别?
6. 区域分割中群聚法的基本思想是什么?
7. 对下面的图像 1 采用简单区域生长法进行区域生长,给出灰度差值①$T=1$;②$T=2$;③$T=3$ 三种情况下的分割图像。

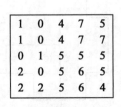

图像 1

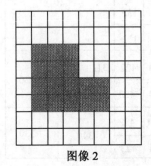

图像 2

8. 用分裂合并法分割图像 2,并给出对应分割结果的四叉树。
9. 用 Matlab 演示边缘检测、四叉树分裂合并分割法。
10. 应用 Photoshop 对一幅灰度图像进行二值化、边缘检测和区域增长。

第 8 章 二值图像处理与形状分析

灰度图像的二值化已在第 7 章区域分割中作了介绍，二值图像从灰度图像抽象出来，用更具有概括性的区域或边界来表示对象的结构信息，是对灰度图像抽象描述的必经之路和桥梁。因此二值图像处理与形状分析是图像分析的重要内容之一。图 8.1.1 是二值图像处理与结构分析的流程，内容包括二值图像处理算法、结构分析与描述的方法等。本章首先介绍二值图像的几何概念；其次介绍二值图像连接成分的各种变形算法；最后介绍形状特征提取与分析的各种方法。

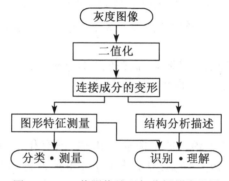

图 8.1.1 二值图像处理与分析的流程图

8.1 二值图像的连接性和距离

描述对象形状的二值图像亦称图形，图形点、线和面的特征是最本质的信息，因此提取各形状的特征来识别和描述对象，是图像分析最重要的内容之一。

在二值图像特征分析中最基础的概念是二值图像的连接性(亦称连通性)和距离。

8.1.1 邻域和邻接

在第 2 章已经讲过，对于任意像素(i, j)，把像素的集合$\{(j+p, j+q)\}$(p, q 是一对适当的整数)叫做像素(i, j)的邻域。直观上看，这是像素(i, j)附近的像素形成的区域。最经常采用的是 4-邻域和 8-邻域。

1. 4-邻域与 4-邻接

像素 p 上、下、左、右四个像素$\{p_0、p_2、p_4、p_6\}$称为像素 p 的 4-邻域，如图 8.1.2

(b)所示。互为4-邻域的两像素叫4-邻接(或4-连通)。图8.1.2(a)中p和p_0，p_0和p_1均为4-邻接。

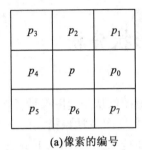
(a)像素的编号

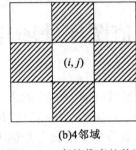
(b)4邻域

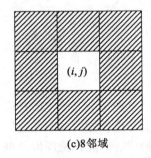
(c)8邻域

图8.1.2 邻接像素的种类

2. 8-邻域与8-邻接

像素p上、下、左、右四个像素和四个对角线像素即$p_0 \sim p_7$称为像素p的8-邻域，如图8.1.2(c)所示。互为8-邻域的两像素叫8-邻接(或8-连通)。图8.1.2(a)中p和p_1，p_0和p_2等均为8-邻接。

在对二值图像进行处理前，是取8-邻接还是4-邻接方式进行处理，要视具体情况而定。在处理斜线多的图形中，宜采用8-邻接方式。

8.1.2 像素的连接

对于二值图像中具有相同值的两个像素A和B，所有和A、B具有相同值的像素系列$p_0(=A)$，p_1，p_2，$\cdots$，p_{n-1}，$p_n(=B)$存在，并且p_{i-1}和p_i互为4/8-邻接，那么像素A和B叫做4/8-连接，以上的像素序列叫4/8-路径。图8.1.3中c与e就是连接的像素。

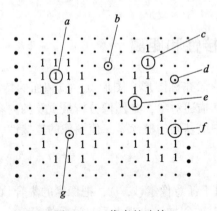

图8.1.3 像素的连接

8.1.3 连接成分

在二值图像中，把互相连接的像素的集合汇集为一组，于是具有若干个0值的像素

(0像素)和具有若干个1值的像素(1像素)的组就产生了。把这些组叫做连接成分,也称做连通成分。

在研究一个二值图像连接成分的场合,若1像素的连接成分用4/8-连接,而0像素连接成分必须用8/4-连接,否则会产生矛盾。在图8.1.4中,假设各个1像素用8-连接,则中心的0像素就被包围起来。如果对0像素也用8-连接,它就会与右上的0像素连接起来,从而产生连接矛盾。因此0像素和1像素应采用互反的连接方式。

在0像素的连接成分中,如果存在和图像外围的1行1列的0像素不相连接的成分,则称为孔。不包含孔的1像素连接成分叫做单连接成分。含有孔的1像素连接成分叫做多重连接成分。图8.1.5给出了一个实例。

在二值图像包含多个对象的场合,将二值图像看做以连接成分为对象的图形。在这个意义上,分析图形的各种性质时,将其分成连接成分来处理的思想是很重要的。

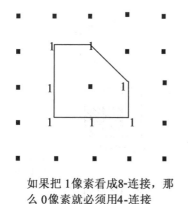
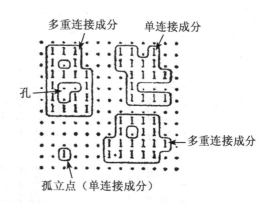

图8.1.4　连接性矛盾示意图　　　　图8.1.5　连接成分

8.1.4　欧拉数

在二值图像中,1像素连接成分数 C 减去孔数 H 的差值叫做这幅图像的欧拉数或示性数。若用 E 表示图像的欧拉数,则

$$E = C - H \tag{8.1.1}$$

对于一个1像素连接成分,1减去这个连接成分中所包含的孔数的差值叫做这个1像素连接成分的欧拉数。显然,二值图像的欧拉数是所有1像素连接成分的欧拉数之和。

8.1.5　像素的可删除性和连接数

二值图像上改变一个像素的值后,整个图像的连接性并不改变(各连接成分既不分离、不结合,孔也不产生、不消失),则这个像素是可删除的。像素的可删除性可用像素的连接数来检测。

为了研究二值图像,用 p 表示任意像素,它的8-邻域如图8.1.2(a)所示。像素 p 的值用 $B(p)$ 表示,$B(p) \in \{0, 1\}$。当 $B(p) = 1$ 时,像素 p 的连接数 $N_c(p)$ 就是与 p 连接的

连接成分数。计算像素 p 的 4/8-邻接的连接数公式分别为

$$N_c^{(4)}(p) = \sum_{k \in S} [B(p_k) - B(p_k)B(p_{k+1})B(p_{k+2})] \tag{8.1.2}$$

$$N_c^{(8)}(p) = \sum_{k \in S} [\overline{B}(p_k) - \overline{B}(p_k)\overline{B}(p_{k+1})\overline{B}(p_{k+2})] \tag{8.1.3}$$

式中：$S = \{0, 2, 4, 6\}$，$\overline{B}(p) = 1 - B(p)$，当 $k + 2 = 8$ 时，$p_8 = p_0$。

图 8.1.6 给出了几种情况的像素连接性。像素 p 为边界点时，连接数 $N_c^{(8)}(p)$ 表示为 8-邻接(从像素 P_0 到 P_7)像素的连接成分数。图 8.1.6 (e) 中 p 像素的连接数为：

$$\begin{aligned}N_c^{(8)}(p) &= [\overline{B}(p_0) - \overline{B}(p_0)\overline{B}(p_1)\overline{B}(p_2)] + [\overline{B}(p_2) - \overline{B}(p_2)\overline{B}(p_3)\overline{B}(p_4)] + \\ &\quad [\overline{B}(p_4) - \overline{B}(p_4)\overline{B}(p_5)\overline{B}(p_6)] + [\overline{B}(p_6) - \overline{B}(p_6)\overline{B}(p_7)\overline{B}(p_8)] \\ &= (0 - 0 \times 0 \times 0) + (0 - 0 \times 1 \times 1) + (1 - 1 \times 1 \times 0) + (0 - 0 \times 1 \times 0) \\ &= 1\end{aligned}$$

即连接成分数为 1。如果采用 4-邻接，则图 8.1.6(e) 像素 p 的连接成分为 $\{p_0, p_1, p_2\}$ 和 $\{p_6\}$ 两个，那么连接数 $N_c^{(4)}(p) = 2$。

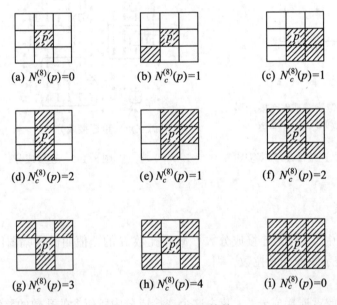

图 8.1.6 像素的连接数

对于同一图像而言，在 4-邻接或 8-邻接的情况下，各像素的连接数是不同的。像素的连接数作为二值图像局部的特征量是很有用的。按连接数 $N_c(p)$ 大小可将像素分为以下几种：

(1) 孤立点：$B(p) = 1$ 的像素 p，当其 4/8-邻接的像素全是 0 像素时，像素 p 叫做孤立点。如图 8.1.6(a) 所示，孤立点的连接数 $N_c(p) = 0$。

(2) 内部点：$B(p) = 1$ 的像素 p，当其 4/8-邻接的像素全是 1 时，叫做内部点。内部点的连接数 $N_c(p) = 0$，如图 8.1.6(i) 所示。

(3)边界点：在 $B(p)=1$ 的像素中，把除了孤立点和内部点以外的点叫做边界点。对于边界点，$1 \leq N_c(p) \leq 4$。图 8.1.6(b)、(c)和(e)中，$N_c(p)=1$ 的 1 像素为可删除点或端点；图 8.1.6(d)、(f)中，$N_c(p)=2$ 的 1 像素为连接点；图 8.1.6(g)中，$N_c(p)=3$ 的 1 像素为分支点；图 8.1.6(h)中，$N_c(p)=4$ 的 1 像素为交叉点。

(4)背景点：把 $B(p)=0$ 的像素叫做背景点。背景点的集合分成与图像外围的 1 行 1 列的 0 像素不相连接的像素 p 和相连接的像素 p。前者叫做孔，后者叫做背景。

例如在图 8.1.7 中，p_1 表示孤立点；p_2 表示内部点；$p_3 \sim p_6$ 表示边界点。其中：$N_c^{(8)}(p_3)=1, N_c^{(8)}(p_4)=2, N_c^{(8)}(p_5)=3, N_c^{(8)}(p_6)=4$；$p_7$ 表示背景点。

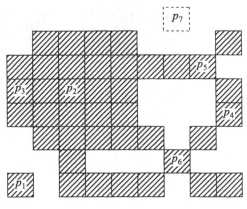

图 8.1.7　像素的种类

8.1.6　区域邻接图

区域邻接图 RAG(region adjacency graphs)表示图像中区域与区域之间的关系，它主要强调由区域构成的图像的划分和每一个划分的特性。区域的不同特性可以存储在不同的节点数据结构中，图 8.1.8 是区域邻接图的例子，在图 8.1.8(b)区域邻接图中的节点

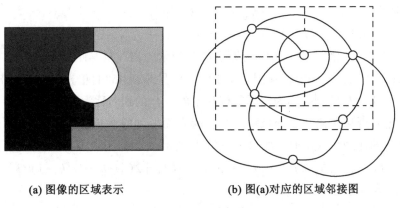

(a) 图像的区域表示　　(b) 图(a)对应的区域邻接图

图 8.1.8　区域邻接图

表示区域，节点之间的弧线表示区域的公共边界。RAG 强调区域的邻接性。

在某些场合，也可能用到区域邻近图的对偶图。在对偶图的表示中，节点表示边界，而弧线则表示被边界分割的区域。

8.1.7 包含、击中、不击中

按照集合的概念，给定两个集合：对象 X 和结构元素 B，它们之间的关系有如图 8.1.9 所示的包含、击中、不击中三种情况。

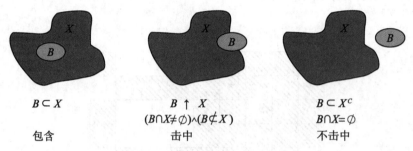

图 8.1.9 对象与结构元之间的关系

8.1.8 距离

对于集合 S 中的两个元素 p 和 q，当函数 $D(p, q)$ 满足式(8.1.4)的条件时，把 $D(p,q)$ 叫做 p 和 q 的距离，也称为距离函数。

$$\begin{cases} D(p, q) \geqslant 0 \\ D(p, q) = D(q, p) \\ D(p, r) \leqslant D(p, q) + D(q, r) \end{cases} \tag{8.1.4}$$

计算点 (i, j) 和 (h, k) 间距离常用的方法有

(1) 欧几里得距离：$d_e[(i, j), (h, k)] = ((i-h)^2 + (j-k)^2)^{1/2}$ (8.1.5)

(2) 4-邻域距离：$d_4[(i, j), (h, k)] = |i-h| + |j-k|$ (8.1.6)

(3) 8-邻域距离：$d_8[(i, j), (h, k)] = \max(|i-h|, |j-k|)$ (8.1.7)

图 8.1.10 中表示出以中心像素为原点的各像素距离。从等距离点的连线可以看出，在图 8.1.10(a)中大致呈圆形，在图 8.1.10(b)中呈倾斜 45°的正方形，在图 8.1.10(c)中呈方形，因此，d_8 的别名称为国际象棋盘距离，d_4 的别名称为街区画距离。

此外，把 4-邻域距离和 8-邻域距离组合起来而得到的八角形距离 d_0 有时也被采用，它的等距离点的连线呈八角形，如图 8.1.8(d)所示。

$$d_8[(i, j), (h, k)] = \max\{|i-h|, |j-k|, [2(|i-h|+|j-k|+1)/3]\} \tag{8.1.8}$$

这里 $[a]$ 是不超过 a 的最大整数。

```
                    3           3 3 3 3 3 3          3 3 3
                  3 2 3         3 2 2 2 2 3        3 2 2 2 3
 √5  2 √5       3 2 1 2 3       3 2 1 1 1 2 3     3 2 2 1 2 2 3
√5 √2 1 √2 √5   3 2 1 0 1 2 3   3 2 1 0 1 2 3     3 2 1 0 1 2 3
 2 1 0 1 2      3 2 1 2 3       3 2 1 1 1 2 3     3 2 2 1 2 2 3
√5 √2 1 √2 √5     3 2 3         3 2 2 2 2 3        3 2 2 2 3
 √5  2 √5           3           3 3 3 3 3 3          3 3 3
```

(a)欧几里得距离　　　(b)4-邻域距离　　　(c)8-邻域距离　　　(d)八角形距离

图 8.1.10　不同距离函数的等距离像素分布

8.2　连接成分的变形处理

二值图像包含目标的位置、形状、结构等许多重要特征，是图像分析和目标识别的依据。为了从二值图像中准确提取有关特征，需要先进行二值图像的增强处理，通常又称为二值图像连接成分的变形处理。这里介绍几种重要的处理。

8.2.1　标记

为区分连接成分，求得连接成分个数，连接成分的标记是不可缺少的。对属于同一个 1 像素连接成分的所有像素分配相同的编号，对不同的连接成分分配不同的编号的处理，叫做连接成分的标记。下面介绍顺序扫描和并行传播组合起来的标号算法(8-连接的场合)。

如图 8.2.1 所示，对图像顺序地进行 TV 光栅扫描，就会发现没有分配标号的 1 像素。对这个像素，先分配给它还没有使用过的标号，对位于这个像素的 8-邻域内的 1 像素赋予相同的标号，然后对位于刚赋予标号的 1 像素，其 8-邻域的 1 像素也赋予相同的标号。这好似标号由最初的 1 像素开始一个个地传播下去的处理。反复地进行这一处理，直到应该传播标号的 1 像素已经没有的时候，对一个 1 像素连接成分分配给相同标号的操作结束。继续对图像进行扫描，如果发现没有赋予标号的 1 像素就赋给新的标号，进行以上同样的处理。否则就结束处理。图 8.2.1(b)是对图 8.2.1(a)进行标记处理的结果。

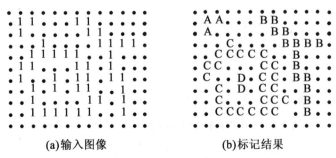

图 8.2.1　标记的例子

8.2.2 膨胀和收缩

二值图像形状特征提取需对连接成分进行形态分析,图像膨胀和收缩是形态学中两个最基本的运算。

所谓图像膨胀就是把二值图像各 1 像素连接成分的边界扩大一层的处理。收缩(或腐蚀)则是把二值图像各 1 像素连接成分的边界点去掉从而缩小一层的处理。若输出图像为 $g(i,j)$,则它们的定义式为

$$膨胀:g(i,j)=\begin{cases}1 & 像元(i,j)为 1 或其 4/8 邻域的一个像素为 1\\0 & 其他\end{cases}$$

$$收缩:g(i,j)=\begin{cases}0 & 像元(i,j)或其 4/8 邻域的一个像元为 0\\1 & 其他\end{cases}$$

(8.2.1)

收缩和膨胀是数学形态学中两种最基本的变换。数学形态学的基本思想是用具有一定形态的结构元素去度量和提取图像中的对应形状,从而达到对图像分析和识别的目的。数学形态学图像处理的作用是可以简化图像数据,保持它们基本的形状特性,并除去不相干的结构。因此,数学形态学广泛应用于图像增强、图像编码、分割、边缘检测等方面。这里给出数学形态学对二值图像处理的一些算法。

设二值图像为 F,结构元素为 B^s。当结构元素 B^s 的原点移到 (x,y) 处时,结构元素用 B^s_{xy} 表示。则图像 F 被结构元素 B^s 膨胀的定义式为

$$F \oplus B^s = \{x,y \mid B^s_{xy} \cap F \neq \varnothing\} \quad (8.2.2)$$

其含义是,当结构元素 B^s 的原点移动到 (x,y) 位置时,如果 B^s_{xy} 覆盖范围内的二值图像像素值至少有一个不为 0,则膨胀后图像 (x,y) 位置像素值为 1,否则为 0。图 8.2.2 是三种简单对称的结构元。

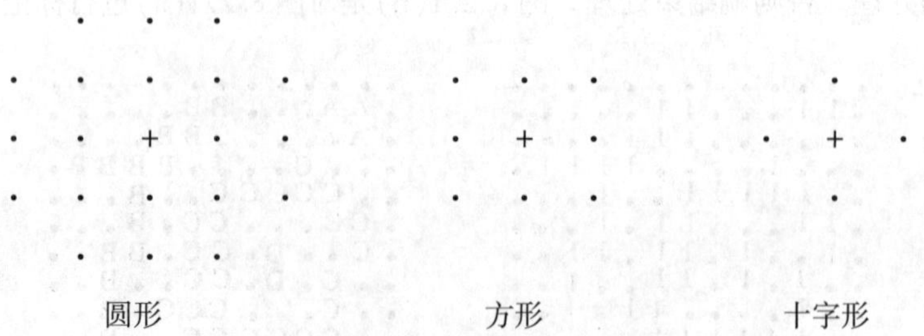

图 8.2.2 简单对称结构元素(圆形、方形和十字形)

下面是一幅二值图像的膨胀例子。

设原图像 F,结构元素 B^s 分别为

$$F = \begin{bmatrix} 1 & 0 & 0 & 1 & 0 & 0 \\ 1 & 1 & 0 & 1 & 1 & 0 \\ 0 & 1 & 0 & 0 & 0 & 0 \\ 0 & 1 & 1 & 0 & 0 & 0 \\ 0 & 0 & 1 & 0 & 0 & 0 \\ 0 & 0 & 0 & 0 & 0 & 0 \end{bmatrix} \quad B^s = \begin{bmatrix} 1 & 0 \\ 1 & 1 \end{bmatrix}$$

则结构元素 B^s 对图像 F 膨胀的结果为

$$F \oplus B^s = \begin{bmatrix} 1 & 1 & 1 & 1 & 1 & 0 \\ 1 & 1 & 0 & 1 & 1 & 0 \\ 1 & 1 & 1 & 0 & 0 & 0 \\ 0 & 1 & 1 & 0 & 0 & 0 \\ 0 & 0 & 1 & 0 & 0 & 0 \\ 0 & 0 & 0 & 0 & 0 & 0 \end{bmatrix}$$

膨胀的作用是使孔洞收缩，目标扩大。对消除图像目标中的小颗粒噪声和填补凹陷是非常有效的。

腐蚀的定义式如下：

$$F \odot B^s = \{x, y \mid B^s_{xy} \subseteq F\} \tag{8.2.3}$$

其含义是：当结构元素 B^s 的原点移动 (x, y) 位置，如果 B^s_{xy} 覆盖范围内的二值图像像素值全部为 1，则腐蚀后图像 (x, y) 位置像素值为 1，否则为 0。

对上例用结构元素 B^s 对图像 F 腐蚀，其结果为

$$F \odot B^s = \begin{bmatrix} 1 & 0 & 0 & 1 & 0 & 0 \\ 0 & 0 & 0 & 0 & 0 & 0 \\ 0 & 1 & 0 & 0 & 0 & 0 \\ 0 & 0 & 0 & 0 & 0 & 0 \\ 0 & 0 & 0 & 0 & 0 & 0 \\ 0 & 0 & 0 & 0 & 0 & 0 \end{bmatrix}$$

腐蚀的作用是使目标收缩，孔洞扩大。对去除图像小颗粒噪声和目标之间的粘连是非常有效的。

一般情况下，膨胀和腐蚀是不可逆运算，对图像膨胀或腐蚀都导致图像目标面积大小改变。为了对二值图像进行这两种基本操作而保证图像目标面积不发生明显变化，提出了二值图像开运算和闭运算。

采用结构元 B 对图像先腐蚀后膨胀的运算称为开运算。定义式如下：

$$F \circ B = (F \odot B) \oplus B \tag{8.2.4}$$

开运算的作用是光滑目标轮廓，消除小目标(如去掉毛刺和孤立点等)，在纤细点处分离物体，同时并不明显改变目标的面积。常用于去除小颗粒噪声以及断开目标物之间的粘连，其主要作用虽与腐蚀相似，但与腐蚀处理相比，有保目标大小不变的优点。

先膨胀再腐蚀的运算称为闭运算。定义式如下：

$$F \cdot B = (F \oplus B) \odot B \tag{8.2.5}$$

闭运算的作用是在保持原目标的大小与形态的同时,填充凹陷,弥合孔洞和裂缝。常用来填充孔洞、凹陷和连接断开的目标,与膨胀的作用相似,但与膨胀的处理相比,具有保目标大小不变的优点。

图 8.2.3 是一幅二值图像,图 8.2.4(a)和图 8.2.4(b)分别是对图 8.2.3 进行开运算和闭运算的结果。

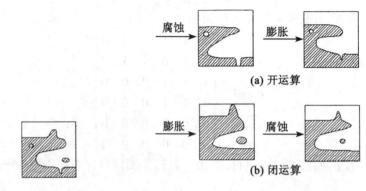

图 8.2.3　二值图像　　　　图 8.2.4　开运算和闭运算的效果

8.2.3　线图形化

将给定图形变换成线图形的处理是很重要的,下面介绍几种线图形化的方法。

1. 距离变换和骨架

距离变换是把任意图形转换成线画图的最有效方法之一。它是求二值图像中各 1 像素到 0 像素的最短距离的处理。

图 8.2.5 所示的二值图像中,两个像素 p 和 q 之间的距离可以用适当的距离函数来测量。设 P 为 $B(p)=1$ 的像素区域,Q 为 $B(q)=0$ 的像素区域,求从 P 中任意像素到 Q 的最小距离叫做二值图像的距离变换。

下面以 4 邻接方式为例,介绍二值图像距离变换的并行处理算法原理。

对二值图像 $f(i,j)$,距离变换 k 次的图像为 $g^k(i,j)$,当 $f(i,j)=1$ 时,$g^0(i,j)=C$(非常大);$f(i,j)=0$ 时,$g^0(i,j)=0$。对图像 $f(i,j)$ 进行如下处理:

图 8.2.5　二值图像

$$g^{k+1}(i,j)=\begin{cases}\min\{g^k(i,j),g^k(i,j-1)+1,g^k(i-1,j)+1,g^k(i+1,j)+1\\ g^k(i,j+1)+1\},&\text{当}f(i,j)=1\text{时}\\ 0,&\text{当}f(i,j)=0\text{时}\end{cases} \quad (8.2.6)$$

对全部 i,j 取 $g^{k+1}(i,j)=g^k(i,j)$ 时,g^k 便是所求的距离变换图像。

在经过距离变换得到的图像中,最大值点的集合就形成骨架,即位于图像中心部分的线状的集合,也可以看做图形各内接圆中心的集合。它反映了原图形的形状。若给定距离和骨架就能恢复该图形,但恢复的图形不能保证原始图形的连接性。常用于图形压缩、提取图形幅宽和形状特征等。

2. 细化

从二值图像中提取线宽为1像素的中心线的操作称为细化。

细化从处理方法上分串行处理和并行处理,从连接性上分有8-邻接细化和4-邻接细化。这里介绍以8-邻接细化中有代表性的希尔迪奇(Hilditch)和数学形态学方法。

像素(i, j)记为p_0,其8-邻域的像素用p_k表示,如图8.2.6中$k \in N_8 = \{1, 2, \cdots, 8\}$。二值图像细化步骤如下:

(1)按光栅扫描顺序研究二值图像的像素p_0,当p_0完全满足以下六个条件时,把$B(p_0)$置换成-1。但是,条件2、3、5是在并行处理方式中所用的各像素的值。条件4及6是在顺序处理方式中所用的各像素的值。对已置换-1的像素,在不用当前处理结果的并行处理方式中,把该像素的值复原到1,而在用当前处理结果的顺序处理方式中,仍为-1。

图8.2.6 像素的编号

条件1:$B(p_0) = 1$。

条件2:p_0是边界像素的条件,即

$$\sum_{k \in N_4} a_{2k-1} \geq 1, \quad N_4 = \{1, 2, 3, 4\} \tag{8.2.7}$$

式中:

$$a_k = \begin{cases} 1, & B(p_k) = 0 \text{时} \\ 0, & \text{其他情况} \end{cases} \tag{8.2.8}$$

因为像素是8-邻接,所以对于像素p_0,假如p_1, p_3, p_5, p_7中至少有一个是0时,则p_0就是边界像素。

条件3:不删除端点的条件,即

$$\sum_{k \in N_8} (1 - a_k) \geq 2, \quad N_8 = \{1, 2, \cdots, 8\} \tag{8.2.9}$$

对像素p_0来说,从p_1到p_8中只有一个像素为1时,则把p_0叫做端点。这时$\sum (1 - a_k) = 1$。

条件4:保存孤立点的条件,即

$$\sum_{k \in N_8} C_k \geq 1, \quad C_k = \begin{cases} 1, & B(p_k) = 1 \text{时} \\ 0, & \text{其他情况} \end{cases} \tag{8.2.10}$$

当从p_1到p_8全部像素都不是1时,p_0是孤立点,这时$\sum C_k = 0$。

条件5:保持连接性的条件,即

$$N_c^{(8)}(p_0) = 1 \tag{8.2.11}$$

$N_c^{(8)}(p_0)$是像素p_0的连接数。如图8.2.7所示,对p_{01}, p_{02}来说,式(8.2.11)的$N_c^{(8)}(p_0)$的值是1,即使消除这个像素(把这个像素的值变为0)也不改变连接性。可是对

p_{03}，p_{04}来说，因为式(8.2.11)的$N_c^{(8)}(p_0)$的值是2，所以不能消除这个像素(从图8.2.7中明显地看到，如果消除p_{03}和p_{01}，则斜线的连接性就失掉了)。

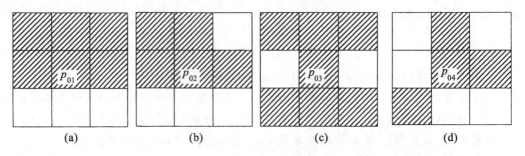

图 8.2.7 像素的连接性

条件6：对于线宽为2的线段，只单向消除的条件是

$$B(p_i) \ne -1 \text{ 或 } X_i(p_0) = 1, \quad i \in N_8 = \{1, 2, \cdots, 8\} \tag{8.2.12}$$

当$X_i(p_0)$是$B(p_i)=0$时，像素p_0的连接数是$N_c^{(8)}(p_0)$。

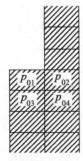

图 8.2.8 线图形

下面以图 8.2.8 为例说明这个条件。对p_{02}像素，式(8.2.13)成立，即从p_1到p_8的像素，$B(p_k) \ne -1$，因此，p_{02}可以消除，使$B(p_{02})=-1$。另外对p_{01}来说，$B(p_{02})=-1$，而且$X_5(p_0)$(p_{02}为0时，像素p_{01}的连接数)为2，不满足式(8.2.13)，所以p_{01}不能消除。同理，p_{03}可以消除，p_{04}不能消除。

(2)对于$B(i,j)=-1$的全部像素(i,j)，使$B(i,j)=0$。然后反复进行步骤(1)的操作，直到$B(i,j)=-1$的像素不存在时结束线的细化处理。这时，能够得到宽度为1的线图形。

数学形态学细化算法是一种常见的使用击中击不中变化的形态学算法。其基本思想是，在给定系列具有一定形状的结构元素后，顺序循环地删除满足击中变换的像素，具体描述如下：

对于结构元素对$B=(C,D)$，利用B细化A定义为

$$A \otimes B = A - (A * B) \tag{8.2.13}$$

即$A \otimes B$为在A中去掉A被B击中的结果。

若定义一个结构元素对序列$\{B\} = \{B_1, B_2, \cdots, B_n\}$，其中$B_{i+1}$代表$B_i$旋转的结果，则细化也可以定义为

$$A \otimes \{B\} = (\cdots((A \otimes B_1) \otimes B_2) \cdots) \otimes B_n \tag{8.2.14}$$

这个过程是先用B_1细化一遍，然后再用B_2对前面结果再细化一遍，如此继续直到用B_n细化一遍，整个过程可以再重复直到没有变化产生为止。总循环次数取决于图像目标的大小、粗细。假设输入集合是有限的，最终得到一个细化的对象。结构对的选择仅受结构元素不相交的限制。如果在对图像细化的过程中，仅使用一个结构对，则细化是有方向的。如果循环使用8个方向的结构元素对，分别对不同方向的像素剥离，则细化可以更对称的方式完成。在进行击中击不中变换时，需要采用旋转结构元素并保持中心

元素不动。在细化的过程中,要始终遵循以下的原则:①内部点不能删除;②孤立点不能删除;③直线端点不能删除;④假设 P 是边界点,去掉 P 后,如果连通分量不增加,则 P 可以删除。图 8.2.9(b)是对图 8.2.9(a)采用数学形态学细化的结果。

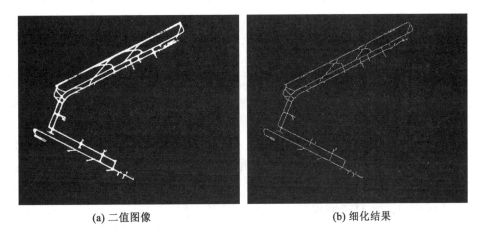

(a) 二值图像　　　　　　　　　　　　(b) 细化结果

图 8.2.9　数学形态学细化

与经典图像细化算法相比,形态学细化算法的最大特点是能将大量复杂的影像处理转换成最基本的移位和逻辑运算的组合,便于并行处理及硬件实现。

除了上述 Hilditch 细化法、数学形态学细化法外,还有其他细化方法。如掩模细化、内接圆细化等。细化方法不同,所得细化图形多少有些不同。另外,不管是哪种细化方法,都存在着不足,例如噪声的影响等。在线图形的外围上有尖状突起的时候,如不消除它,最后判断时将有分支。这种外围上的不规则性在被增强的形状上,有时在中心线上表现为毛刺。所以,消除噪声和去毛刺法有待进一步研究。

3. 边界跟踪

为了求区域间的连接关系,必须沿区域的边界点跟踪像素,称为边界(或边缘)跟踪。通过边界跟踪,可以实现区域到边界的转换。下面介绍一种 8-邻接边界跟踪法的具体步骤:

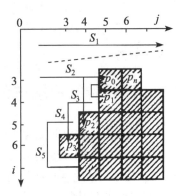

图 8.2.10　边界跟踪

(1)根据光栅扫描(参照图 8.2.10)发现像素从 0 开始变为 1 的像素 p_0 时,p_0 作为边界的起点,存储它的坐标 (i, j) 值。

(2)从像素 $(i, j-1)$ 开始逆时针方向在像素 (i, j) 的 8-邻域里寻找 1 像素,当第一次出现 1 像素记为 p_k(这里 $k=1$)存储 p_1 的坐标。

(3)同上,反时针方向从 p_{k-1} 以前的像素,开始在 p_k 像素的 8-邻域内寻找 1 像素,把最先发现像素值为 1 的像素记为 p_{k+1}。

(4) 当 $p_k=p_0$ 而且 $p_{k+1}=p_1$ 时，跟踪结束。在其他情况下，把 $k+1$ 重新当做 k 返回第 (3) 步，反复进行处理。

图 8.2.10 描述了边界跟踪的顺序。第一步，根据光栅扫描，发现像素 p_0，其坐标为 (3，5)。第二步，逆时针方向研究像素 p_0 的 8-邻接像素(3，4)，(4，4)，(4，5)，由此发现像素 p_1。第三步，逆时针方向从 p_0 以前的像素，即像素(3，4)开始顺序研究 p_1 的 8-邻接像素，由此发现像素 p_2。这时，因为 $p_1≠p_0$，所以令 $p_k=p_2$，返回第三步。反复以上操作，以 p_0，p_1，…，p_n 的顺序跟踪 8-邻接的边界像素。

图中 S_1 和 S_2 表示光栅扫描；S_3 表示以 p_0 为中心逆时针扫描；S_4 表示以 p_1 为中心逆时针扫描；S_5 表示以 p_2 为中心逆时针扫描；S_6 表示以 p_3 为中心逆时针扫描。逆时针的顺序是：$(i, j-1)→(i+1, j-1)→(i+1, j)→\cdots→(i-1, j)→(i-1, j-1)$。

4 邻接跟踪边界像素的方法和上述顺序一样，不同之处是在 4-邻域逆时针方向寻找 1 像素。上面叙述的边界跟踪是在图像边缘明确连接的假设下进行的。这里的跟踪与 7.3 节边缘跟踪不同。7.3 节中边缘跟踪是直接在灰度图像上提取边界，这里的边界跟踪是直接在二值图像上提取区域的边界。

4. 区域填充

若给定区域边界，则可通过区域填充处理得到边界包含的区域表示。

区域填充算法是指给出一个区域的边界，要求在边界范围内对所有像素单元赋予指定的符号代码。区域填充算法中最常用的是多边形填充算法，包括递归种子填充算法和扫描线种子填充算法两种。

递归种子填充算法又称边界填充算法，算法的原理是：让单个像元作为填充种子，在给定的区域范围内，通过某种方法蔓延，最终填充满整个多边形区域。为了实现填充种子的蔓延，可采用 4-邻接法或 8-邻接法进行填充。

扫描线种子填充算法的对象是一个个扫描线段。扫描线种子填充算法的原理是给定种子点，首先填充种子点所在扫描线上给定区域的一个区段，然后确定与这一区段相连通的上、下两条扫描线上位于给定区域内的区段，并依次保存下来。反复这个过程，直到填充结束。

8.3 形状特征提取与分析

形状分析是在提取图像中的各目标形状特征基础上，对图像进行识别和理解。

图像分割获得了组成区域的像素集合(亦称区域内部)或组成区域边界的像素集合(区域外部)。因此感兴趣的目标可用区域内部或区域外部表示。若对目标区域内部或区域外部提取形状特征，分析这些区域的空间分布关系和有关图像的先验知识，就能对图像作出正确的分析和理解。显见区域形状特征的提取是形状分析的基础。

区域形状特征的提取有三种方法：区域内部(包括空间域和变换)形状特征提取；区域外部(包括空间域和变换)形状特征提取；利用图像层次型数据结构提取形状特征。下面将介绍几种常用的形状特征提取与分析方法。

8.3.1 区域内部形状特征提取与分析

1. 区域内部空间域分析

区域内部空间域分析是直接在空间域对图像的区域提取形状特征来进行分析。主要有以下特征提取方法：

1）拓扑描绘子

欧拉数是拓扑特性之一。图8.3.1(a)的图形有一个连接成分和一个孔，所以它的欧拉数为0，而图8.3.1(b)有一个连接成分和两个孔，所以它的欧拉数为-1。可见欧拉数可用于目标识别。

对于线段表示的区域，也可用欧拉数来描述。如图8.3.2中的多边形网，把这多边形网内部区域分成面和孔。如果设顶点数为W，边数为Q，面数为F，则得到下列关系，这个关系称为欧拉公式：

$$W - Q + F = C - H = E \tag{8.3.1}$$

在图8.3.2中的多边形网，有7个顶点、11条边、2个面(1个连接区、3个孔)，因此，由式(8.3.1)可得到 $E = 7 - 11 + 2 = 1 - 3 = -2$。

可见，区域的拓扑性质对区域的全局描述是很有用的，欧拉数是区域一个较好的描绘子。

图8.3.1 具有欧拉数维0和-1的图形　　图8.3.2 包含多角网络的区域

2）凹凸性

连接图形内任意两个像素的线段，如果不通过这个图形以外的像素，则这个图形称为凸的。任何一个图形，把包含它的最小的凸图形叫这个图形的凸闭包。显然，凸图形的凸闭包就是它本身。从凸闭包除去原始图形后，所产生的图形的位置和形状将成为形状特征分析的重要线索。

3）区域的测量

区域的大小及形状表示方法包括以下几种：

(1) 面积。区域内像素的总和就是区域的面积，如图8.3.3所示，该区域包含41个像素，面积为41。

(2) 周长。关于周长的计算有很多方法，常用的有两种：一种计算方法是在区域的边界像素而言，上、下、左、右像素间的距离为1，对角线像素间的距离为$\sqrt{2}$。周长就

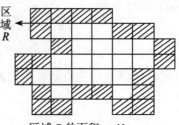

区域 R 的面积: 41
区域 R 的周长:
（1）方法: $14+8\sqrt{2}$
（2）方法: 22

图 8.3.3 区域的面积和周长

是这些像素间距离的总和。另一种计算方法将边界的像素总和作为周长。

（3）圆形度。它是测量区域形状常用的量。其定义如下:

$$R = 4\pi \frac{(面积)}{(周长)^2} \tag{8.3.2}$$

当区域为圆形时，R 最大（$R=1$）；如果是细长的区域，R 则较小。

此外，常用的特征量还有区域的幅宽、占有率和直径等。

2. 区域内部变换分析法

区域内部变换分析法是形状分析的经典方法，它包括求区域的各阶统计矩、投影和截口等方法。

1）矩法

函数 $f(x, y)$ 的 $(p+q)$ 阶原点矩定义式为

$$m_{pq} \stackrel{\Delta}{=} \int_{-\infty}^{+\infty}\int_{-\infty}^{+\infty} x^p y^q f(x, y) \mathrm{d}x \mathrm{d}y \qquad p, q \in \{0, 1, 2, \cdots\} \tag{8.3.3}$$

那么，大小为 $n \times m$ 的数字图像 $f(i, j)$ 的矩为

$$m_{pq} = \sum_{i=1}^{n}\sum_{j=1}^{m} i^p j^q f(i, j) \tag{8.3.4}$$

0 阶矩 m_{00} 是图像灰度 $f(i, j)$ 的总和。二值图像的 m_{00} 则表示对象物的面积。如果用 m_{00} 来归化 1 阶矩 m_{10} 及 m_{01}，则得到中心坐标 (i_G, j_G)

$$\left.\begin{array}{l} i_G = \dfrac{m_{10}}{m_{00}} = \sum\limits_{i=1}^{n}\sum\limits_{j=1}^{m} i f(i, j) \Big/ \sum\limits_{i=1}^{n}\sum\limits_{j=1}^{m} f(i, j) \\[2mm] j_G = \dfrac{m_{01}}{m_{00}} = \sum\limits_{i=1}^{n}\sum\limits_{j=1}^{m} j f(i, j) \Big/ \sum\limits_{i=1}^{n}\sum\limits_{j=1}^{m} f(i, j) \end{array}\right\} \tag{8.3.5}$$

中心矩定义式为

$$M_{pq} = \sum_{i=1}^{n}\sum_{j=1}^{m} (i - i_G)^p (j - j_G)^q f(i, j) \tag{8.3.6}$$

由上式可知，1 阶中心矩 M_{01} 和 M_{10} 均为零。

中心矩 M_{pq} 反映了区域中的灰度相对于灰度中心是如何分布的。利用中心矩可以提取区域的一些基本形状特征。例如 M_{20} 和 M_{02} 分别表示围绕通过灰度中心的垂直和水平轴线的惯性矩。假如 $M_{20}>M_{02}$，则区域可能为一个水平方向延伸的区域。当 $M_{30}=0$ 时，区域关于 j 轴对称。同样，当 $M_{03}=0$ 时，区域关于 i 对称。

另外，Hu. M. K 提出了对于平移、旋转和大小尺度变化均为不变的矩组，对于区域形状识别是很有用的，后称为 Hu 矩组。先定义一个归化中心矩 η_{pq}，表达式为

$$\eta_{pq}=\frac{M_{pq}}{M_{00}^r} \tag{8.3.7}$$

式中：$r=\frac{p+q}{2}(p+q=2,3,4,\cdots)$。

利用二阶和三阶归化中心矩可以导出以下 7 个不变矩组，就是 Hu 矩组。

$$\begin{aligned}
M_1 &= \eta_{20}+\eta_{02} \\
M_2 &= (\eta_{20}-\eta_{02})^2+4\eta_{11}^2 \\
M_3 &= (\eta_{30}-3\eta_{12})^2+(3\eta_{21}+\eta_{03})^2 \\
M_4 &= (\eta_{30}+\eta_{12})^2+(\eta_{21}+\eta_{03})^2 \\
M_5 &= (\eta_{30}-3\eta_{12})(\eta_{30}+\eta_{12})[(\eta_{30}+\eta_{12})^2-3(\eta_{21}+\eta_{03})^2]+ \\
&\quad (3\eta_{21}-\eta_{03})(\eta_{21}+\eta_{03})[3(\eta_{30}+\eta_{12})^2-(\eta_{21}+\eta_{03})^2] \\
M_6 &= (\eta_{20}-\eta_{02})[(\eta_{30}+\eta_{12})^2-(\eta_{21}+\eta_{03})^2]+4\eta_{11}(\eta_{30}+\eta_{12})(\eta_{21}+\eta_{03}) \\
M_7 &= (3\eta_{21}-\eta_{30})(\eta_{30}+\eta_{12})[(\eta_{30}+\eta_{12})^2-3(\eta_{21}+\eta_{03})^2]+ \\
&\quad (3\eta_{21}-\eta_{03})(\eta_{21}+\eta_{03})[3(\eta_{03}+\eta_{12})^2-(\eta_{12}+\eta_{03})^2]
\end{aligned} \tag{8.3.8}$$

在飞行器目标跟踪、制导中，目标形心是一个关键性的位置参数，它的精确与否直接影响到目标定位。可用矩方法来确定形心。

矩方法是一种经典的区域形状分析方法，由于它的计算量较大，因此缺少实用价值。四叉树近似表示以及近年来发展的并行算法、并行处理和超大规模集成电路的实现，为矩方法向实用化发展提供了基础。

2) 投影和截口

对于 $n \times n$ 的二值图像 $f(i,j)$，它在 i 轴上的投影为

$$p(i)=\sum_{j=1}^{n}f(i,j) \quad i=1,2,\cdots,n \tag{8.3.9}$$

在 j 轴上的投影为

$$p(j)=\sum_{i=1}^{n}f(i,j) \quad j=1,2,\cdots,n \tag{8.3.10}$$

由式(8.3.9)和式(8.3.10)所绘出的曲线都是离散波形曲线。这样就把二维图像的形状分析化为对一维离散曲线的波形分析。

固定 i_0，得到图像 $f(i,j)$ 的过 i_0 而平行于 j 轴的截口

$$f(i_0,j) \quad j=1,2,\cdots,n \tag{8.3.11}$$

固定 j_0，得到图像 $f(i,j)$ 的过 j_0 而平行于 i 轴的截口

$$f(i,j_0) \quad i=1,2,\cdots,n \tag{8.3.12}$$

由式(8.3.11)和式(8.3.12)所绘出的曲线也是两个一维离散波形曲线。那么二值图像 $f(i,j)$ 的截口长度为

$$s(i_0) = \sum_{j=1}^{n} f(i_0, j) \tag{8.3.13}$$

$$s(j_0) = \sum_{i=1}^{n} f(i, j_0) \tag{8.3.14}$$

如果投影和截口都通过 $f(i,j)$ 中的区域,则式(8.3.9)至式(8.3.14)均表示区域的形状特征。

在分析染色体图像时,着丝点(凹点,长臂、短臂交界处)位置是一个关键特征。用投影方法可以提取着丝点的位置。

图 8.3.4(a)是染色体边界图像,虚线表示主轴方向。横轴与主轴方向一致,纵轴表示投影值,图 8.3.4(b)是二值化染色体图像沿着主轴方向的投影。式(8.3.9)中的 $f(i,j)$ 在染色体目标区取值"1",其余取值"0"。则投影波形曲线的凹角(图 8.3.4(b)中的 C 点)就是着丝点位置。

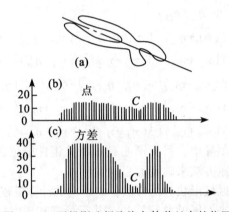

图 8.3.4 用投影法提取染色体着丝点的位置

设 w 为染色体目标区域,令 $f^*(i,j) = \begin{cases} j, & (i,j) \in w \\ 0, & \text{其他} \end{cases}$

$$\bar{f}^*(i) = \frac{1}{\#w(i)} \sum_{j \in w} f^*(i,j)$$

其中,$\#w(i)$ 是 w 中 i 固定、j 的总点数。那么

$$V(i,j) = [f^*(i,j) - \bar{f}^*(i,j)]^2$$

就是位置方差,用位置方差投影寻找着丝点位置 C,比单纯的二值图像投影更为有效。

8.3.2 区域外部形状特征提取与分析

1. 区域边界、骨架的空间域分析

区域外部形状是指构成区域边界的像素集合。区域边界和骨架的空间域分析法主要

包括方向链码描述法和结构分析法。

描述曲线的方向链码法是由弗里曼(Freeman)提出的,该方法采用曲线起始点的坐标和线的斜率(方向)来表示曲线。对于离散的数字图像而言,区域的边界可理解为相邻边界像素逐段相连而成。对于图像某像素的8-邻域,把该像素和其8-邻域的各像素连线方向按如图8.3.5所示进行编码,用0、1、2、3、4、5、6、7表示8个方向,称为方向码。其中偶数码为水平或垂直方向的链码,码长为1;奇数码为对角线方向的链码,码长为$\sqrt{2}$。图8.3.6为一条封闭曲线,若以S为起始点,按逆时针的方向编码,曲线的链码为556570700122333。若按顺时针方向编码,则得到链码与逆时针方向行进的编码不同。可见边界链码与行进的方向有关,在具体应用时必须要注意。

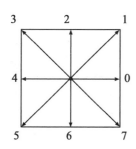

图8.3.5　8方向码定义

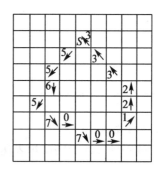

图8.3.6　八链码表示曲线

边界的方向链码表示既便于有关形状特征的计算,又节省存储空间。从链码可以提取一系列的几何形状特征。

1) 区域边界的周长

假设区域的边界链码为$a_1a_2\cdots a_n$,a_i表示的线段长度为Δl_i,那么该区域边界的周长为

$$P = \sum_{i=1}^{n} \Delta l_i = n_e + (n - n_e)\sqrt{2} \qquad (8.3.15)$$

式中:n_e为链码序列中偶码个数;n为链码序列中码的总个数。

2) 链码的逆

$$(a_1a_2\cdots a_n)^{-1} = a_n^{-1}a_{n-1}^{-1}\cdots a_1^{-1} \qquad (8.3.16)$$

式中:$a_i^{-1} = (a_i + 4) \bmod 8$。

链码的逆描述了相同的曲线,但方向相反。例如$(012)^{-1} = 2^{-1}1^{-1}0^{-1} = 654$。

3) k方向的宽度E^k $(k=0, 1, 2, 3)$

k方向表示角度为$k \cdot \dfrac{\pi}{4}(k=0, 1, 2, 3)$,那么链码$a_1a_2\cdots a_n$对应的区域在$k$方向的宽度为

$$E^k = \max_{j} W_j^k - \min_{j} W_j^k, \quad j = 1, 2, \cdots, n \qquad (8.3.17)$$

式中：$W_i^k = \sum_{i=1}^{j} a_{ik}$，$a_{ik}$ 的数值如表 8.1 所示。

表 8.1 a_{ik} 的取值

a_i	a_{i0}	a_{i1}	a_{i2}	a_{i3}
0	1	$2^{-1/2}$	0	$-2^{1/2}$
1	1	$2^{1/2}$	1	0
2	0	$2^{-1/2}$	1	$2^{-1/2}$
3	-1	0	1	$2^{1/2}$
4	-1	$-2^{-1/2}$	0	$2^{-1/2}$
5	-1	$-2^{1/2}$	-1	0
6	0	$-2^{-1/2}$	-1	$-2^{-1/2}$
7	1	0	-1	$-2^{1/2}$

4）计算面积

由链码计算区域的面积表达式为

$$S = \sum_{i=1}^{n} a_{i0}\left(y_{i-1} + \frac{1}{2}a_{i2}\right) \tag{8.3.18}$$

式中：$y_i = y_{i-1} + a_{i2}$；y_0 是初始点的纵坐标；a_{i0} 和 a_{i2} 分别是方向码长度在 $k=0$（水平）、$k=2$（垂直）方向的分量。

对于封闭链码（初始点坐标与终点坐标相同），y_0 能任意选择。按顺时针方向编码，根据式(8.3.18)得到链码所代表的包围区域的面积。

5）对 x 轴的一阶矩（$k=0$）

$$M_1^x = \sum_{i=1}^{n} \frac{1}{2} a_{i0}\left[y_{i-1}^2 + a_{i2}\left(y_{i-1} + \frac{1}{3}a_{i2}\right)\right] \tag{8.3.19}$$

6）对 x 轴的二阶矩（$k=0$）

$$M_2^x = \sum_{i=1}^{n} \frac{1}{3} a_{i0}\left[y_{i-1}^3 + \frac{3}{2} a_{i2} y_{i-1}^2 + a_{i2}^2 y_{i-1} + \frac{1}{4} a_{i2}\right] \tag{8.3.20}$$

7）形心位置（x_c，y_c）

$$\left.\begin{array}{l} x_c = M_1^y / S \\ y_c = M_1^x / S \end{array}\right\} \tag{8.3.21}$$

M_1^y 是链码关于 y 轴的一阶矩。它的计算过程为：先将链码的每个方向码作旋转 90°的变换，得

$$a'_i = a_i + 2 \quad (\bmod\ 8) \tag{8.3.22}$$
$$i = 1, 2, \cdots, n$$

然后利用式(8.3.19)进行计算，得 M_1^y。

8) 两点之间的距离

如果链中任意两个离散点之间的链码为 $a_1a_2\cdots a_m$，那么这两点间的距离是

$$d = \left[\left(\sum_{i=1}^{m} a_{i0}\right)^2 + \left(\sum_{i=1}^{m} a_{i2}\right)^2\right]^{1/2} \qquad (8.3.23)$$

根据链码还可以计算其他形状特征。

链码的优点是：①简化表示、节约存储量；②计算简便、表达直观；③可了解线段的弯曲度。但是在描述形状时，信息并不完全，这些形状特征与具体形状之间并不一一对应。通过这些特征并不能唯一地得到原来的图形。所以，这些特征可用于形状的描述，而不能用于形状的分类识别，只能起补充作用。

此外，利用层次型图像数据结构——四叉树表示进行形状分析是近几年发展起来的一种有效的形状分析法。利用二值图像的四叉树表示边界，可以提取区域的形状特征，如欧拉数、区域面积、矩、形心、周长等。与通常的基于图像像素的形状分析算法相比，其算法复杂性大大降低，并适宜于并行处理。由于这一方法并不是平移、旋转不变的，因此用于形状分析有不足之处。

2. 区域外形变换分析法

区域外形变换是指对区域的边界作某种变换，包括区域边界的傅里叶变换、区域边界的 Hough 变换和广义 Hough 变换、区域边界的多项式逼近等。这样将区域的边界转换成向量或数量，并把它们作为区域的形状特征。

1) 傅里叶描述算子

设封闭曲线 r 在直角坐标系中表示为 $y=f(x)$，若以 $y=f(x)$ 直接进行傅里叶变换，则变换的结果依赖于 x 和 y 的值，不能满足平移和旋转不变性要求。为了解决这个问题，引入以曲线弧长 l 为自变量的参数表示形式：

$$Z(l) = (x(l), y(l)) \qquad (8.3.24)$$

若封闭曲线的全长为 L，则 $L \geq l \geq 0$。若曲线的起始点 $l=0$，$\theta(l)$ 是曲线上弧长 l 处的切线方向，$\varphi(l)$ 为曲线从起始点的切线到弧长为 l 的点的切线夹角，如图 8.3.7 所示，则

$$\varphi(l) = \theta(l) - \theta(0) \qquad (8.3.25)$$

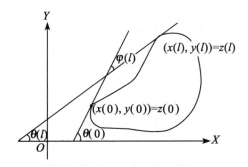

图 8.3.7 傅里叶描述图解

式中：$\varphi(l)$ 为 $[0, 2\pi]$ 上的周期函数，$\varphi(l)$ 的变化规律可以用来描述封闭曲线 r 的形状。若用傅里叶级数展开，那么展开式中的系数可用来描述区域边界的形状特征。

为此引入新的变量 t，令

$$l = \frac{Lt}{2\pi} \tag{8.3.26}$$

则 $l \in [0, L]$，$t \in [0, 2\pi]$。定义

$$\varphi^*(t) = \varphi\left(\frac{Lt}{2\pi}\right) + t \tag{8.3.27}$$

那么 $\varphi^*(t)$ 为 $[0, 2\pi]$ 上的周期函数，且 $\varphi^*(0) = \varphi^*(2\pi) = 0$。$\varphi^*(t)$ 在封闭曲线 r 平移和旋转条件下均为不变，并且 $\varphi^*(t)$ 与 r 封闭曲线是一一对应的关系。由于 $\varphi^*(t)$ 为周期函数，可用傅里叶级数描述，在 $[0, 2\pi]$ 上展开成傅里叶级数为

$$\varphi^*(t) = a_0 + \sum_{k=1}^{\infty} a_k \cos kt + b_k \sin kt \tag{8.3.28}$$

式中：

$$a_0 = \frac{1}{2\pi} \int_0^{2\pi} \varphi^*(t) \mathrm{d}t$$

$$a_n = \frac{1}{\pi} \int_0^{2\pi} \varphi^*(t) \cos nt \mathrm{d}t$$

$$b_n = \frac{1}{\pi} \int_0^{2\pi} \varphi^*(t) \sin nt \mathrm{d}t$$

其中：$n = 1, 2, \cdots$。

数字图像上曲线 r 是由多边形折线的逼近构成的，假设曲线 r 的折线有 m 个顶点 v_0，v_1，v_2，$\cdots$，v_{m-1}，且该多边形的边长 $v_{i-1}v_i$ 的长度为 Δl_i（$i = 1, 2, \cdots, m$），则它的周长 $L = \sum_{i=1}^{m} \Delta l_i$。令 $\lambda = \frac{Lt}{2\pi}$，那么曲线的傅里叶级数的系数分别为

$$\left.\begin{aligned}
a_0 &= \frac{1}{2\pi} \int_0^{2\pi} \varphi^*(t) \mathrm{d}t = \frac{1}{L} \int_0^{L} \varphi(\lambda) \mathrm{d}\lambda + \pi = -\pi - \frac{1}{L} \sum_{k=1}^{m} l_k (\varphi_k - \varphi_{k-1}) \\
a_n &= \frac{2}{L} \int_0^{L} \left[\varphi(\lambda) + \frac{2\pi\lambda}{L}\right] \cos \frac{2\pi n\lambda}{L} \mathrm{d}\lambda \\
&= \frac{2}{L} \sum_{k=0}^{m-1} \int_{l_k}^{l} \left[\varphi(\lambda) + \frac{2\pi\lambda}{L}\right] \cos \frac{2\pi\lambda n}{L} \\
&= -\frac{1}{n\pi} \sum_{k=1}^{m} (\varphi_k - \varphi_{k-1}) \sin \frac{2\pi n l_k}{L} \\
b_n &= \frac{1}{n\pi} \sum_{k=1}^{m} (\varphi_k - \varphi_{k-1}) \cos \frac{2\pi n l_k}{L}
\end{aligned}\right\} \tag{8.3.29}$$

式中：$n = 1, 2, \cdots$。

傅里叶描述算子是区域外形边界变换的一种经典方法，在二维和三维的形状分析中起着重要的作用，并且在手写体数字和机械零件的形状识别中获得成功应用。

2) 区域边界的 Hough 变换和广义 Hough 变换

Hough 变换和广义 Hough 变换已在第 7 章介绍过，它的目的是寻找一种从区域边界到参数空间的变换，用大多数边界点满足的变换参数来描述这个区域的边界。对于区域边界由于噪声干扰或一个目标被另一个目标遮盖而引起的边界发生某些间断的情形，Hough 变换和广义 Hough 变换是一种行之有效的形状分析工具。

3) 区域边界的多项式逼近

区域的边界可以表示成下列点对的集合

$$\{(x_i, y_i), i=1, 2, \cdots, m\} \tag{8.3.30}$$

(x_i, y_i) 和 (x_{i+1}, y_{i+1}) 是沿着边界的相邻点，如图 8.3.8 所示。

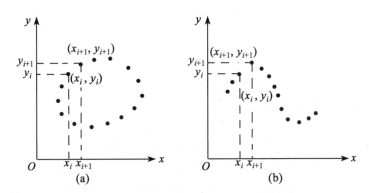

图 8.3.8 边界和骨架的多项式逼近

在 x-y 平面上用 n 阶多项式

$$p_n(x) = \sum_{k=0}^{n} a_k x^k \tag{8.3.31}$$

来逼近式(8.3.30)的点集合。根据最小二乘估计求得 a_i。从变换的观点看，x-y 平面上区域的边界经 n 阶多项式的最小二乘法逼近(变换)，得到了作为区域外形形状特征的多项式系数估计 $\alpha_0, \alpha_1, \cdots, \alpha_n$。

8.4 关 系 描 述

前面讨论的方法主要用于描述图像中单个独立的边界或区域。实际图像中常有多个目标，而且它们之间存在各种各样的关系。因此，图像描述的下一步任务是如何描述边界和边界、区域和区域以及边界和区域之间的关系，把它们组成有意义的关系结构。下面介绍两种常用的关系描述法：字符串描述法和树结构描述法。

8.4.1 字符串描述法

为介绍用字符串描述关系的概念和方法，假设从一幅图像中已分割出如图 8.4.1(a) 所示的阶梯状结构，要以一种形式化的方法(形式语法)来描述，首先定义如图 8.4.1(b)

所示的两个基本元素 a 和 b，然后就可将图 8.4.1(a)的阶梯状结构用这两个基本元素表达成图 8.4.1(c)。

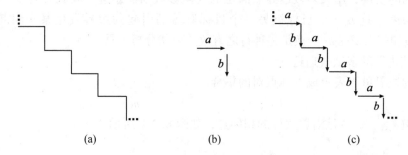

图 8.4.1　基于字符串描述关系结构

由图 8.4.1 可见，这种表达的一个突出特点是基本元素的重复出现。因此可用一种基本元素循环的方式来描述上述结构。设 S 和 A 是变量，且 S 是起始符号，基本元素 a 和 b 是常数，则可建立一种描述语法或者重写(替换)规则：

(1) $S \rightarrow aA$（起始符号可用元素 a 和变量 A 来替换）；

(2) $A \rightarrow bS$（变量 A 可以用元素 b 和起始符号 S 来替换）；

(3) $A \rightarrow b$（变量 A 可以用单个元素 b 来替换）。

由第二条规则可知，如果用 bS 替换 A，则可回到第一条规则，且步骤可以重复。根据第三条规则，如果用 b 替换 A，则该步骤结束。因为表达式中不再有变量。注意这些规则强令在每个 a 后面跟一个 b，所以 a 和 b 间的关系保持不变。

图 8.4.2 给出几个利用这些重写规则产生各种结构的例子。其中各结构下括号中的数字代表依次所用规则的编号。图 8.4.2(a)是依次运用规则(1)和规则(3)得到的；图 8.4.2(b)是依次运用规则(1)、规则(2)，再利用规则(1)和规则(3)得到的；图 8.4.2(c)是依次运用规则(1)、规则(2)、规则(1)、规则(2)、再规则(1)和规则(3)得到的。

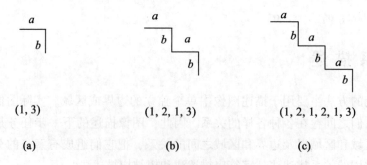

图 8.4.2　运用重写规则的几个示例

字符串是一种一维结构，在描述二维图像时，需将二维的空间位置信息转换成一维形式。在描述目标边界时，一种常用的方法是从一个点开始跟踪边界，用特定长度和方向的线段表示边界(链码就是基于这一思想)，然后用字符代表线段得到字符串描述。另一种更通用的方法是先用有向线段来描述图像区域，这些线段除可以头尾相连接外，还可以用其他一些运算表示。图 8.4.3(a) 给出一个从区域抽取有向线段的示意图。图 8.4.3(b) 是在抽取线段的基础上定义的一些典型运算。

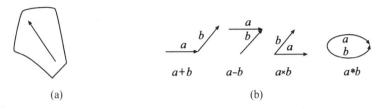

图 8.4.3　有向线段及典型运算

图 8.4.4 给出用有向线段通过不同组合描述一个较复杂形状结构的示例。设需描述的结构如图 8.4.4(c)所示，经分析，它是由 4 类不同朝向的有向线段构成的。先定义 4 个朝向的基本有向线段，见图 8.4.4(a)，通过对这些基本有向线段一步步进行如图 8.4.4(b)所示的各种典型组合运算，就可以最终组成如图 8.4.4(c)所示的结构。

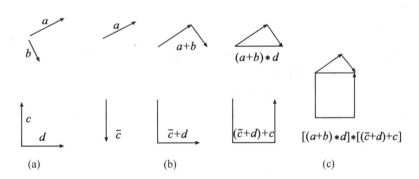

图 8.4.4　利用有向线段描述复杂结构

8.4.2　树结构描述法

树是含一个或多个节点的有限集合，是图的一种特例(图 8.4.5 给出了一个用树结构描述关系的例子)。从一定意义上讲，树结构是一种二维的结构。对每个树结构来说，它有一个唯一的根节点，其余节点被分成若干个互不直接相连的子集，每个子集都是一棵子树。每个树最下面的节点称为树叶。树中有两类重要的信息：一类是关于节点的信息，可用一组字符来记录；另一类是关于一个节点与其相连通节点的信息，可用一组指向这些节点的指针来记录。

树结构的两类信息中，第一类确定了图像描述中的基元，第二类确定了各基元之间的物理连接关系。图 8.4.5(a)是一个组合区域(由多个区域组合而成)，它可以用图 8.4.5(b)所示的树借助"内含"关系进行描述。其中根节点 P 表示整幅图，a 和 c 是在 P 之中的两个区域所对应的两个子树的根节点，其余节点是它们的子节点。由图 8.4.5(b)

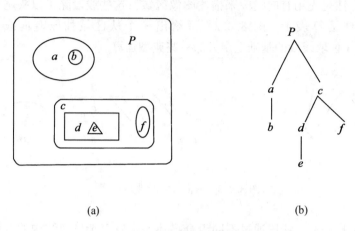

图 8.4.5 利用树来表示简单的组合区域

所示的树结构可知，e 在 d 中，d 和 f 在 c 中，b 在 a 中，a 和 c 在 P 中。

习题

1. 二值图像处理主要包括哪些内容？

2. 何谓二值图像的欧拉数？它与二值图像的连接成分欧拉数有何关系？数字 0，4，8 和字母 B，i，r，d 的欧拉数各为多少？

3. 什么是距离变换？什么是细化？

4. 对下面的图像用状态法进行二值化，要求：(1) 计算二值图像的欧拉数；(2) 计算并绘出二值化图像的中心。

```
0 1 3 2 1 3 2 1
0 5 7 6 2 5 6 7
1 6 0 6 1 6 3 4
2 6 7 5 3 5 6 5
3 2 2 7 2 6 1 6
2 6 5 0 2 7 5 0
1 2 3 2 1 2 1 2
3 1 2 3 1 2 2 1
```

5. 根据连接数如何判断像素的连接性？计算图 8.1.6 中各中心像素的 4-连接数。

6. 何谓膨胀和腐蚀？膨胀和腐蚀组合使用有哪些用途？

7. 区域内部形状特征提取包括哪两类方法？区域外部形状特征提取包括哪两类方法？

8. 绘出链码为 222222555000 的曲线，计算该曲线的长度。

9. 应用 Matlab 演示对一幅二值图像的细化、去毛刺和标记。

第 9 章　影像纹理分析

9.1　概　　述

提到纹理，人们会立刻想到木制家具上的木纹、花布上的花纹等。木纹是一种天然纹理，花纹为人工纹理，它们反映了物体表面颜色和灰度的某种变化。这些变化与物体本身的属性有关。比如同一树种的木材有相同或相似的纹理，人们通过识别木纹来判断木材的种类和材质。图 9.1.1 是人工纹理和自然纹理的图像。

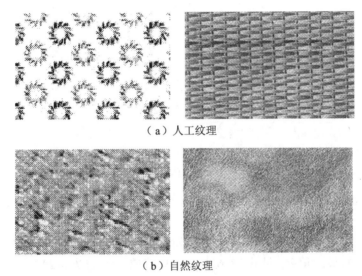

(a) 人工纹理

(b) 自然纹理

图 9.1.1　纹理图像

纹理是图像中一个重要而又难以描述的特性，至今还没有公认的定义。有些图像在局部区域内呈现不规则性，而在整体上表现出某种规律性。习惯上，把这种局部不规则而宏观有规律的特性称为纹理特性。以纹理特性为主导的图像，常称为纹理图像。以纹理特性为主导特性的区域，常称为纹理区域。由于构成纹理的规律可能是确定性的，也可能是随机性的，纹理可分为确定性纹理和随机性纹理。纹理变化可以出现在不同尺度范围内，若图像中灰度(或其他量)在小范围内相当不平稳、不规则，这种纹理就称为微纹理；若图像中有明显的结构单元，整个图像的纹理是由这些结构单元按一定规律形成的，则称为宏纹理。上述的结构单元称为纹理基元。由此可见，在实际纹理图像的分析中，要针对纹理的类型，采用适当的分析方法研究其变化规律。

为了定量地描述纹理，需要研究纹理本身可能具有的特征。多年来人们建立了许多纹理分析方法。这些方法大体可以分为两大类：统计分析法和结构分析法。前者从图像属性的统计分析出发；后者则着力找出纹理基元，然后从结构组成上探索纹理的规律，或直接去探求纹理组成的结构规律。

无论从历史发展还是从当前进展来看，统计分析法仍然占主导地位。在统计方法中，有的研究纹理区域的统计特性；有的研究像素邻域内的灰度或其他属性的一阶统计特性；有的研究一对像素或多对像素的灰度或其他属性的二阶或高阶统计特性；也有用模型来描述纹理的，如 Markov 模型、Fractal 模型等。本章将主要介绍纹理特征提取与分析的几种方法。

9.2 直方图分析法

灰度直方图特征可作为纹理区域的特征。灰度直方图形状特征有

灰度均值
$$\bar{i} = \sum_{i=0}^{L-1} iP(i) \tag{9.2.1}$$

灰度方差
$$\sigma_i^2 = \sum_{i=0}^{L-1} (i-\bar{i})^2 P(i) \tag{9.2.2}$$

歪斜度
$$i_s = \frac{1}{\sigma^3} \sum_{i=0}^{L-1} (i-\bar{i})^3 P(i) \tag{9.2.3}$$

陡峭度
$$i_k = \frac{1}{\sigma^4} \sum_{i=0}^{L-1} (i-\bar{i})^4 P(i) - 3 \tag{9.2.4}$$

能量
$$i_e = \sum_{i=0}^{L-1} P(i)^2 \tag{9.2.5}$$

式中：$i \in [0, L-1]$，L 为灰度级数，各灰度像素出现的概率分别为 P_0, P_1, P_2, $\cdots$, P_{L-1}。

为了研究灰度直方图的相似性，可以比较两种纹理区域直方图的这些特征，或比较累积直方图分布的最大偏差(见式(7.6.1))或总偏差(见式(7.6.2))。如果限定对象，则采用这样简单的方法也能够识别纹理。但是一维灰度直方图不能得到纹理的二维灰度变化信息，即使作为一般性的纹理识别法，其能力也是很低的。例如图 9.2.1 中两种纹理具有相同的直方图，如果只靠直方图就不能区别这两种纹理。

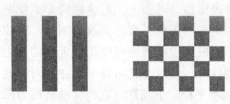

图 9.2.1 两种纹理

对纹理图像，可从图像求出边缘或灰度极大、极小点等二维局部特征，并利用它们分布的统计性质进行分析。最好先对图像微分从而求得边缘，然后求关于边缘的强度和方向的直方图，并把这些直方图和灰度直方图组合，作为纹理特征。另外，边缘的平均强度也是表示纹理粗细的有用特征。如果关于边缘方向的直方图在某个范

围内具有尖峰,那么就可以知道对应于这个尖峰的方向性。利用边缘的方向性,就可以识别图 9.2.1 中的纹理。

9.3 Laws 纹理能量测量法

若依据单个像素及其邻域的灰度或某种属性分布去做纹理测量,其方法称为一阶统计分析方法。根据一对像素灰度组合分布作纹理测量的方法,常称为二阶统计分析方法。显然,一阶方法比二阶方法简单。最近的一些实验表明,用一阶分析方法作纹理分类,其正确率优于二阶方法。因而研究简单而有效的一阶纹理分析方法,一直是人们感兴趣的课题之一。Laws 的纹理能量测量法是一种典型的一阶分析方法,在纹理分析领域中有一定的影响。

Laws 纹理能量测量的基本思想是设置两个窗口:一个是微窗口,可为 3×3、5×5 或 7×7,常取 5×5 来测量以像素为中心的小区域灰度的不规则性,以形成属性,称为微窗口滤波;另一个为宏窗口,为 15×15 或 32×32,用来在更大的窗口上求属性的一阶统计量(常为均值和标准偏差),称为能量变换。整个纹理分析过程如图 9.3.1 所示。

$$f(x,y) \xrightarrow{\text{微窗口滤波}} F(x,y) \xrightarrow{\text{能量转换}} E(x,y) \xrightarrow{\text{分量旋转}} C(x,y) \xrightarrow{\text{分类}} M(x,y)$$

图 9.3.1 Laws 纹理能量测量

Laws 深入研究了滤波模板的特点。首先定义了一维滤波模板,然后通过卷积形成系列一维、二维滤波模板,用于检测和度量纹理的结构信息。他选定的三组一维滤波模板分别是

$L3 = [1 \quad 2 \quad 1]$ 灰度(level)
$E3 = [-1 \quad 0 \quad 1]$ 边缘(edge)
$S3 = [-1 \quad 2 \quad -1]$ 点(spot)
$L5 = [1 \quad 4 \quad 6 \quad 4 \quad 1]$
$E5 = [-1 \quad -2 \quad 0 \quad 2 \quad 1]$
$S5 = [-1 \quad 0 \quad 2 \quad 0 \quad -1]$
$W5 = [-1 \quad 2 \quad 0 \quad -2 \quad 1]$ 波(wave)
$R5 = [1 \quad -4 \quad 6 \quad -4 \quad 1]$ 涟漪(ripple)
$L7 = [1 \quad 6 \quad 15 \quad 20 \quad 15 \quad 6 \quad 1]$
$E7 = [-1 \quad -4 \quad -5 \quad 0 \quad 5 \quad 4 \quad 1]$
$S7 = [-1 \quad -2 \quad 1 \quad 4 \quad 1 \quad -2 \quad -1]$
$W7 = [-1 \quad 0 \quad 3 \quad 0 \quad -3 \quad 0 \quad 1]$
$R7 = [1 \quad -2 \quad -1 \quad 4 \quad -1 \quad -2 \quad 1]$
$O7 = [-1 \quad 6 \quad -15 \quad 20 \quad -15 \quad 6 \quad -1]$ 振荡(oscilation)

1×3 模板是构成更大模板的基础,每一个 1×5 模板可以由两个 1×3 模板的卷积产生。

1×7 模板可以由 1×3 与 1×5 模板卷积产生。模板转置和模板相乘可生成二维滤波模板。由滤波模板与图像卷积可以检测不同的纹理能量信息。所以，Laws 一般选用 12~15 个 5×5 模板。

以 1×5 模板为基础，模板转置和模板相乘可获得 25 个 5×5 模板。其中最有用的是 5×5 零和模板(所有元素之和为 0)，即

$$\sum_i \sum_j a_{ij} = 0 \qquad (9.3.1)$$

其中：a_{ij} 是模板中的元素(i, j=1, 2, 3, 4, 5)。

其中最强性能的 4 个模板是

$$\begin{bmatrix} -1 & -4 & -6 & -4 & -1 \\ -2 & -8 & -12 & -8 & -2 \\ 0 & 0 & 0 & 0 & 0 \\ 2 & 8 & 12 & 8 & 2 \\ 1 & 4 & 6 & 4 & 1 \end{bmatrix} \qquad \begin{bmatrix} 1 & -4 & 6 & -4 & 1 \\ -4 & 16 & -24 & 16 & -4 \\ 6 & -24 & 36 & -24 & 6 \\ -4 & 16 & -24 & 16 & -4 \\ 1 & -4 & 6 & -4 & 1 \end{bmatrix}$$

$$E5^T L5 \qquad\qquad R5^T R5$$

$$\begin{bmatrix} -1 & 0 & 2 & 0 & -1 \\ -2 & 0 & 4 & 0 & -2 \\ 0 & 0 & 0 & 0 & 0 \\ 2 & 0 & -4 & 0 & 2 \\ 1 & 0 & -2 & 0 & 1 \end{bmatrix} \qquad \begin{bmatrix} -1 & 0 & 2 & 0 & -1 \\ -4 & 0 & 8 & 0 & -4 \\ -6 & 0 & 12 & 0 & -6 \\ -4 & 0 & 8 & 0 & -4 \\ -1 & 0 & 2 & 0 & -1 \end{bmatrix}$$

$$E5^T S5 \qquad\qquad L5^T S5$$

它们分别可以滤出水平边缘、高频点、V 形状和垂直边缘。Laws 将 Brodatz 的 8 种纹理图像拼在一起，对该图像做纹理能量测量，将每个像素指定为 8 个可能类中的 1 个，正确率达 87%。

可见这种纹理分析方法简单、有效。但所提供的模板较少，尚未更多地给出其变化性质，因此，其应用受到一定的限制。

9.4 自相关函数分析法

什么是图像的自相关函数呢？若有一幅图像 $f(i, j)$，$i, j=0, 1, \cdots, N-1$，则该图像的自相关函数定义为

$$\rho(x, y) = \frac{\sum_{i=0}^{N-1} \sum_{j=0}^{N-1} f(i, j) f(i+x, j+y)}{\sum_{i=0}^{N-1} \sum_{j=0}^{N-1} f(i, j)^2} \qquad (9.4.1)$$

$\rho(x, y)$ 可以看成是大小为 $N \times N$ 的一幅图像。若 $i+x>N-1$ 或 $j+y>N-1$，那么，$f(i+x,j+y)=0$。也就是说，图像之外的像素值为零。

自相关函数 $\rho(x, y)$ 随 x, y 大小而变化，其变化与图像中纹理粗细的变化有着对应

的关系,因而能反映图像纹理特征。定义 $d=(x^2+y^2)^{1/2}$,d 为位移矢量,$\rho(x,y)$ 可记为 $\rho(d)$。在 $x=0$,$y=0$ 时,从自相关函数定义可以得出,$\rho(d)=1$ 为最大值。

不同的纹理图像,$\rho(x,y)$ 随 d 变化的规律是不同的。当纹理较粗时,$\rho(d)$ 随 d 的增加下降速度较慢;当纹理较细时,$\rho(d)$ 随着 d 的增加下降速度较快。随着 d 的继续增加,$\rho(d)$ 则会呈现某种周期性的变化,其周期大小可描述纹理基元分布的疏密程度。

若记对应 $\rho(d)$ 变化最慢的方向为 d_{max},那么纹理局部模式形状向 d_{max} 方向延伸。

Kaizer 从北极航空照片中选取 7 类不同地面覆盖物的图像,采用自相关函数进行分析。绘制每一类地面覆盖物自相关函数随 d 的变化曲线,如图 9.4.1。当 $\rho(d)=1/e$ 时,7 条曲线对应的 d 值分别为 d_1,d_2,$\cdots$,d_7,根据 d_i 的大小,把 7 类地物从细到粗进行了排序。

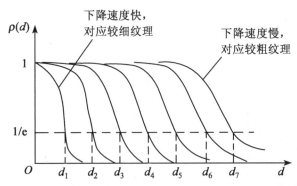

图 9.4.1　Kaizer 实验:从北极航空照片中取出 7 类
不同地物自相关函数的纹理分析曲线

将 7 类地物对应的 7 张图像请 20 位观测者目视判别纹理粗细,并按由细到粗的顺序将图片排队。

将目视判别结果与采用自相关函数分析的排序结果比较,发现用自相关函数分析可达 99% 的正确率。可见,采用自相关函数分析识别纹理粗细是非常有效的。

9.5　灰度共生矩阵分析法

9.5.1　灰度共生矩阵

任何图像灰度表面可以看成三维空间中的一个曲面,其灰度直方图虽然能反映各灰度级的统计分布规律,但不能很好地反映像素间灰度级空间相关的规律。在三维空间中,相隔某一距离的两个像素,它们具有相同的灰度级,或者具有不同的灰度级,若能找出两个像素灰度联合分布的规律,对于图像的纹理分析将是很有意义的。灰度共生矩阵就是从图像 (x,y) 灰度为 i 的像素出发,统计与距离为 δ、灰度为 j 的像素 $(x+\Delta x,y+\Delta y)$ 同时出现的概率 $P(i,j,\delta,\theta)$。如图 9.5.1 所示。用数学式表示则为

$$P(i,j,\delta,\theta)=\{[(x,y),(x+\Delta x,y+\Delta y)]\mid f(x,y)=i,$$

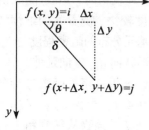

图 9.5.1 灰度共生矩阵

$$f(x+\Delta x, y+\Delta y)=j; x=0, 1, \cdots, N_x-1; y=0, 1, \cdots, N_y-1\} \quad (9.5.1)$$

式中：$i, j=0, 1, \cdots, L-1$；x, y 是图像中的像素坐标；L 为图像灰度级数；N_x, N_y 分别为图像的行列数。

根据上述定义，所构成的灰度共生矩阵的第 i 行、第 j 列元素，表示图像上所有在 θ 方向、相隔为 δ，一个为灰度 i 值，另一个为灰度 j 值的像素点对出现的频率。这里 θ 为按顺时针方向 x 轴与两像素连线的夹角，θ 取值一般为 $0°$、$45°$、$90°$ 和 $135°$。很明显，若 $\Delta x=1$，$\Delta y=0$，则 $\theta=0°$；$\Delta x=1$，$\Delta y=1$，则 $\theta=45°$；$\Delta x=0$，$\Delta y=1$，则 $\theta=90°$；$\Delta x=-1$，$\Delta y=1$，则 $\theta=135°$。δ 的取值与图像有关，一般根据试验确定。

例如，图 9.5.2(a) 所示的图像，取相邻间隔 $\delta=1$，各方向的灰度共生矩阵如图 9.5.2(b) 所示。

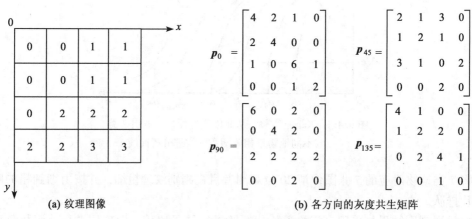

(a) 纹理图像　　　　　　　　　　　(b) 各方向的灰度共生矩阵

图 9.5.2

9.5.2 灰度共生矩阵特征的提取

灰度共生矩阵反映了图像灰度关于方向、相邻间隔、变化幅度的综合信息，它可作为分析图像基元和排列结构的信息。作为纹理分析的特征量，往往不是直接应用计算的灰度共生矩阵，而是在灰度共生矩阵的基础上再提取纹理特征量，称为二次统计量。一幅图像的灰度级数一般是 256 级，级数太多会导致计算的灰度共生矩阵大，计算量大。为了解决这一问题，在求灰度共生矩阵之前，图像灰度级常压缩为 16 级。为表达简明起见，在下面的共生矩阵表达式中，略去了间隔 δ 和方向 θ。

对式 (9.5.1) 表示的灰度共生矩阵，在提取特征之前，要作归一化处理。令

$$\hat{p}(i, j) = p(i, j)/R \quad (9.5.2)$$

这里 R 是归一化常数。当取 $\delta=1$，$\theta=0°$ 时，每一行有 $2(N_x-1)$ 个水平相邻像素对，因此图像总共有 $2N_y(N_x-1)$ 水平相邻像素对，这时 $R=2N_y(N_x-1)$。同样，当取 $\delta=1$，

$\theta=45°$时,图像共有$2(N_y-1)(N_x-1)$个相邻像素对,$R=2(N_y-1)(N_x-1)$。当$\theta=90°$和$135°$时,同理可以确定R。

Haralick等人由灰度共生矩阵提取了14种特征。这里给出其中最常用的5个特征。

(1)二阶矩(能量):

$$f_1 = \sum_{i=0}^{L-1}\sum_{j=0}^{L-1}\hat{p}^2(i,j) \tag{9.5.3}$$

二阶矩反映了图像灰度分布均匀程度和纹理粗细度。因为它是灰度共生矩阵各元素的平方和,又称为能量。f_1大时纹理粗,能量大;反之,f_1小时纹理细,能量小。

(2)对比度(惯性矩):

$$f_2 = \sum_{n=0}^{L-1} n^2 \left\{ \sum_{\substack{i=0\\|i-j|=n}}^{L-1}\sum_{j=0}^{L-1}\hat{p}(i,j) \right\} \tag{9.5.4}$$

对比度可理解为图像的清晰度。纹理的沟纹深,f_2大,效果清晰;反之,f_2小,则沟纹浅,效果模糊。

(3)相关:

$$f_3 = \frac{\sum_{i=0}^{L-1}\sum_{j=0}^{L-1} ij\hat{p}(i,j) - u_1 u_2}{\sigma_1^2 \sigma_2^2} \tag{9.5.5}$$

式中:u_1,u_2,σ_1,σ_2分别定义为

$$u_1 = \sum_{i=0}^{L-1} i \sum_{j=0}^{L-1} \hat{p}(i,j) \qquad u_2 = \sum_{j=0}^{L-1} j \sum_{i=0}^{L-1} \hat{p}(i,j)$$

$$\sigma_1^2 = \sum_{i=0}^{L-1} (i-u_1)^2 \sum_{j=0}^{L-1} \hat{p}(i,j) \qquad \sigma_2^2 = \sum_{j=0}^{L-1} (j-u_2)^2 \sum_{i=0}^{L-1} \hat{p}(i,j)$$

相关用来衡量灰度共生矩阵元素在行或列方向上的相似程度。例如水平方向纹理,在$\theta=0°$方向上的f_3大于其他方向上的f_3。

(4)熵:

$$f_4 = -\sum_{i=0}^{L-1}\sum_{j=0}^{L-1}\hat{p}(i,j)\log_2\hat{p}(i,j) \tag{9.5.6}$$

它反映了图像中纹理的复杂程度或非均匀度。若纹理复杂,熵具有较大值;反之,若图像中灰度均匀,共生矩阵中元素大小差异大,则熵较小。

(5)逆差矩:

$$f_5 = \sum_{i=0}^{L-1}\sum_{j=0}^{L-1} \frac{\hat{p}(i,j)}{1+(i-j)^2} \tag{9.5.7}$$

灰度共生矩阵对角元素值大,逆差矩就大,反之亦然。逆差矩反映了图像纹理的同质性,度量图像纹理局部变化的多少。其值大则说明图像纹理的不同区域间缺少变化,局部非常均匀。

若希望提取具有旋转不变性的特征,简单的方法是对θ取$0°$、$45°$、$90°$和$135°$的同一特征求平均值和均方差。

Haralick 采用 ERTS1002-18134 卫星多光谱图像，根据灰度共生矩阵法，对美国加利福尼亚海岸带的土地利用问题进行了纹理分析。

海岸带主要有沿岸森林、树林、草地、城区、小片灌溉区、大片灌溉区和水域 7 类。对 ERTS1002-18134 四波段卫星影像，将其中的某波段图像，取大小为 64×64 像素的非重叠窗口，间隔 $\delta=1$，$N_g=16$（将 0~255 压缩成 16 级）。

提取特征 f_1, f_2, f_3, f_4 关于 θ 的 4 个方向的平均值和均方差：$\bar{x}_{f_1}$, $\bar{x}_{f_2}$, $\bar{x}_{f_3}$, $\bar{x}_{f_4}$, σ_{f_1}, σ_{f_2}, σ_{f_3}, σ_{f_4} 作为 8 个旋转不变的纹理特征。

为了充分利用多光谱信息，对 64×64 窗口各波段图像灰度平均值和均方差：$\bar{x}_1$, $\bar{x}_2$, $\bar{x}_3$, $\bar{x}_4$, σ_1, σ_2, σ_3, σ_4，将纹理特征和多光谱灰度特征组合成 16×1 特征向量：

$$\boldsymbol{f}=[\bar{x}_{f_1}, \bar{x}_{f_2}, \bar{x}_{f_3}, \bar{x}_{f_4}, \sigma_{f_1}, \sigma_{f_2}, \sigma_{f_3}, \sigma_{f_4}, \bar{x}_1, \bar{x}_2, \bar{x}_3, \bar{x}_4, \sigma_1, \sigma_2, \sigma_3, \sigma_4]^T \tag{9.5.8}$$

对 7 类地域分别取训练样本 314 个，检验样本 310 个，提取特征 f，用分段线性分类器分类，获得了平均 83.5% 的分类精度。

若仅仅用多光谱信息

$$\boldsymbol{f}^*=[\bar{x}_1, \bar{x}_2, \bar{x}_3, \bar{x}_4, \sigma_1, \sigma_2, \sigma_3, \sigma_4]^T \tag{9.5.9}$$

对 7 类地域分类，分类精度只有 74%~77%，由此可见，纹理分析改善了典型模式识别的分类效果，这是因为图像的纹理分析充分利用了图像灰度分布的结构信息的缘故。

9.5.3 灰度-梯度共生矩阵分析法

图像的灰度直方图是图像中灰度分布的统计信息。图像的梯度信息的获得是通过使用一种微分算子，检出图像中灰度跳变的部分，如图像中景物的边缘、纹沟及其他尖锐的部分，因而产生了用灰度和梯度的综合信息提取图像的纹理特征的方法。

若有一幅图像 $f(x, y)$，$x=0, 1, \cdots, L_x-1$，$y=0, 1, \cdots, L_y-1$。为避免太多的灰度级所带来的巨大计算量，将其灰度进行压缩处理如下：

$$F(x, y)=[f(x, y) \cdot L_g/f_{max}] \tag{9.5.10}$$

式中 [ ] 表示取整，L_g 为规定的最大灰度级；f_{max} 为图像的最大灰度级。经压缩处理后，该图像的最大灰度级从 f_{max} 变到 L_g。

用梯度算子对图像进行处理，可得到它的梯度图像 $g(x, y)$，其中：$x=0, 1, \cdots, L_x-1$，$y=0, 1, \cdots, L_y-1$。同样，可将梯度图像进行压缩处理，若规定的最大梯度值为 L_s，则压缩后的梯度图像为

$$G(x, y)=[g(x, y)L_s/g_{max}] \tag{9.5.11}$$

式中：g_{max} 为图像中的最大梯度值。灰度-梯度共生矩阵

$$\boldsymbol{H}(i, j), \quad i=0, 1, \cdots, L_g-1; j=0, 1, \cdots, L_s-1 \tag{9.5.12}$$

表示压缩的图像上灰度为 i（在矩阵中的位置为第 i 行）的像素与梯度图像上对应像素梯度为 j（在矩阵中的位置为第 j 列）的像素出现的频率。

为避免过大的计算量，对灰度-梯度矩阵进行归一化处理，得到

$$\hat{H}(i,j) = \frac{H(i,j)}{L_x \cdot L_y} \qquad (9.5.13)$$

式中：$i=0, 1, \cdots, L_g-1$；$j=0, 1, \cdots, L_s-1$。

综上所述，灰度-梯度共生矩阵综合了灰度、梯度信息，因而可以从该矩阵中提取以下纹理特征：

(1) 小梯度优势：

$$T_1 = \frac{\sum_{j=0}^{L_s-1}\sum_{i=0}^{L_g-1}\hat{H}(i,j)/(j+1)^2}{\sum_{i=0}^{L_g-1}\sum_{j=0}^{L_s-1}\hat{H}(i,j)} \qquad (9.5.14)$$

(2) 大梯度优势：

$$T_2 = \frac{\sum_{j=0}^{L_s-1}\sum_{i=0}^{L_g-1}\hat{H}(i,j)\cdot j^2}{\sum_{i=0}^{L_g-1}\sum_{j=0}^{L_s-1}\hat{H}(i,j)} \qquad (9.5.15)$$

(3) 灰度分布不均匀表征：

$$T_3 = \frac{\sum_{i=0}^{L_g-1}\left[\sum_{j=0}^{L_s-1}\hat{H}(i,j)\right]^2}{\sum_{i=0}^{L_g-1}\sum_{j=0}^{L_s-1}\hat{H}(i,j)} \qquad (9.5.16)$$

(4) 梯度分布不均匀表征：

$$T_4 = \frac{\sum_{j=0}^{L_s-1}\left[\sum_{i=0}^{L_g-1}\hat{H}(i,j)\right]^2}{\sum_{i=0}^{L_g-1}\sum_{j=0}^{L_s-1}\hat{H}(i,j)} \qquad (9.5.17)$$

(5) 能量：

$$T_5 = \sum_{i=0}^{L_g-1}\sum_{j=0}^{L_s-1}\hat{H}(i,j)^2 \qquad (9.5.18)$$

(6) 灰度平均：

$$T_6 = \sum_{j=0}^{L_g-1} i \left[\sum_{i=0}^{L_s-1}\hat{H}(i,j)\right]^2 \qquad (9.5.19)$$

(7) 梯度平均：

$$T_7 = \sum_{j=0}^{L_s-1} j \left[\sum_{i=0}^{L_g-1}\hat{H}(i,j)\right] \qquad (9.5.20)$$

(8) 灰度均方差：

$$T_8 = \left\{\sum_{i=0}^{L_g-1}(i-T_6)^2\left[\sum_{j=0}^{L_s-1}\hat{H}(i,j)^{1/2}\right]\right\}^{\frac{1}{2}} \qquad (9.5.21)$$

(9) 梯度均方差：

$$T_9 = \left\{ \sum_{j=0}^{L_s-1} (j - T_7)^2 \left[\sum_{i=0}^{L_g-1} \hat{H}(i, j) \right] \right\}^{\frac{1}{2}} \quad (9.5.22)$$

(10) 相关：

$$T_{10} = \sum_{i=0}^{L_g-1} \sum_{j=0}^{L_s-1} (i - T_6)(j - T_7) \hat{H}(i, j) \quad (9.5.23)$$

(11) 灰度熵：

$$T_{11} = - \sum_{i=0}^{L_g-1} \sum_{j=0}^{L_s-1} \hat{H}(i, j) \log \sum_{j=0}^{L_s-1} \hat{H}(i, j) \quad (9.5.24)$$

(12) 梯度熵：

$$T_{12} = - \sum_{j=0}^{L_s-1} \sum_{i=0}^{L_g-1} \hat{H}(i, j) \log \sum_{i=0}^{L_g-1} \hat{H}(i, j) \quad (9.5.25)$$

(13) 混合熵：

$$T_{13} = - \sum_{i=0}^{L_g-1} \sum_{j=0}^{L_s-1} \hat{H}(i, j) \log \hat{H}(i, j) \quad (9.5.26)$$

(14) 惯性：

$$T_{14} = \sum_{i=0}^{L_g-1} \sum_{j=0}^{L_s-1} (i - j)^2 \log \hat{H}(i, j) \quad (9.5.27)$$

(15) 逆差矩：

$$T_{15} = \sum_{i=0}^{L_g-1} \sum_{j=0}^{L_s-1} \frac{\hat{H}(i, j)}{1 + (i - j)^2} \quad (9.5.28)$$

9.6 行程长度统计法

设像素(x, y)的灰度值为g，与其相邻的像素灰度值可能为g，也可能不为g。为进行纹理分析，统计出图像沿θ方向上连续n个像素都具有灰度值g发生的概率$p(g, n)$。则由$p(g, n)$可以提取一些能够描述纹理图像特性的参数。

(1) 行程因子：

$$\text{LRE} = \frac{\sum_{g, n} n^2 p(g, n)}{\sum_{g, n} p(g, n)} \quad (9.6.1)$$

当行程长时，LRE 大。

(2) 灰度分布：

$$\text{GLD} = \frac{\sum_{g} \left[\sum_{n} p(g, n) \right]^2}{\sum_{g, n} p(g, n)} \quad (9.6.2)$$

当灰度行程等分布时，GLD 最小；若某些灰度成片出现，即灰度较均匀，则 GLD 大。

(3) 行程长度分布：

$$\mathrm{RLD} = \frac{\sum_n \left[\sum_g p(g, n)\right]^2}{\sum_g p(g, n)} \qquad (9.6.3)$$

当灰度各行程均匀,则 RLD 小,反之像素灰度行程长短不一致,则 RLD 大。

(4) 行程比:

$$\mathrm{RPG} = \frac{\sum_{g, n} p(g, n)}{N^2} \qquad (9.6.4)$$

式中：N^2 为像素总数。

9.7 傅里叶频谱分析法

图像的纹理特征是与某一位置周围的像素灰度变化规律密切相关的。纹理特征的度量必然依赖于以这一位置为中心的某一图像窗口。因此,在图像纹理分析中,窗口的选取方式是至关重要的。

窗口的选取一般有两种方式：非重叠窗口和重叠窗口。非重叠窗口是指边长为 $M=2^k$ ($k=1, 2, \cdots, m$) 的方形窗口,按间距 M 依次处理,互不重叠,如图 9.7.1(a)所示。重叠窗口的选取是指处理 (i, j) 时以 (i, j) 为中心,采用边长为 M 的窗口,处理 $(i, j+1)$ 像素时仍采用边长为 M 的窗口,它们有互相重叠部分,如图 9.7.1(b)所示。

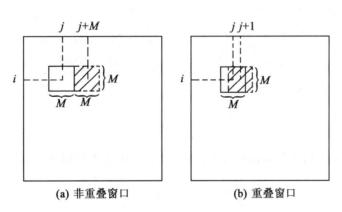

(a) 非重叠窗口　　　　(b) 重叠窗口

图 9.7.1

设图像在窗口 W_M 内的矩阵形式为

$$f_M(i, j) = \begin{bmatrix} f(i, j) & f(i, j+1) & \cdots & f(i, j+M-1) \\ f(i+1, j) & f(i+1, j+1) & \cdots & f(i+1, j+M-1) \\ \vdots & \vdots & & \vdots \\ f(i+M-1, j) & f(i+M-1, j+1) & \cdots & f(i+M-1, j+M-1) \end{bmatrix} \qquad (9.7.1)$$

$f_M(i, j)$ 是以窗口左上角对应的像素 (i, j) 为起点确定的 $M \times M$ 像素。

对式(9.7.1)进行二维傅里叶变换得 $F_M(u, v)$,并求它的功率谱矩阵:

$$P_M(u, v) = |F_M(u, v)|^2$$
$$u, v = 0, 1, 2, \cdots, M-1 \tag{9.7.2}$$

矩阵 $P_M(u, v)$ 就是图像窗口 W_M 内图像的傅里叶功率谱纹理特征。

窗口 W_M 内图像的功率谱矩阵反映了窗口图像的性质，在功率谱矩阵上进一步提取特征(二次特征)是一种行之有效的纹理特征抽取方法。二次特征提取可以判别纹理的粗细、方向和综合特征等。

将式(9.7.2)中直角坐标(u, v)转换到(γ, φ)极坐标系，得到

$$P(\gamma_i, \varphi_j) \tag{9.7.3}$$

式中：$\gamma_{i+1}-\gamma_i = W/2n$；$\varphi_{j+1}-\varphi_j = \pi/n$；$i, j = 1, 2, \cdots, n-1$。$W$ 为处理窗口的宽度；n 为离散采样数。

在 u-v 平面上，固定 r 对 φ 求和，由对称性可知，只需要从 $0 \to \pi$ 求和即可，得到

$$P_1(r) = 2\sum_{i=1}^{n} P(r, \varphi_i) \quad (r = r_1, r_2, \cdots, r_n) \tag{9.7.4}$$

称 $P_1(r)$ 为环特征。对不同的 r，φ 的求和路线形成环形，如图9.7.2(a)所示。

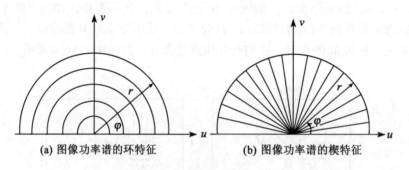

(a) 图像功率谱的环特征 (b) 图像功率谱的楔特征

图 9.7.2 功率谱的楔环特征

固定 φ，对 r 求和，由对称性可知，只要从 $0 \to W/2$ 求和即可。得到

$$P_2(\varphi) = \sum_{i=1}^{n} P(r_i, \varphi), \quad \varphi = \varphi_1, \varphi_2, \cdots, \varphi_n \tag{9.7.5}$$

称 $P_2(\varphi)$ 为楔特征。因为对不同的 φ，r 的求和路线形成楔形，如图9.7.2(b)所示。式(9.7.4)、式(9.7.5)表示的是两条曲线，如图9.7.3所示。至此，将二维图像纹理分析问题简化为对两个一维波形的分析问题。

式(9.7.4)和式(9.7.5)的向量形式为

$$\begin{aligned} P_1 &= [P_1(r_1), P_1(r_2), \cdots, P_1(r_n)]^T \\ P_2 &= [P_2(\varphi_1), P_2(\varphi_2), \cdots, P_2(\varphi_n)]^T \end{aligned} \tag{9.7.6}$$

根据 $P_1(r)$ 和 $P_2(\varphi)$ 分析纹理的方向性、均匀性和形状的一种算法框图如图9.7.4所示。N 表示 $P_2(\varphi)$ 波形可区分的峰的个数。

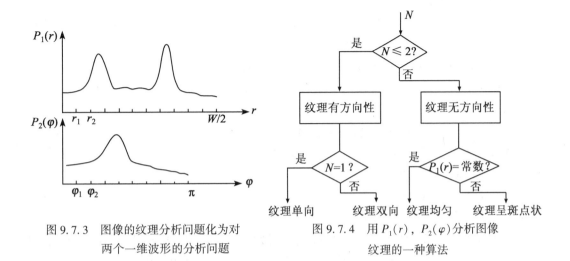

图 9.7.3 图像的纹理分析问题化为对
两个一维波形的分析问题

图 9.7.4 用 $P_1(r)$，$P_2(\varphi)$ 分析图像
纹理的一种算法

9.8 马尔可夫随机场分析法

马尔可夫随机场(Markov random field，MRF)模型在影像处理和计算机视觉界引起广泛关注，成为影像分析的热点。其优点在于提供了一个模型表达空间上相关随机变量之间的相互作用，已成功地用于中级影像处理(如区域分割和边缘提取)等方面。

从结构分析法角度来看，纹理分析就是要找出纹理基元以及纹理基元间的相互依赖关系。而基元关系可以是随机的、函数的或结构的，其中随机依赖关系可以用条件概率模型表示。

对于随机图像的纹理区域可看成是二维随机过程的有限取样。这个随机过程由它的统计参数决定。而基元之间的依赖关系，反映出纹理基元的不同聚集，不同方式聚集的纹理对应着不同的统计参数。MRF 场能够很好地描述纹理的随机特征。

9.8.1 马尔可夫随机场的定义和基本性质

马尔可夫随机场是马尔可夫随机过程在二维参数集中的推广。

随机场定义：设 (Ω, F, P) 为一概率空间，$\lambda=[1, 2, \cdots, l]$ 为一指标集，$S=[0, 1, 2, \cdots, M]$ 为状态空间，$X_{i,j} \in (\Omega, F, P) \to S$ 是随机变量，则称其全体 $X=\{X_{ij}, i, j \in \lambda\}$ 是 S 上的随机场。

邻域系定义：对给定的指标集 λ，若 $N=\{N_{ij} \subset \lambda \times \lambda, i, j \in \lambda\}$，满足：

(1) $(i, j) \notin N_{ij}$，

(2) 若 $(i, j) \in N_{i_2 j_2}$，有 $(i_2 j_2) \in N_{i,j}$，

则称 N 为 $\lambda \times \lambda$ 上的一个邻域系，N_{ij} 称为 (i, j) 的邻域。

对于图像 Ω，设 Z 为 Ω 平面上的栅格点，且

$$Z=\{(i, j) | i, j \text{ 为整数，且 } 1 \leqslant i, j \leqslant N\} \tag{9.8.1}$$

则 $N_{ij}=\{(k,l)\mid(k,l)\in Z,且\ 0<(k-i)^2+(l-j)^2\leqslant c\}$ 是 (i,j) 像素的邻域。

当 $c=1$ 时，$N_{ij}^{(1)}=\{(i-1,j),(i+1,j),(i,j-1),(i,j+1)\}$ 为 (i,j) 的 4 邻域。

当 $c=2$ 时，$N_{ij}^{(2)}=\{(i-1,j-1),(i,j-1),(i+1,j-1),(i-1,j),(i+1,j),(i-1,j+1),(i,j+1),(i+1,j+1)\}$ 为 (i,j) 的 8 邻域。

连通系定义：设 $N=\{N_{ij},i,j\in\lambda\}$ 为一邻域系，若 $C=\{C_a,a\in\lambda\}$，满足

(1) $C_a\subset\lambda\times\lambda$，

(2) 对一切 $(i_1,j_1),(i_2,j_2)\in C_a$，有 $(i,j)\in N_{i_2j_2}$，则称 C 是关于 N 的连通系。

邻域的 MRF 定义：设 $X=\{X_{ij},i,j\in\lambda\}$ 是随机场，$N=\{N_{ij},i,j\in\lambda\}$ 是邻域系，若 $\forall(i,j)\in\lambda\times\lambda$，有

$$p\{X_{ij}=x_{ij}\mid X_{kl}=x_{kl},(k,l)\neq(i,j)\}=p\{X_{xj}=x_{xj}\mid X_{kl}=x_{kl},(k,l)\in N_{ij}\} \quad (9.8.2)$$

就称 X 是关于邻域系 N 的 MRF。

MRF 定义的直观意义是：如果把 (i,j) 看做"将来"，而把 N_{ij} 看做"现在"，所有其他的 (i',j') 看做"过去"，则在已知"现在"的状态条件下，过程的"将来"状态的概率与其"过去"的状态无关。即 (i,j) 只受到 N_{ij} 的影响，而与其他的点无关。

吉布斯 (Gibbs) 分布定义：对于邻域 N，$C=\{C_a,a\in\lambda\}$ 是它的连通系，若随机场 $z=\{x_{ij},i,j\in\lambda\}$ 的联合分布为

$$p\{X=x\}=\frac{1}{k}\exp(-v(x)/t) \quad (9.8.3)$$

式中：k,t 为常数；$v(x)=\sum_{a\in\lambda}V_{Ca}(x)$。若函数 $V_{Ca}(x)$ 只依赖于 x 中与 C_a 有关的 x_{kl}，则称这种形式的分布为 C 上的 Gibbs 分布，V 称为能量函数。

定理 1：$X=\{x_{ij},i,j\in\lambda\}$ 是关于 N 的 MRF 的充要条件，是它的联合分布为 C 上的 Gibbs 分布。这是 MRF 的一条基本定理，它将确定 MRF 的局部特征转化为确定 Gibbs 分布的能量函数 $V(x)$，使得规定一个具体的 MRF 有了实现的可能。

9.8.2 纹理 MRF 模型参数提取与分析

设 $S=\{G(i,j),1\leqslant i,j\leqslant N\}$ 是平面上的栅格点，G 表示图像灰度级数，图像纹理 $\{X_s,s\in S\}$ 为 MRF，其局部特征定义如下：

$$P(X_s=k\mid N_i)=\binom{G-1}{k}\theta(T_i)^k(1-\theta(T_i))^{G-k-1} \quad (9.8.4)$$

式中：$k=0,1,\cdots,G-1$；N_i 为 S 上的 4 种邻域 $(i=1,2,3,4)$：

$$\theta(T_i)=\frac{e^{T_i}}{1+e^{T_i}} \quad (9.8.5)$$

而 T_i 的值由不同的模型而定。

对于一阶模型，$T_1=a+b(1,1)(t+t')+b(1,2)(u+u')$

对于二阶模型，$T_2=T_1+b(2,1)(v+v')+b(2,2)(X+X')$

对于三阶模型，$T_3=T_2+b(3,1)(m+m')+b(3,2)(l+l')$

对于四阶模型，$T_4 = T_3 + b(4, 1)(O_1 + O'_1 + O_2 + O'_2) + b(4, 2)(q_1 + q'_1 + q_2 + q'_2)$

式中：各项为 N_i 邻域中的元素，而系数 $b(i, j)$ 则反映在不同方向上是否有聚类产生。

利用 MRF 模型进行图像的纹理分析可分为如下几个步骤：

（1）选定模型的阶数，估计模型中的参数 a、$b(i, j)$；

（2）对参数 a、$b(i, j)$ 进行假设检验，进一步验证所得模型的正确性；

（3）从已综合的纹理模型中抽取样本，从而得到综合纹理模型中的参数；

（4）这样得到两个纹理图像都可用同样的 MRF 表示，并且有相同的参数，然后根据两个纹理图像进行视觉比较，看其中是否有相同的视觉效果。

9.9 影像纹理的小波分析

小波分析是一种提取纹理特征的有效方法，它反映了在水平、垂直和对角线上的高频变化，在一定程度上体现纹理的差别。Mallat 提供了一种利用两个一维卷积实现二维图像小波分解的简便快速算法，在分解后的图像上仅利用简单的统计方法能提取纹理特征。将一幅图像 $f(x, y)$ 看做二维信号，根据二维小波分解算法，得到 2^j 分辨率的分量

$$\left. \begin{array}{l} C_j = H_c H_r C_{j-1} \\ d_j^1 = G_c H_r C_{j-1} \\ d_j^2 = H_c G_r C_{j-1} \\ d_j^3 = G_c G_r C_{j-1} \end{array} \right\} \tag{9.9.1}$$

式中：H 和 G 为两个一维滤波算子，下标 c 和 r 对应于图像的列和行。且有

$$\left. \begin{array}{l} (H_a)_k = \sum_n h(n - 2k) a_n \\ (G_a)_k = \sum_n g(n - 2k) a_n \end{array} \right\} \tag{9.9.2}$$

h 和 g 分别为

$$\left. \begin{array}{l} h(n) = \dfrac{1}{\sqrt{2}} \int \Phi\left(\dfrac{1}{2} x\right) \Phi(x - n) \mathrm{d}x \\ g(n) = \dfrac{1}{\sqrt{2}} \int \Psi\left(\dfrac{1}{2} x\right) \Phi(x - n) \mathrm{d}x \end{array} \right\} \tag{9.9.3}$$

式 (9.9.3) 中，Φ 称为比例函数，$\Psi(x)$ 就是小波。二维小波变换可以通过两个独立的一维变换来实现。$\Phi(x)$ 和 $\Psi(x)$ 分别看做是低通滤波器和带通滤波器。小波变换可解释为在一个独立空间方向上的频率通道。当原始图像分解为 C_j，d_j^1，d_j^2 和 d_j^3 时，C_j 是原始图像在 2^j 分辨率上的近似，d_j^1 对应于垂直方向上的高频变化，即水平的边缘信息；d_j^2 对应于水平方向的高频变化，即垂直的边缘信息；而 d_j^3 则给出垂直和水平两个方向上（即对角方向上）的高频变化信息。由于在不同方向上的频率变化得到反映，也就反映了图像纹理特征。提取纹理特征之后，利用统计方法或神经网络的方法，可以实现对纹理的分类与分割。

采用小波分析的方法对于许多纹理图像都能得到较好的分类结果。但特征值的构造

是很重要的。目前大多数方法主要考虑了纹理在水平、垂直和对角线上的高频信息,在某些情况下,当遇到两种纹理的上述所有特征都非常相似,且图像中纹理种类较多,或各纹理区域面积相差较大的情况时,用这类特征分割结果就会不太理想。因而除了选取更好的变换基外,还可加入其他特征,这可能在一定程度上改善分类效果。

9.10 影像纹理的分形分析法

9.10.1 分形

众所周知,自然界中许多规则的形体,可以用欧氏几何学描述,它们具有整数维数。如零维的点、一维的线、二维的面、三维的立体和四维的时空。可见维数是几何对象的一个重要特征。然而自然界中存在许多极其复杂的形体,其不规则性无法用欧氏几何学描述。1975 年美国 IBM 公司的法裔数学家 B. B. Mandelbrot 提出用分形几何学来描述自然界不规则的、具有自相似性的物体。

所谓分形,就是指具有自相似的、不规则的几何体(对象)。如图 9.10.1 所示,它具有两个重要性质:比例性和自相似性。比例性是指在任意比例尺下,其不规则程度都一样。自相似性是指它的每一部分经移动、旋转、缩放等在统计的意义上,与其他任何部分相似。

图 9.10.1 分形图像

这两个性质表明：分形并不是完全的混乱，它的不规则中存在一定的规则性，同时暗示自然界的一切形状和现象都能以较小的或部分的细节反映出整体的不规则性。

按照其生成过程中所遵循的规则，分形可分为确定性分形和随机性分形两种。确定性分形指产生的规则是确定的，具有可重复性；随机性分形指形成的过程是随机的，不具有重复性。如分形布朗运动。

为了对分形现象进行描述，引出一个非常重要的参数——分数维(分维或分形维数)的概念。

9.10.2 分维

1914 年 Caratheodory 提出用集的覆盖定义测度的思想，1919 年 Hausdorff 用这种思想提出了以他的名字命名的测度和维数，称 Hausdorff 维。以此为基础，至今数学家们已经提出了十多种不同的维数，如拓扑维、自相似维、盒子维、容量维、信息维、相关维、填充维等，一律称为分维，下面给出其中几种分维的定义。

1. 容量维

设 ε 为实数，直径为 ε 的球体覆盖集合 E，覆盖 E 所需球体个数为 $N_{(\varepsilon)}$，若满足

$$D = \lim_{\varepsilon \to 0} \frac{\ln N(\varepsilon)}{\ln(1/\varepsilon)} \tag{9.10.1}$$

则 D 值不随 ε 的变化而变化，ε 为量测 E 用的测度。D 就是集合 E 的容量维。

2. 盒维数

设 $A \subset \mathbf{R}^n$ ($\mathbf{R}^n$ 是 n 维欧氏空间)，用边长为 r 的 n 维小盒子紧邻地覆盖 A 集，$N(r)$ 表示所需的最小盒子数，则

$$N(r) = C \frac{1}{r^D} \tag{9.10.2}$$

D 称为集合 A 的盒维数。

3. 自相似维

设 $A \subset \mathbf{R}^n$ 为一个有限集合，若它总可以分成 a 个大小为 $1/b$ 倍的、与原集合相似的子集，则 A 的自相似维数为

$$D = \frac{\ln a}{\ln(1/b)} \tag{9.10.3}$$

4. 基于分形布朗函数的分形与分维

分形布朗函数是描述自然界中随机分形的一种典型的数学模型。

设 $X \in \mathbf{R}^n$，$f(X)$ 是关于 X 的实随机函数，若存在常数 $H(0<H<1)$，使得函数 $F(t)$ 满足

$$F(t) = P_r\left(\frac{f(X+\Delta X)-f(X)}{\|\Delta X\|^H}\right) < t \qquad (9.10.4)$$

是一个与 X, ΔX 无关的分布函数, 则 $f(X)$ 称为分形布朗函数。

其分维为

$$D = n+1-H \qquad (9.10.5)$$

由分形布朗函数构成的图形具有统计意义上的自相似性。

9.10.3 分维特征提取与分析

计算影像纹理分维值的方法很多,这里给出分形布朗分维估计方法。

式(9.10.4)可以写成

$$E[|f(X+\Delta X)-f(X)|] \cdot \|\Delta X\|^{-H} = C \qquad (9.10.6)$$

对上式两边取对数, 得

$$\lg E[|f(X+\Delta X)-f(X)|] - H \cdot \lg \|\Delta X\| = \lg C \qquad (9.10.7)$$

由于 H 和 C 都为常数, 可见 $\lg\|\Delta X\|$ 与 $\lg E[|f(X+\Delta X)-f(X)|]$ 为线性关系。用分形布朗函数 $f(X)$ 去逼近纹理影像灰度表面, 其误差为

$$e^2 = \sum_{\min\|\Delta X\|}^{\max\|\Delta X\|} \{\lg E[|f(X+\Delta X)-f(X)|] - H \cdot \lg\|\Delta X\| - \lg C\} \qquad (9.10.8)$$

式中: $X \in (x, y) \in E^2$; $f(X)$ 是点 X 的灰度值。

首先, 在 ΔX 取 1, 2, $\cdots$, K 时, 分别对影像中所有 X 计算 $E[|f(X+\Delta X)-f(X)|]$; 其次, 根据式(9.10.7)和最小二乘法求得各向同性分形模型的 H 和 $\lg C$; 最后由式(9.10.5)计算分维特征 D。其中

$$|f(X+\Delta X)-f(X)| = \frac{1}{3}[|f(x, y+\Delta y)-f(x, y)| + |f(x+\Delta x, y)-f(x, y)| + |f(x+\Delta x, y+\Delta y)-f(x, y)|] \qquad (9.10.9)$$

求得分维数以后, 利用距离或其他相似性判别函数, 可以较好地区分不同纹理。但由于存在不同分形同分维数的情况, 因此仅用单一的分维数对影像纹理分类是不够的。为此需借助于多分辨率分维数并辅之以空隙拟合回归残差平方和最小原则来加以区分。

9.11 影像纹理的句法结构分析法

在纹理的句法结构分析中,把纹理定义为结构基元按某种规则重复分布所构成的模式。为了分析纹理结构规律,首先要描述结构基元的分布规则。一般可为两步: ①从输入图像中提取结构基元并描述其特征; ②描述结构基元的分布规则。

具体做法是: 首先把一张纹理图片分成许多窗口, 也就是形成子纹理。最小的块就最基本的子纹理, 即基元。纹理基元可以是一个像素, 也可以是 4 个或 9 个灰度比较一致的像素集合。纹理的表达可以是多层次的, 如图 9.11.1(a)所示。它可以从像素或小块纹理一层一层地向上合并。当然,基元的排列可有不同的规则,如图 9.11.1(b)所示。第一级纹理排列为甲乙甲, 第二级排列为乙甲乙, 等等。其中甲、乙代表基元或子纹理。

这样就组成一个多层的树状结构，可用树状文法产生一定的纹理并用句法加以描述。纹理的树状安排可有多种方法。第一种方法如图 9.11.1(c)所示，树根安排在中间，树枝向两边伸出，每个树枝有一定的长度。当窗口中像素数为奇数时用这种排列比较方便，此时，每个分支长度相同。第二种方法如图 9.11.1(d)所示，树根安排在一侧，分支都向另一侧伸展。这种排列对奇数像素和偶数像素都适用。

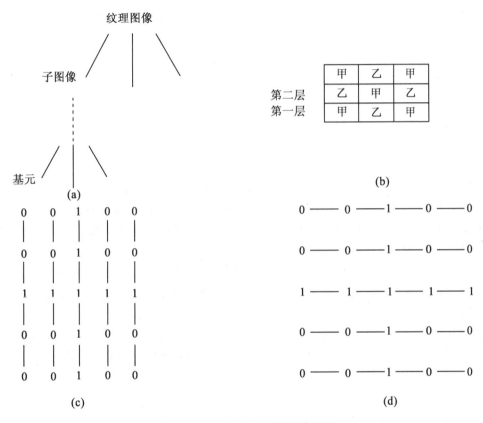

图 9.11.1 纹理的树状描述与排列

纹理判别可用如下办法：

首先把纹理图像分成固定尺寸的窗口，用树状文法说明属于同纹理图像的窗口，识别树状结构可以用树状自动机，因此，对每一纹理文法可建立一个"结构保存的误差修正树状自动机"。该自动机不仅可以接受每个纹理图像中的树，而且能用最小距离判据，辨识类似有噪声的树，还可以对一个分割成窗口的输入图像进行分类。

9.12 影像纹理区域分割与边缘检测

9.12.1 纹理区域分割

上述纹理分析的方法，是从具有同样纹理特征的区域计算其特征的方法。如果一幅图像内存在着若干个不同的纹理区域，首先必须对图像进行区域分割。

为了提取纹理区域，可以把图像分割成 $n×n$ 的小矩形，在各矩形区内计算纹理特征，根据假设检验法比较各矩形区的纹理相似性进行区域增长，即可分割纹理图像。但是为了计算纹理特征，小矩形区具有一定大小，所以用这种方法不能有效地产生细微的区域边界。

例如对于二值图像，多是根据点密度(即平均灰度)特征分割不同的纹理区域。但是如果图像内存在多种纹理区域的话，则不能用这种方法顺利地进行区域分割。为解决这一问题，可在各点采用最均匀性平滑法把最均匀窗口的点密度作为该点输出值，再根据直方图进行分割。这样就可以提取其细微的区域边界。这是把点密度作为纹理特征进行纹理区域分割的方法。一般情况下，进行某种适当的滤波(例如图像微分)之后，计算以各点为中心的局部区域中的边缘强度平均值和方向作为该点的纹理特征，也能够应用上述的方法分割纹理。

9.12.2 纹理边缘检测

如同对灰度图像有边缘检测和区域分割一样，对于纹理影像，除了纹理区域的分割之外，还有纹理边缘检测。前面所讲的简单的边缘检测方法是不能利用的。这是因为用一般的边缘检测法，无法区别出纹理区域内灰度变化图案的边缘和纹理区域之间的边缘。为了求得纹理边缘，可如纹理分割那样，分别求出 (i, j) 的 $n×n$ 邻域内的局部特征(例如灰度、边缘点密度、方向)的平均值，用它们的差值来定义边缘。此时，最大的问题是邻域的大小 n 取多大合适。若 n 取大了，则边界会出现模糊；相反，若 n 取小了，则反映出纹理本身有波动。

图像的纹理分析法还有待进一步研究，今后主要研究方向包括：①纹理特征的描述；②纹理影像的分割、分类；③纹理影像的合成；④三维表面信息恢复。

习题

1. 直方图作为纹理特征有何优缺点？
2. 试述 Laws 纹理能量测量的基本思想。
3. 试述傅里叶功率谱法描绘纹理的基本原理及其判断规律。
4. 试述用自相关函数作纹理测度的基本原理，并说明其用途。
5. 何谓灰度共生矩阵？试求下面图像在 $d=1$，$\theta=135°$ 的灰度共生矩阵，并计算熵特征。

$$\begin{matrix} 0 & 3 & 1 & 2 \\ 1 & 0 & 3 & 2 \\ 2 & 0 & 0 & 0 \\ 1 & 3 & 2 & 2 \end{matrix}$$

6. 何谓灰度—梯度共生矩阵？它同计算灰度共生矩阵有何区别？
7. 什么是分形？分形具有哪些性质？纹理影像的分维数如何提取？
8. 何谓马尔可夫随机场？如何根据马尔可夫随机场来分析纹理？

第 10 章　模板匹配与模式识别技术

数字图像处理的最终目的是用计算机代替人去认识图像和找出一幅图像中人们感兴趣的目标物。这是计算机模式识别所要解决的问题。计算机模式识别可分为统计模式识别、结构模式识别、模糊模式识别与智能模式识别4类。前两类方法有久远的历史，发展得较成熟，对解决相应领域中的模式识别问题均有明显的效果，是模式分类的经典性与基础性技术。两类方法中引入模糊数学的研究成果，形成的模糊模式识别能有效地改善分类的效果。20世纪80年代再度活跃起来的人工神经网络，作为一种广义智能模式识别法，更以崭新的姿态，以其全局相关的特色，在模式识别领域中取得了许多用传统方法所难达到的、令人瞩目的成就。本章首先介绍模式识别最基本的方法——模板匹配技术，其次入门性地介绍了统计模式识别、结构模式识别和智能模式识别(人工神经网络、深度学习中卷积神经网格分类)的基本概念和原理。

10.1　模　板　匹　配

模板匹配是一种最原始、最基本的模式识别方法。研究某一特定对象物的图案位于图像的什么地方，进而识别对象物，这就是一个匹配的问题。例如在图 10.1.1(a)中寻找有无图 10.1.1(b)的三角形存在。当对象物的图案以图像的形式表现时，根据该图案与一幅图像的各部分的相似度判断其是否存在，并求得对象物在图像中位置的操作叫做模板匹配。它是图像处理中的最基本、最常用的匹配方法。匹配的用途很多，如：①在几何变换中，检测图像和地图之间的对应点；②不同的光谱或不同的摄影时间所得的图像之间位置的配准(图像配准)；③在立体影像分析中提取左右影像间的对应关系；④运动物体的跟踪；⑤图像中对象物位置的检测等。

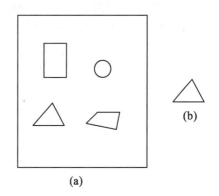

图 10.1.1　模板匹配的例子

10.1.1　模板匹配方法

如图 10.1.2 所示，设检测对象的模板为 $t(x,y)$，令其中心与图像 $f(x,y)$ 中的一像素 (i,j) 重合，检测 $t(x,y)$ 和图像重合部分之间的相似度，对图像中所有的像素都进行这样的操作，根据相似度为最大或者超过某一阈值来确定对象物是否存在，并求得对象物所在的位置，这一过程就是模板匹配。作为匹配的尺度，应具有位移不变、尺度不变、旋转不变等性质，同时对噪声不敏感。这里采用以下几种形式：

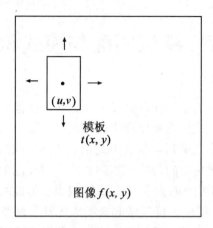

图 10.1.2　模板匹配

$$\max_{s}|f - t| \tag{10.1.1}$$

$$\iint_{s}|f - t|\mathrm{d}x\mathrm{d}y \tag{10.1.2}$$

$$\iint_{s}(f - t)^{2}\mathrm{d}x\mathrm{d}y \tag{10.1.3}$$

这里，S 表示 $t(x, y)$ 的定义域。式中计算的是模板和图像重合部分的非相似度，该值越小，表示匹配程度越好。此外，下面公式计算的是模板和其与图像重合部分的相似度，该值越大，表示匹配程度越好。

$$m(u, v) = \iint_{s} t(x, y) f(x + u, y + v) \mathrm{d}x\mathrm{d}y \tag{10.1.4}$$

$$m^{*}(u, v) = \frac{m(u, v)}{\sqrt{\iint_{s}(f(x + u, y + v))^{2}\mathrm{d}x\mathrm{d}y}} \tag{10.1.5}$$

$$m^{*}(u, v) = \frac{\iint_{s}(f(x + u, y + v) - \bar{f})(t(x, y) - \bar{t})\mathrm{d}x\mathrm{d}y}{\sqrt{\iint_{s}(f(x + u, y + v) - \bar{f})^{2}\mathrm{d}x\mathrm{d}y \iint_{s}(t(x, y) - \bar{t})^{2}\mathrm{d}x\mathrm{d}y}} \tag{10.1.6}$$

式中：$\bar{f}$，$\bar{t}$ 分别表示 $f(x+u, y+v)$，$t(x, y)$ 在 S 内的均值。

10.1.2　模板匹配方法的改进

1. 高速模板匹配法

与边缘检测中使用的模板不同，模板匹配中使用的模板相当大（8×8～32×32）。从大幅面图像寻找与模板最一致的对象,计算量大,要花费相当多的时间。为使模板匹配高速化,Barnea 等人提出了序贯相似性检——SSDA 法(sequential similarity detection algorithm)。

SSDA 法用式(10.1.7)计算图像 $f(x, y)$ 在像素(u, v)的非相似度 $m(u, v)$ 作为匹配尺度。式中(u, v)表示的不是模板与图像重合部分的中心坐标,而是重合部分左上角像素坐标。模板的大小为 $n \times m$。

$$m(u, v) = \sum_{k=1}^{n} \sum_{l=1}^{m} |f(k+u-1, l+v-1) - t(k, l)| \quad (10.1.7)$$

如果在图像(u, v)处有和模板一致的图案,则 $m(u, v)$ 值很小,相反则较大。特别是在模板和图像重叠部分完全不一致的场合下,如果在模板内的各像素与图像重合部分对应像素的差的绝对值依次增加下去,其和就会急剧地增大。因此,在做加法的过程中,如果差的绝对值部分和超过了某一阈值时,就认为这位置上不存在和模板一致的图案,从而转移到下一个位置上计算 $m(u, v)$。由于计算 $m(u, v)$ 只是加减运算,而且这一计算在大多数位置中途便停止了,因此能大幅度地缩短计算时间,提高匹配速度。

还有一种把在图像上的模板移动分为粗检索和细检索两个阶段进行的匹配方法。首先进行粗检索,它不是让模板每次移动一个像素,而是每隔若干个像素把模板和图像重叠,并计算匹配的尺度,从而求出对象物大致存在的范围。然后,在这个大致范围内,让模板每隔一个像素移动一次,根据求出的匹配尺度确定对象物所在的位置。这样,整体上计算模板匹配的次数减少,计算时间缩短,匹配速度就提高了。但是用这种方法存在漏掉图像中最适当位置的危险性。

2. 高精度定位的模板匹配

一般的图像中有较强的自相关性,因此,进行模板匹配计算的相似度就在以对象物存在的地方为中心形成平缓的峰。这样,即使将模板从图像对象物的真实位置稍微离开一点,也表现出相当高的匹配相似度。上面介绍的粗精检索高速化法恰好利用了这一点。但为了求得对象物在图像中的精确位置,总希望相似度分布尽可能尖锐一些。

为了达到这一目的,人们提出了基于图案轮廓的特征匹配方法。图案轮廓的匹配与一般的匹配法比较,相似度表现出更尖锐的分布,从而有利于精确定位。

一般来说,在检测对象的大小和方向未知的情况下进行模板匹配,必须具备式各样大小和方向的模板,用各种模板进行匹配,从而求出最一致的对象及其位置。

另外,在对象的形状复杂时,最好不要把整个对象作为一个模板,而是把对象分割成几个图案,把各个分图案作为模板进行匹配,然后研究分图案之间的位置关系,从而求图像中对象的位置。这样即使对象物的形状稍微变动,也能很好地确定位置。

10.2 统计模式识别

统计模式识别是研究每一个模式的各种测量数据的统计特性,按照统计决策理论来进行分类。统计模式识别包括监督分类和非监督分类。监督分类的大致过程如图 10.2.1 所示。图中的上半部分是识别部分,即对未知类别的图像进行分类;下半部分是分析部分,即由已知类别的训练样本求出判别函数及判别规则,进而用来对未知类别的图像进行分类。框图右下脚部分是自适应处理(学习)部分,当用训练样本根据某些规则求出一些判别规则后,再对这些训练样本逐个进行检测,观察是否有误差。这样不断改进判别规则,直到满足要求为止。

非监督分类只包括图 10.2.1 中的上半部分。从图 10.2.1 中不难看出,对量化误差和图像模糊等所采用的预处理部分已在前面做了介绍,统计模式识别部分主要由特征处理和分类两部分组成。

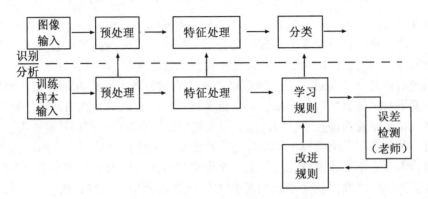

图 10.2.1　统计模式识别的过程

10.2.1　特征处理

特征处理包括特征选择和特征变换。

设计一个模式识别系统,首先需要用各种可能的手段对识别对象的性质进行测量,然后将这些测量值作为分类用的特征。如果将大量原始的测量数据不作分析,直接作为分类特征,不仅数据量太大,计算复杂,浪费计算机处理时间,而且分类的效果也不一定好。在具体对某一类别的识别过程中,有些原始图像所提供的信息不仅对分类没有帮助,甚至还会造成不良影响。这种由于分类特征多带来的分类效果下降现象,有人称为"特征维数灾难"。因此为了设计效果好的分类器,一般需要对原始的测量值进行分析处理,经过选择和变换组成具有区分性、可靠性、独立性好的识别特征,在保证一定精度的前提下,减少特征维数,提高分类效率。

1. 特征选择

所谓特征选择指的是从原有的 m 个测量值集合中,按某一准则选择出一个 n 维($n<m$)的子集作为分类特征。究竟选择哪些测量值作为分类特征进行分类,可使分类误差最小呢?显然应该选取具有区分性、可靠性、独立性好的少量特征。下面介绍两种选择法。

(1) 穷举法

从 m 个原始的测量值中选出 n 个特征,一共有 C_m^n 种可能的选择。对每一种选法用已知类别属性的样本进行试分类,测出其正确分类率,分类误差最小的一组特征便是最好的选择。穷举法的优点是不仅能提供最优的特征子集,而且可以全面了解所有特征对各类别之间的可分性。但是,计算量太大,特别在特征维数高时,计算更繁。

(2) 最大最小类对距离法

最大最小类对距离法的基本思想是:首先在 K 个类别中选出最难分离的一对类别,

然后选择不同的特征子集,计算这一对类别的可分性,具有最大可分性的特征子集就是该方法所选择的最佳特征子集。

特征选择方法不改变原始测量值的物理意义,因此它不会影响分类器设计者对所用特征的认识,有利于分类器的设计,便于分类结果的进一步分析。

2. 特征变换

特征变换是将原有的 m 个测量值集合通过某种变换,然后产生 n 个($n<m$)特征用于分类。特征变换又分为两种情况,一种是从减少特征之间相关性和浓缩信息量的角度出发,根据原始数据的统计特性,用数学的处理方法使得用尽量少的特征来最大限度地包含所有原始数据的信息。这种方法不涉及具体模式类别的分布,因此,对于没有类别分布先验知识的情况,特征变换是一种有效的方式。主分量变换常用于这种情况。另一种方法是根据对测量值所反映的物理现象与待分类别之间关系的认识,通过数学运算来产生一组新的特征,使得待分类别之间的差异在这组特征中更明显,从而有利于改善分类效果。

10.2.2 统计分类法

统计分类方法可分为监督分类法和非监督分类法。

1. 监督分类

如图 10.2.2 所示,所谓监督分类方法就是根据预先已知类别名的训练样本,选择特征参数,求出各类在特征空间的分布,建立判别函数,然后对未知数据进行分类的方法。分类方法如下:

(1) 根据类别名选定的训练样本,求各类特征矢量分布的判别函数 $g_1 \sim g_c$(c 为类别数)。这一过程称为学习。

(2) 对于待分类的特征矢量(或称模式)$X=(x_1, x_2, \cdots, x_n)$,计算各判别函数的值 $g_1(X) \sim g_c(X)$。

(3) 在 $g_1(X) \sim g_c(X)$ 中选择最大者,把模式 X 分到这一类中。

换句话说,监督分类法就是根据训练样本把特征空间分割成对应于各类的区域,如图 10.2.3 所示,输入未知模式,研究这一特征矢量进到哪一个区域,就将区域的类别名赋予该种模式。一般类别 i 和 j 的区域间的边界以 $g_i(X)=g_j(X)$ 表示。在类别 i 的区域内,$g_i(x)>g_j(X)$;在类别 j 的区域内,$g_i(x)<g_j(X)$。

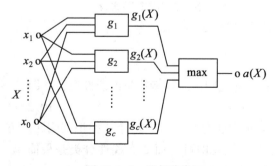

图 10.2.2　监督分类

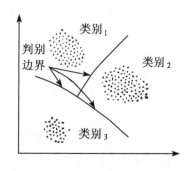

图 10.2.3　特征空间分割

常用的判别函数有：

1) 距离函数

使用的距离判别函数有：

欧几里得距离
$$\left| \sum_{i=1}^{n} (x_i - y_i)^2 \right|^{1/2} \quad (10.2.1)$$

L 距离
$$\sum_{i=1}^{n} |x_i - y_i| \quad (10.2.2)$$

相似度
$$X \cdot Y / \|X\| \cdot \|Y\| \quad (10.2.3)$$

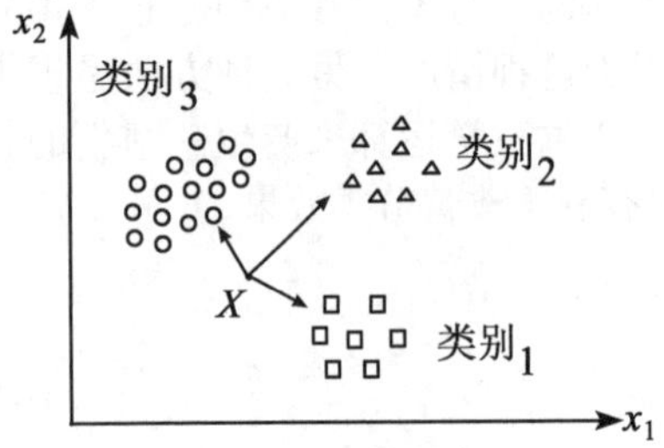

采用距离作为判别函数的分类法是一类简单的分类法，常用的有最小距离分类法和最近邻域分类法。最小距离分类法用一个标准模式代表一类，所求距离是两个模式之间的距离。而最近邻域分类法用一组标准模式代表一类，所求距离是一个模式同一组模式间的距离。如图 10.2.4 所示那样，求出与模式 X 最近的训练样本或者各类的平均值，并把 X 分到这一类中。

图 10.2.4　最近邻域分类

图 10.2.5(a)、(b) 分别表示使用与类别的平均值和与逐个训练样本的距离的场合，可见二者判别边界的不同之处在于前者判别边界为直线，而后者则为复杂的曲线。

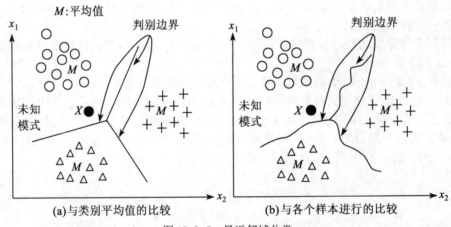

(a) 与类别平均值的比较　　(b) 与各个样本进行的比较

图 10.2.5　最近邻域分类

2) 线性判别函数

线性判别函数是应用较广的一种判别函数，它是图像所有特征量的线性组合。即
$$g(X) = a \cdot X + b \quad (10.2.4)$$

采用线性判别函数进行分类时，一般将 m 类问题分解成 $(m-1)$ 个 2 类识别问题。方法是先把特征空间分为 1 类和其他类，如此进行下去即可。而 2 类线性分类是最简单、最基本的。其中线性判别函数的系数可通过样本试验来确定。

3) 统计决策理论

这是遥感中土地利用分类等方面最常用的方法。设 $p(X|\omega_i)$ 为在某一类别 ω_i 的特征矢量分布的函数,它是把模式 X 分类到 ω_i

$$g_i(X) = p(\omega_i|X) = p(X|\omega_i)P(\omega_i) \tag{10.2.5}$$

为最大的类别中的分类方法。式中 $P(\omega_i)$ 表示类别 ω_i 的模式以多大的概率被观测到的情况,称为先验概率。$p(X|\omega_i)$ 表示条件概率密度函数,$p(\omega_i|X)$ 表示在观测模式 X 的时候,这个模式属于类别 ω_i 的确定度(似然度)。这一方法叫做最大似然法。理论上为误差最小的分类法。例如,在一维特征空间的场合,如图 10.2.6 所示,用某一值 T 把特征空间分割成两个区域(类别)的时候,产生的误分类概率可由图 10.2.6(b)中画有斜线的部分的面积来表示。即

$$P_E = E_{12} + E_{21} = \int_{-\infty}^{T} P(\omega_2)p(X|\omega_2)\mathrm{d}x + \int_{T}^{+\infty} P(\omega_1)p(X|\omega_1)\mathrm{d}x \tag{10.2.6}$$

这里,E_{12} 表示类别 ω_2 的模式误分类到类别 ω_1 的概率。E_{21} 则表示类别 ω_1 的模式误分类到类别 ω_2 的概率。

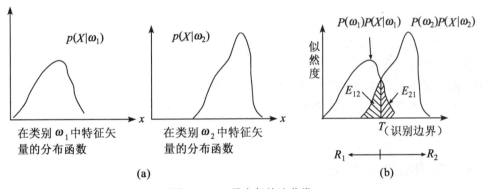

图 10.2.6 最大似然法分类

这一误分类概率随 T 的位置而发生变化,在 $P(\omega_1)p(X|\omega_1) = P(\omega_2)p(X|\omega_2)$ 的位置上确定 T 时,P_E 为最小。也就是若 $P(\omega_1)p(X|\omega_1) > P(\omega_2)p(X|\omega_2)$,则把 X 分类到类别 ω_1 中,否则分类到 ω_2 中,误分率为最小。

为了使用最大似然法,必须预先求出 $P(\omega_i)$ 和 $p(X|\omega_i)$。$P(\omega_i)$ 是类别 ω_i 被观测的概率,所以是可以预测的。另一方面,$p(X|\omega_i)$ 是表示在类别 ω_i 的特征矢量分布的函数,是不易求得的。因此,通常假定它为如下正态分布

$$p(X|\omega_i) = (2\pi)^{-n/2}|\Sigma_i|^{-1/2}\exp\left[-\frac{1}{2}(X-U_i)^{\mathrm{T}}\Sigma_i^{-1}(X-U_i)\right] \tag{10.2.7}$$

式中:平均值 U_i 和协方差矩阵 Σ_i 可从训练样本计算得到。从 n 个训练样本 $\{X_1, X_2, \cdots, X_n\}$ 计算平均值 U 和协方差矩阵 Σ 的表达式为

$$U = \frac{1}{n}\sum_{i=1}^{n} X_i = [\mu_1, \mu_2, \cdots, \mu_n]^{\mathrm{T}} \tag{10.2.8}$$

$$\Sigma = \begin{bmatrix} \sigma_{11} & \sigma_{12} & \cdots & \sigma_{1m} \\ \sigma_{21} & \sigma_{22} & \cdots & \sigma_{21m} \\ \vdots & \vdots & & \vdots \\ \sigma_{m1} & \sigma_{m2} & \cdots & \sigma_{mm} \end{bmatrix} \quad (10.2.9)$$

$$\sigma_{ij} = \frac{1}{n-1} \sum_{k=1}^{n} (x_{ki} - \mu_i)(x_{kj} - \mu_j), \quad i,j = 1, 2, \cdots, m \quad (10.2.10)$$

在假设特征矢量为正态分布的前提下，为了使最大似然法计算简化，常把似然度函数 $P(\omega_i)p(X|\omega_i)$ 用其对数 $\log P(\omega_i) + \log p(X|\omega_i)$ 来代替。因为对数函数是单调函数，所以采用对数似然函数分类并不影响分类结果。使用最大似然法分类，在特征空间的判别边界为二次曲面。但如果不对各种类别的特征矢量是否形成正态分布进行检查，最大似然分类法多半会产生误分类，甚至出现不能使用的情况。

2. 非监督分类法

在监督分类法中，类别名已知的训练样本是预先给定的。而非监督分类方法是在无法获得类别先验知识的情况下，根据模式之间的相似度进行分类，将相似性强的模式归为同一类别。正因为利用这种"物以类聚"的思想，非监督分类方法又称为聚类分析。由于这种方法完全按模式本身的统计规律分类，因此显得格外有用。此外，聚类分析还有可能揭示一些尚未察觉的模式类别及其内在规律。对于模式不服从多维正态分布或者概率密度函数具有多重模态(即不止一个最大值的情况)时，聚类分析也表现出独到的价值。在第7章中介绍的K均值聚类分析法就是一种非监督分类法。对非监督分类的其他方法在此不作介绍了。

10.3 结构模式识别法

统计模式识别方法现已得到广泛应用，它的缺点是对已知条件要求太多，如需已知类别的先验概率、条件概率等。当图像非常复杂、类别很多时，用统计识别方法对图像进行分类将十分困难，甚至难以实现。结构(句法)模式识别注重模式结构，采用形式语言理论来分析和理解，对复杂图像的识别有独到之处。这里先简介结构模式识别的概念和基本原理，然后介绍树分类法。

10.3.1 结构模式识别原理

结构模式识别亦称句法模式识别。所谓句法，是描述语言规则的一种法则。一个完整的句子一定由主语+谓语或主语+谓语+宾语(或表语)的基本结构构成；一种特定的语言，一定类型的句子，应有一定的结构顺序。无规则的任意组合，必然达不到正确的思想交流。形容词、副词、冠词等可以与名词、动词构成"短语"，丰富句子要表达的思想内容。而这短语的构成也是有特定规律的。如果用一个树状结构来描述一个句子，则如图10.3.1所示。

只有按照上述层状结构规则(或称为写作规则)才能组合成一定规则的句子，读者或

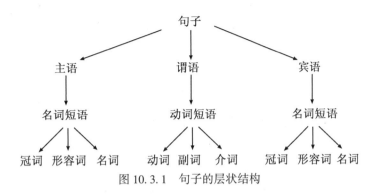

图 10.3.1 句子的层状结构

听众才能正确理解你所表达的思想。

自然句法规则的思想怎样用于模式识别呢？自然界的景物组合是千变万化的，但仔细分析某一对象的结构，也存在一些不变的规则。分析图 10.3.2(a)所示的一座房子。它一定是由屋顶和墙面构成的，组成屋顶的几何图像，可以是三角形、梯形、四边形、圆形等，组成墙平面的几何图像也是由矩形、平行四边形(透视效果)等构成，至少有一个墙面应该有门，而窗在高度上不低于门，等等。你还可以进一步提出一些用来刻画构成一栋房子的规则，如屋顶一定在墙面之上，且由墙面支承等。一栋房子的这些规则就像构成一个句子的句法规则一样，是不能改变的。如果将描述房子的规则(构成一栋房子的模式)存于计算机，若我们的任务是要在一张风景照片上去识别有无房子，那么你可按照片上所有景物的外形匹配是否符合房子的模式(房子构成规则)。符合房子模式的就输出为"有房子"，否则，输出"无房子"。如果风景照片上有一棵树，如图 10.3.2(b)所示，尽管顶部有三角形存在，也能寻找到一个支撑的矩形，但却找不到有"门"存在，这不符合一栋房子的结构规则，因而不会把它当成是一栋房子。

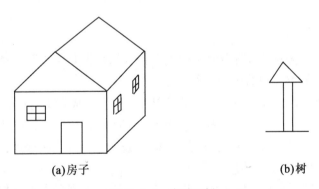

(a) 房子　　　　　　　　　　(b) 树

图 10.3.2 房子和树

可见，结构模式识别是以形式语言为理论基础的。它将一个复杂的模式分解成一系列更简单的模式(子模式)，对子模式继续分解，最后分解成最简单的子模式(或称基元)，借助于一种形式语言对模式的结构进行描述，从而识别图像。模式、子模式、基元类似于英文句子的短语、单词、字母，这种识别方法类似语言的句法结构分析，因此称为句法模式识别。

句法模式识别系统框图如图10.3.3所示，包括监督句法结构识别和非监督句法结构识别。监督句法结构识别由分析和识别两部分组成。

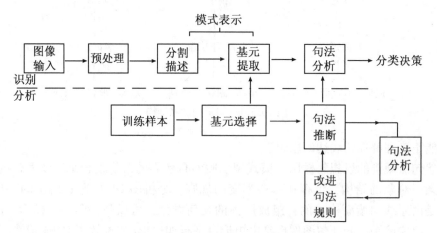

图 10.3.3　结构模式识别系统框图

分析部分包括基元的选择和句法推断。分析部分是用一些已知结构信息的图像作为训练样本，构造出一些句法规则。它类似于统计分类法中的"学习"过程。

识别部分包括预处理、分割描述、基元提取和结构分析。预处理主要包括编码、增强等系列操作。结构分析是用学习所得的句法规则对未知结构信息的图像所表示的句子进行句法分析。如果能够被已知结构信息的句法分析出来，那么这个未知图像就有这种结构信息，否则，就不具有这种结构。非监督句法识别只包括图10.3.3中识别部分。

以上是对句法模式识别的概念性描述，详细内容请参看模式识别有关书籍。

10.3.2　树分类法

所谓树分类法，就是根据树型分层理论，将未知数据归属于某一类的分类方法。图10.3.4所示是一个n类问题的树分类器。

首先，把集合$\{C_1, C_2, \cdots, C_n\}$用特征$f_1$将其分成两组$\{C_1, C_2, \cdots, C_{n1}\}$和$\{C_{n1+1}, C_{n1+2}, \cdots, C_n\}$。然后，用特征$f_2$进一步将$\{C_1, C_2, \cdots, C_{n1}\}$分成两组，用特征$f_3$将$\{C_{n1+1}, C_{n1+2}, \cdots, C_n\}$分成两组，如此不断地进行二分法处理，最终分别达到唯一的种类为止。这是基于二叉树的分类法。

树分类器对识别多类别图像的优点更为明显：①在识别多类别图像时，总是希望用多特征来提高正确分类率。这样导致维数高，运算量大，处理困难，甚至不可能实现。但是，若用树分类器，每次判定只选用少量的特征，而不同的特征又可在不同的判定中发挥作用，维数的问题就显得不突出了。②树分类器每次判定比较简单。尽管判定次数增多，但判定一个样本所属类别的总计算量并不一定增加。因为有以上的优点，所以，近些年对树分类器的研究愈来愈多。

设计分类器时，必须考虑树的结构，使之用最少的特征，尽可能少的段数达到最终的判决。对出现非常多的类别，尽可能缩短判决的段数；而出现很少的类别，判决段数长些。但平均起来，希望判决段数最小。可是，问题的关键在于能否找到一个特征 f_n 作为分类树最终阶段区别 C_n 和 C_{n-1} 的特征。在整个分类树中能否发现这样的特征，只有根据所给定的情况试验决定。

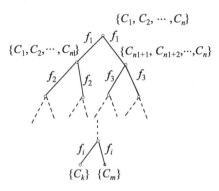

图 10.3.4　树分类法

树分类器虽然判决简单，容易用机器实现，但是，如果从"树根"就产生判决错误，以后将无法纠正这个错误判决。它不能像统计决策理论那样，平等使用全部特征进行最佳判断。所以，在靠近树根处必须选择抗噪声的、稳定可靠的特征。

分类树做出后，便可以在序贯决策的图像识别上使用。这就是沃尔德(Wald)序贯概率比检定法 SPRT(Sequential Probability Ratio Test)。

Wald 序贯概率比检定法是图像识别中一种很有用的方法。它对图像的特征不是一次全部使用完，而是逐步地使用。每用一些特征，就判断某一图像中对象是属于哪一类。当判断出它属于哪一类时，判断就停止。如果在此阶段用这些特征不能作出判断，即不能判断它属于哪一类，则必须增加一些特征，再进行判断。这样不断地重复下去，一直到能作出判决为止。

使用这种方法能尽量减少使用特征的个数，从而减少计算量而增加速度。这在医疗诊断等实际问题中特别有用。例如，对患者的检查应该是必要的且是最小限度的，检查完一项之后，是否应该进行后续的检查，必须进行充分的判断。否则，由于每项检查不但费时、费钱，而且有的检查常给患者带来很大的痛苦。

10.4　智能模式识别

近年来人工智能技术在图像处理领域取得极大的成功。人工智能是以机器学习为主导的技术，人工神经网络是机器学习算法之一，深度学习(DL, Deep Learning)是机器学习(ML, Machine Learning)领域中一个新的研究方向，深度学习尤其是卷积神经网络发展迅猛，给图像识别带来极大的原动力。本节简介机器学习、人工神经网络、卷积神经网络等智能图像处理技术。

10.4.1　机器学习

机器学习是人工智能的核心技术之一，它是通过模拟人类的学习行为，从大量数据中寻找规律并依据规律判断未知的数据。机器学习是一门交叉学科，涉及软件工程、统计学和生物学等多门学科。

机器学习是研究怎样使用计算机模拟或实现人类学习活动的科学，是人工智能中最具智能特征，最前沿的研究领域之一。自20世纪80年代以来，机器学习作为实现人工智能的途径，在人工智能界引起了广泛的兴趣，特别是近十几年来，机器学习领域的研究工作发展很快，它已成为人工智能的重要课题之一。一个系统是否具有学习能力已成为是否具有"智能"的一个标志。

机器学习算法很多，基于学习方式可分为：监督学习、非监督学习、强化学习。

（1）监督学习是指利用一组已知样本训练分类器，对分类器参数进行调整，使其达到所要求性能的过程；

（2）非监督学习是对没有实现标记的样本集进行学习，挖掘数据集中的内在结构特性，然后根据其内在的结构，推出数据之间的联系，自动得到模型。

（3）强化学习是通过学习环境对系统的某种行为强化或弱化来动态调整系统参数，在不断尝试中，探索出最佳的输入和输出关系。

常见算法包括决策树、支持向量机、随机森林、人工神经网络、Boosting与Bagging等算法。

决策树及其变种是一类将输入空间分成不同的区域，每个区域有独立参数的算法。决策树算法充分利用了树形模型，根节点到一个叶子节点是一条分类的路径规则，每个叶子节点象征一个判断类别。先将样本分成不同的子集，再进行分割递推，直至每个子集得到同类型的样本，从根节点开始测试，到子树再到叶子节点，即可得出预测类别。此方法的特点是结构简单、处理数据效率较高。

支持向量机是统计学习领域中一个代表性算法，它是利用一种非线性变换将空间高维化，并在新的复杂空间取最优线性分类。

随机森林是一个包含多个决策树的分类器，并且其输出的类别是由个别树输出的类别的众数而定。

人工神经网络是指由大量的处理单元(神经元)互相连接而形成的复杂网络结构，是对人脑组织结构和运行机制的某种抽象、简化和模拟。人工神经网络ANN(Artificial Neural Network)，以数学模型模拟神经元活动，是基于模仿大脑神经网络结构和功能而建立的一种信息处理系统。

Bagging是独立地建立多个模型，各个模型之间互不干扰，然后将多个模型预测结果做平均，作为最终预测结果；Boosting是有序的、依赖的建立多个模型，后一个模型用来修正前一个模型的偏差，以整体模型的预测结果作为最终预测结果。

10.4.2　人工神经网络

一个神经网络是由许多相互连接的相同的节点构成的，这些节点称为处理单元(或神经元)。每一个神经元的操作是比较简单的：每一个神经元从处于"上游"的几个神经元接受输入信号，产生一个标量输出，传给处于"下游"的一组神经元。

人工神经网络就是由大量处理单元互联组成的非线性、自适应信息处理系统。它是在现代神经科学研究成果的基础上提出的，试图通过模拟大脑神经网络处理、记忆信息的方式进行信息处理。如图10.4.1为一种典型的神经网络结构，神经网络分为输入层、隐含层和输出层。第一层称为输入层，网络中当前层的每个神经元获得输入信号，它的输出则传向下一层的所有神经元。有些网络则允许同层间的神经元之间通信，反馈结构还允许前一层的神经元接受后一层的神经元的输出。最后一层被称为输出层，输出层的节点对应目标变量，可有多个。在输入层和输出层之间是隐含层，隐含层的层数和每层节点的个数决定了神经网络的复杂度。含有单个隐含层的神经网络称为浅层神经网络，含有两个及以上隐含层的神经网络称为深层神经网络。

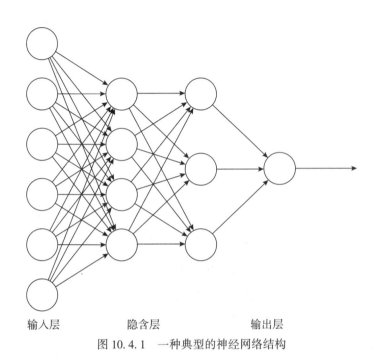

图 10.4.1 一种典型的神经网络结构

1. 神经元

一个处理单元即一个人工神经元，将接受的信息 x_0，x_1，…，x_{n-1}，通过用 W_0，W_1，…，W_{n-1} 表示的权，以点积的形式作为自己的输入，如图 10.4.2 所示，并将输入与用某种方式设定的阈值(或偏移)θ 作比较，再经某种函数 f 的变换，便得到该神经元的输出 y。常用的三种非线性变换函数 f 的形状，如图 10.4.3 所示。其中图 10.4.3(c)所示的函数称为 Sigmoid 型，简称为 S 形，是经常用的。

神经元的输入与输出间的关系由下式给出

$$y = f\left(\sum_{i=0}^{n-1} W_i x_i - \theta\right) \tag{10.4.1}$$

式中：x_i 为第 i 个输入元素(通常为 n 维输入矢量 X 的第 i 个分量)；W_i 为从第 i 个输入与神经元间的互联权重；θ 为神经元的内部阈值；y 为神经元的输出。

可见，神经元模型是一个非线性元件，且是一个多输入、单输出的阈值单元。将这些单元相互连接便可构成各种人工神经网络。

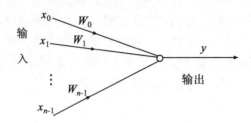

图 10.4.2 一个神经元的输入与输出

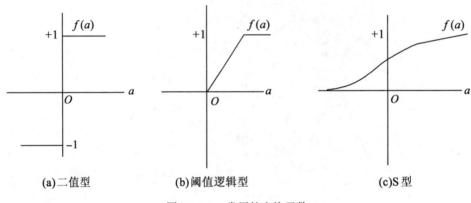

(a)二值型　　(b)阈值逻辑型　　(c)S型

图 10.4.3 常用的变换函数

2. BP 神经网络

BP 神经网络是反向传播算法的简称。20 世纪 80 年代末期，BP 反向传播标法的提出，掀起了基于统计模型的机器学习热潮，这个热潮一直持续到今天。在很多方面显示出优越性，其实质是把一组样本输入、输出问题转化为一个非线性优化问题，并通过梯度算法利用迭代运算求解权值问题。

BP 神经网络通常有一个或多个隐含层，含有一个隐含层的 BP 神经网络结构如图 10.4.4 所示。图中 $P1$ 代表输入层有 R 个分量的输入向量，$W1$、$W2$、$b1$、$b2$、$a1$、$a2$、$S1$、$S2$、$n1$ 和 $n2$ 分别为隐含层、输出层神经元的权矩阵、阈值向量、输出向量、神经元数及加权和向量。隐含层神经元的变换函数采用 log-sigmoid 型函数，输出层神经元的变换函数采用线性函数。

应用 BP 神经网络分类的关键问题涉及网络结构设计、网络学习等。在 BP 神经网络结构确定后，就可利用输入输出样本集对网络进行训练。即对网络的权值和阈值进行学习和调整，使网络实现给定的输入输出映射关系。其学习过程包括正向传播和反向传播两个过程。在正向传播过程中，输入信息从输入层经隐含层逐层处理，并传向输出层。每一层神经元的状态只影响下一层神经元的状态。如果输出层不能得到期望的输出，则转入反向传播，将误差信号沿原来的路径返回。通过修改各层神经元的权值，使误差最小。

但 BP 算法具有收敛速度慢、局部极值、难确定隐含层数和隐节点数等主要问题，在实际应用中很难胜任。对 BP 算法已有许多改进算法，这里介绍采用动量法和学习率自适应调整的策略，以提高学习率并增强算法的可靠性。具体算法如下：

(1) 初始化权值 W 和阈值 b。即把所有权值和阈值都设置成较小的随机数。

(2) 提供训练样本对。包括输入向量和目标向量。

(3) 计算隐含层和输出层的输出。

对于图 10.4.4 来说，隐含层的输出为：
$$a1 = \text{logsig}(W1 * P1 + b1) \tag{10.4.2}$$
式中：logsig( ) 是 sigmoid 型函数的对数式。

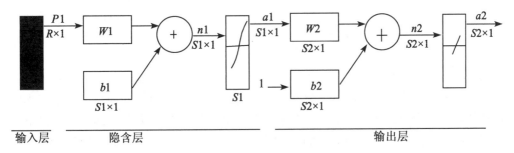

图 10.4.4　具有一个隐含层的 BP 神经网络结构

输出层的输出为
$$a2 = W2 * a1 + b2 \tag{10.4.3}$$

(4) 调整权值。标准的 BP 神经网络的权向量调整公式为
$$W(k+1) = W(k) + \eta D(k) \tag{10.4.4}$$

$W(k+1)$、$W(k)$ 分别为第 $k+1$ 和 k 次训练的权向量，η 称为学习率，$D(k)$ 是第 k 次训练的负梯度（表达式及其推导在此略去）。可见标准的 BP 算法实质上是一种简单的最快下降静态寻优算法。在修正权值时，只按照第 k 次训练的负梯度方式进行，而没有考虑到以前积累的经验，从而常常使学习过程发生振荡，收敛缓慢。若在式(10.4.4)中增加一动量项 $a[W(k)-W(k-1)]$，$0<a<1$，则往往能加速收敛，并使权值的变换平滑。

收敛速度与学习率大小有关。学习率小，收敛慢；学习率大，则有可能修正过头，导致振荡甚至发散。自适应调整学习率的算法如下：
$$W(k+1) = W(k) + \eta(k) D(k) \tag{10.4.5}$$
$$\eta(k) = 2^\lambda \eta(k-1) \tag{10.4.6}$$
$$\lambda = \text{sign}[D(k)D(k-1)] \tag{10.4.7}$$

当连续 2 次迭代其梯度方向相同时，表明下降太慢，λ 取 +1，可使 η 步长加倍；当连续 2 次迭代其梯度方向相反时，表明下降过头，这时 λ 取 -1 使 η 步长减半。可见自适应调整学习率有利于缩短学习时间。转至(2)连续迭代，训练过程一直到权值稳定为止。

在训练期间，可以在输出层上对每一输入向量统计均方根误差值（与目标向量的差）。根据经验，在一般情况下，当均方根误差降至 0.01 以下就可以停止训练了。这时称该网络已收敛。于是各连接的权值就固定下来，并可测试该网络的总体性能，然后投入实际使用。

（5）采用训练好的网络对图像进行分类。

网络的大小从性能和计算量来说都是一个重要的因素。已有结果表明，含有一隐含层网络已经足够近似任何连续函数，含二隐含层则可以近似任意函数。

输入层神经元的数量通常由应用来决定。在反向传播中，它等于特征向量的维数。而输出层神经元数量则通常与类别的数量相同。

中间的隐含层数和每一隐含层的神经元数目则是设计时需要选择的。在大多数情况下，每一隐含层的神经元的数量比输入层少得多。通常为了减少过度训练的危险，也需要将这个数量尽量减少。但另一方面，隐含层中神经元太少会使得网络无法收敛到一个对复杂特征空间适当的划分。当一个网络收敛后，一般可以减少神经元的数量再进行训练，并且往往会得到更好的结果。

与统计方法的分类器一样，训练样本必须对整个特征空间总体分布具有代表性，使得网络能对每一类建立恰当的概率分布模型。神经网络应避免过度训练。大量训练的结果往往使得决策面极其复杂，尤其是当节点数目和连接数目很大时。如果训练集不大的话，很可能会导致网络只"记住"了特定的训练样本，而不是调整到能正确划分整个特征空间，这样网络性能会很差。当测试的错误率停止减小并开始上升时，表明网络过度训练开始了。过度训练可以用一个较大的训练集和一个截然不同的测试集来避免。

另外，训练样本次序的随机性也很重要。顺序的输入各类样本将会导致收敛很慢，并且使分类不可靠。对随机的样本进行训练可以产生一种噪声干扰，它可以帮助网络跳出局部极值的陷阱。有时还人为地在训练样本中增加噪声干扰，实验证明它有助于网络收敛。

神经网络的特点主要表现在三个方面：

第一，具有自学习功能。

第二，具有联想存储功能。用人工神经网络的反馈网络就可以实现联想。

第三，具有高速寻找优化解的能力。寻找一个复杂问题的优化解，往往需要很大的计算量，利用一个针对某问题而设计的反馈型人工神经网络，发挥计算机的高速运算能力，可能很快找到优化解。

基于神经网络的模式识别法相对其他方法来说，优势在于：①它要求对问题的了解较少；②它可以实现特征空间较复杂的划分；③它宜于高速并行处理系统实现。

这种方法的热衷者指出，由于人脑具有令人惊讶的模式识别能力，人工神经网络最终很可能具有这种能力。然而，迄今为止对由人工神经网络实现的模式识别系统性能的测试结果表明，一般只能达到良好的统计分类器水平。

神经网络分类与基于统计方法的分类器相比，其弱点在于：①需要更多的训练数据；②在一般的计算机上模拟运行速度很慢；③无法透彻理解所使用的决策过程（例如，无法得到特征空间中的决策面）。

对于任何分类器，无论它是怎样实现的，其功能不过是将特征空间划分为与每类对应的不同区域,并依此给对象分类。而分类器的性能最终既受到特征空间中不同类别的相互重叠所限制,又受到获取有代表性的训练样本集、由样本集建立最优的分类平面以及设计分类器的程序等实际困难的限制。因此,只有当神经网络能比统计方法更好地划分特征空间时,它的性能才有可能比基于统计方法的分类器更好。即使如此,它的性能从根本上还是会受到特征空间中不同类的重叠的限制。

10.4.3 深度学习与卷积神经网络

1. 深度学习概述

深度学习的概念源于人工神经网络的研究,由 Hinton 等人于 2006 年提出。其动机在于建立、模拟人脑进行分析学习的神经网络,它模仿人脑的机制来解释数据。深度学习是机器学习中一种基于对数据进行表征学习的方法。近年来,随着深度学习高效学习算法的涌现,机器学习界掀起了研究深度学习理论和应用的热潮,在图像、语音、自然语言处理等研究领域取得了广泛的应用。在计算机视觉领域,基于深度学习的图像分类、目标检测、定位、视频跟踪和场景分类等方面的算法研究与应用取得了卓越的进展。

深度学习的实质是通过构建具有很多隐藏层和节点的机器学习模型,并利用海量数据对模型进行训练,来"自动"学习更好的特征,进而提高预测和分类的可靠性和准确性,而不需要"专家"针对具体的对象去设计特征。其中,"深度模型"是手段,"特征提取"是目的。深度学习模型参考了人眼和大脑的分层视觉处理系统,从大量的数据中获得"经验",让机器自动学习良好的特征表达,从而免去费时费力的人工选取特征过程,但需要多层网络来获得更抽象的特征表达。深度学习是一种非监督特征学习,如果在深度网络模型后面加上一个分类器,就变成了监督学习。

在处理更加复杂多变的对象和多类问题时,深度学习能以紧凑简洁的方式来表达比浅层网络大得多的函数集合,能够使用深度网络来学习"部分-整体"的分解关系和"低级-高级"(简单-复杂)的递进关系。

从海量数据中学习得到最佳的特征表达,将学习到的特征送入分类器进行分类,使得预测和分类结果更加准确可靠。可以说,深度学习的能力是神经网络应用取得成功的根本原因之一。

2. 卷积神经网络

卷积神经网络(Convolutional Neural Networks,CNN)是多层的神经网络,包含了卷积层、池化层、激活层、全连接层和损失层等,具有局部互联、权值共享、下采样(池化)和使用多个卷积核与卷积层的特点。下面以图 10.4.5 一个基本的二维卷积神经网络为例进行介绍。

1)卷积神经网络结构
(1)卷积层。
卷积层是卷积神经网络的核心,主要任务是特征提取,具有局部互联、权值共享和使用多卷积核与多卷积层的特点。

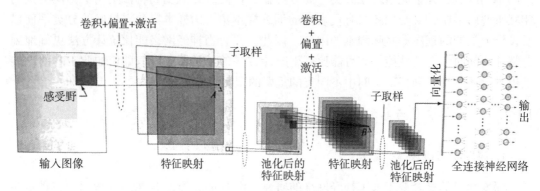

图 10.4.5 卷积神经网络

①局部互联。

卷积神经网络则是把每一个隐藏节点只连接到图像的某个局部区域，从而减少参数训练的数量。图 10.4.5 中的最左侧部分是输入图像中一个位置的一个邻域。用 CNN 术语时，这些邻域称为感受野。感受野的作用是在输入图像中选择一个像素区域。CNN 执行的卷积是在每个位置求一组权重和感受野中包含的像素作积和运算。感受野移动时的空间增量的数值称为步幅。在 CNN 中，使用大于 1 的步幅的目的之一是减少数据，目的之二是代替子取样，降低系统对空间平移的敏感度。局部互联是指每个神经元只感知局部的图像区域。网络部分连通的思想，受启发于生物学里面的视觉系统结构。视觉皮层的神经元就是局部接受信息的，人对外界的认知是从局部到全局的，图像的空间联系也是局部的像素联系较为紧密，距离较远的像素相关性则较弱。因而，每个神经元其实没有必要对全局图像进行感知，只需要对局部进行感知，然后在更高层将局部的信息综合起来就得到了全局的信息。

②权值共享。

在卷积神经网络的卷积层中，神经元对应的权值是相同的，由于权值相同，因此可以减少训练的参数量。每个卷积值加上一个偏置后，得到的结果通过一个激活函数传递，生成单个值。然后，这个值被馈送到下一层的输入中的对应位置(x,y)。对输入图像中的所有位置重复这一过程，就能解释得到的一组二维值。这组二维值作为一个二维阵列存储在下一层中，称为特征映射，特征映射统称为卷积层。因为卷积的作用是从输入中提取特征，如边缘、点和块。使用相同的权重和单个偏置，生成对应于输入图像中感受野的所有位置的卷积（特征映射）值。这样做是为了在图像的所有点处检测到相同的特征。为实现这一目的而使用相同的权重和偏置被称为权重（或参数）共享。

③多卷积核与多卷积层。

每个卷积都是一种特征提取方式，使用某种卷积核，可以提取某种性质的特征。使用多种不同的卷积核，就能够提取多种性质的特征。在多层都进行卷积，能够提取更深层次的特征，实现从低级到高级、局部到整体的特征提取，使网络更具有层次感。

(2) 池化层(Pooling)。

经过卷积获得特征后,最后利用这些特征进行分类。如果使用所有提取到的特征去训练分类器,会造成很大的计算量。为了解决这一问题,需要对特征图进行下采样,即池化(或池化特征映射),下采样的目的是压缩数据,降低数据维度,同时还能改善过拟合现象。

池化层本质上是对卷积后的特征图进行压缩,提取主要特征,将语义相似的特征融合,对平移、形变不敏感。池化是对不同位置的特征进行聚合统计,通过计算图像某种特征在某个区域的最大值或平均值作为在该区域的聚合统计特征。

三种常见的池化方法是:①平均池化,此时每个邻域中的值被该邻域中的平均值替换;②最大池化,此时每个邻域中的值用其元素的最大值替换;③L2池化,此时池化值是邻域值的平方和的平方根。

感受野、卷积、权重共享和池化的使用是CNN的独特特性。

图10.4.4中的CNN有两个卷积层。第一个卷积层有3个特征映射,感受野大小为5×5,采用2×2的池化邻域;第二个卷积层有6个特征映射,感受野大小为3×3,也采用2×2的池化邻域。

(3)激活层。

输入图像通过卷积层和池化层后得到一些特征图,在输入到分类层之前,需将所有特征图连接起来,构成一个特征向量,最后利用分类器完成分类。

激活层对输入数据经过激活函数计算得到输出,激活函数的主要作用是提供网络的非线性建模能力。若没有激活函数,则网络仅能够表达线性映射,而线性映射的表达能力十分有限,此时即便有再多的隐藏层,其整个网络与单层神经网络也是等价的。因此,只有使用激活函数之后,深度神经网络才具备了分层的非线性映射学习能力。激活函数除了具有非线性外,还需要单调可微,只有激活函数是单调时才能保证网络函数是凸函数,只有凸函数才能通过优化求得最优解。

(4)全连接层。

全连接层的每一个节点都与上一层的所有节点相连,用来把前面提取到的特征综合起来。相比于卷积层的局部连接方式,全连接层需要更多的连接参数,但在之前经过数次卷积和池化后,特征图的维度已经降低到比较小的程度,因此在卷积网络中使用全连接层并不会带来太大的计算量。

卷积层得到的是二维空间的特征图,而全连接层能够将二维空间的特征图拉伸成一维特征向量,最后把全连接层的输出送入分类器或回归器做分类和回归。全连接层在整个神经网络中起到"分类器"的作用,卷积层、池化层和激活层等操作将原始数据映射到隐层特征空间,全连接层则将学到的"分布式特征表示"映射到样本标记空间,在卷积网络的末端使用全连接层,以达到分类或回归的目的。全连接层本质上就是卷积核大小等于输入特征图尺寸大小的卷积层。在实际使用中,全连接层可由卷积操作实现,当前一层是卷积层时,全连接层可以转化为卷积核为特征图大小的全局卷积,而当前一层是全连接层时,全连接层可以转化为卷积核为1×1的卷积。

全连接层的缺点在于破坏了图像的空间结构,且存在参数冗余的问题。全局平均池化是替代全连接层的一种有效手段。

2) 训练 CNN

训练 CNN 的目的是寻找一个模型，通过学习样本，让这个模型能够记忆足够多的输入与输出映射关系。模式识别中，神经网络的有监督学习是主流，无监督学习更多用于聚类分析。对于 CNN 的有监督学习，本质上是一种输入到输出的映射，在无须任何输入和输出间的数学表达式的情况下，学习大量的输入与输出间的映射关系。简而言之，就是仅用已知的模式对 CNN 训练使其具有输入到输出间的映射能力。其训练样本集是标签数据。除此之外，训练之前需要一些"不同"(保证网络具有学习能力)的"小随机数"(权值太大，网络容易进入饱和状态)对权值参数进行初始化。

CNN 的训练过程可分为前向传播和后向传播两个阶段：

第一个阶段，前向传播：

(1) 将图像数据输入到卷积神经网络中。

(2) 逐层通过卷积池化等操作，输出每一层学习到的参数，$n-1$ 层的输出作为 n 层的输入。上一层的输入 x^{l-1} 与输出 x^l 之间的关系为

$$x^l = f(W^l x^{(l-1)} + b^l) \tag{10.4.8}$$

式中，l 为层数；W 为权值；b 为一个偏置；f 是激活函数。

(3) 最后经过全连接层和输出层得到更显著的特征。

第二个阶段，反向传播：

(1) 通过网络计算最后一层的残差和激活值。

(2) 将最后一层的残差和激活值通过反向传递的方式逐层向前传递，使上一层的神经元根据误差来进行自身权值的更新。

(3) 根据残差进一步算出权重参数的梯度，并再调整卷积神经网络参数。

(4) 继续第(3)步，直到收敛或已达到最大迭代次数。

对于 CNN 的无监督学习，实质上是"预训练+监督微调"的模式，预训练采用逐层训练的形式，就是利用输入输出对每一层单独训练。其训练样本集是无标签数据。预训练之后，再利用标签数据对权值参数进行微调。相对于获取有标签数据的昂贵代价，很容易得到大量的无标签数据。自学习方法能够通过使用大量的无标签数据来学习得到所有层的最佳初始权重，即得到更好的模型。相比于有监督学习，自学习方法利用大量数据学习和发现数据中存在的模式，通常该方法能够提高分类器的性能。

3. VGG 卷积神经网络

深度学习卷积神经网络的一个典型网络是 VGGNet，它是由牛津大学计算机视觉组 VGG(Visual Geometry Group) 和 Google Deep Mind 公司一起研发的。VGGNet 探索了卷积神经网的深度与其性能之间的关系，通过反复堆叠 3×3(极少数 1×1) 的小型卷积核和 2×2 的最大池化层，不断加深网络结构来提升性能。VGG 中根据卷积核大小和卷积层数的目的不同，可分为 A, A-LRN, B, C, D, E 共 6 个不同的网络配置(见表 10.1)，其中以配置 D, E 较为常用，分别称为 VGG-16 和 VGG-19。卷积层参数表示为 conv(感受野大小)-通道数，如 conv3-64。

表 10.1　　6 个不同的 VGG 网络配置

A	A-LRN	B	C	D	E
ConvNet Configuration					
input(224×224 RGB image)					
conv3-64	conv3-64 LRN	conv3-64 conv3-64	conv3-64 conv3-64	conv3-64 conv3-64	conv3-64 conv3-64
maxpool					
conv3-128	conv3-128	conv3-128 conv3-128	conv3-128 conv3-128	conv3-128 conv3-128	conv3-128 conv3-128
maxpool					
conv3-256 conv3-256	conv3-256 conv3-256	conv3-256 conv3-256	conv3-256 conv3-256 conv3-256	conv3-256 conv3-256 conv3-256	conv3-256 conv3-256 conv3-256 conv3-256
maxpool					
conv3-512 conv3-512	conv3-512 conv3-512	conv3-512 conv3-512	conv3-512 conv3-512 conv3-512	conv3-512 conv3-512 conv3-512	conv3-512 conv3-512 conv3-512 conv3-512
maxpool					
conv3-512 conv3-512	conv3-512 conv3-512	conv3-512 conv3-512	conv3-512 conv3-512 conv3-512	conv3-512 conv3-512 conv3-512	conv3-512 conv3-512 conv3-512 conv3-512
maxpool					
PC-4096					
PC-4096					
FC-1000					
soft-max					

在 2014 年的 ImageNet 比赛中,深度最深的 16 层和 19 层 VGGNet 网络模型在定位和分类任务上分别获得第一和第二。

以 VGG-16 为例,其网络结构如图 10.4.6。VGG-16 网络包含 16 层,其中 13 个卷积层,3 个全连接层,共包含参数约 1.38 亿个。VGG-16 网络结构很规整,没有那么多的超参数,专注于构建简单的网络,都是几个卷积层后面跟一个可以压缩图像大小的池化层。随着网络加深,图像的宽度和高度都在以一定的规律不断减小,每次池化后刚好缩

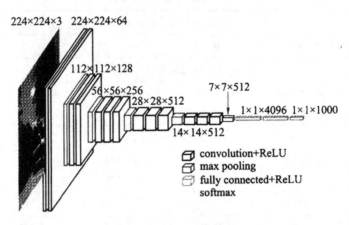

图 10.4.6　VGG-16 网络结构

小一半。

预处理：图片的预处理就是每一个像素减去均值，是比较简单的处理。

卷积核：整体使用卷积核都比较小，3×3 是可以表示"左右"、"上下"、"中心"这些模式的最小单元。还有比较特殊的 1×1 的卷积核，可看作是空间的线性映射。

前面几层是卷积层的堆叠，依次为 2 个卷积层、1 个池化层、2 个卷积层、1 个池化层、3 个卷积层、1 个池化层、3 个卷积层、1 个池化层、3 个卷积层、1 个池化层，后面是 3 个全连接层，最后是 softmax 层。所有隐层的激活单元都是 ReLU。

使用多个较小卷积核的卷积层代替一个卷积核较大的卷积层，一方面可以减少参数，另一方面相当于进行了更多的非线性映射，可以增加网络的拟合/表达能力。

由于篇幅所限，有关深度学习知识可参看本书第 11 章和相关书籍。

习题

1. 简述统计模式识别的原理。
2. 线性判别函数在两类分类中如何应用？
3. 简述贝叶斯分类的一般过程，在什么情况下采用贝叶斯分类法比较合适？
4. 简述句法模式识别的原理，并画出其原理框图。
5. 统计模式识别法有哪些缺点？
6. 简述一个神经元的工作原理。
7. 简述一般神经网络的工作过程。
8. 三层 BP 神经网络的每一层分别起什么作用？BP 神经网络存在哪些缺点？给出一种改进方法。
9. 考虑一个 CNN，其输入是大小为 512×512 像素的多幅 RGB 彩色图像。网络有两个卷积层。使用这些信息回答如下问题：

（1）第一层中各个特征映射的空间尺寸都是 504×504，并且第一层中有 12 个特征映射。假设未使用填充，且所用的核是方形的和奇数大小的，那么这些核的空间尺寸是多少？

（2）如果用大小为 2×2 的邻域完成了下取样，那么第一层中池化特征映射的空间尺寸是多少？

（3）第二层中卷积核的空间尺寸是 3×3。假设未填充，那么第二层中特征映射的空间尺寸是多少？

第 11 章 数字图像处理的应用

数字图像处理的应用相当广泛,在绪论中已罗列了在医学、遥感、工业、军事等多方面的应用,在其余章节结合理论给出了一些应用示例。由于篇幅所限,本章不可能包罗万象,仅介绍了数字图像处理用于遥感影像融合、道路交通标志检测与识别、文字识别和序列图像分析等方面的内容。

11.1 多源遥感影像像素级融合技术

目前对地观测卫星提供了越来越多的覆盖同一地区的多空间分辨率、多时相和多光谱的影像,为进行地形测绘与地图更新、土地利用分类、农作物与森林分类、冰/雪/洪涝灾害监测等提供了丰富的数据。但设计同一平台上的遥感成像装置时,要采用全色、多光谱或超光谱传感器获取同步影像,由于波谱段变窄,要保持获取影像的信噪比,必须逐渐增大瞬时视场 IFOV 以采集更多的光,因此导致获取的影像空间分辨率逐渐下降,全色影像具有较高的空间分辨率但缺乏光谱信息,多光谱影像光谱分辨率高,光谱信息丰富,但其空间分辨率低。现代遥感成像装置如 SPOT 和陆地卫星 Landsat 都具备获取一套多光谱和高空间分辨率全色影像的性能,但如何获取高空间分辨率多光谱影像满足土地利用分类和资源调查等的要求,是亟待解决的问题。多源遥感影像数据像素级融合技术是解决这一问题的关键技术。

11.1.1 基本概念

多源遥感影像像素级融合是指采用某种算法将覆盖同一地区(或对象)的两幅或多幅空间配准的影像生成满足某种要求的影像的技术。它是富集多源遥感影像信息的重要技术手段之一。

从所用影像类型划分,多源遥感影像像素级融合包括:单一传感器的多时相影像融合、多传感器的多时相影像融合、单一平台多传感器的多空间分辨率影像融合、多平台单一传感器的多时相影像融合和同一时相多传感器影像融合。

11.1.2 像素级影像融合过程与特点

多源遥感影像像素级融合首先必须根据实际应用目的、融合方法和相关技术从现有遥感影像数据中选取合适的影像数据,并进行预处理。预处理主要包括影像辐射校正、影像几何校正、高精度空间配准和重采样。其中空间配准是多源遥感影像融合非常重要的一步,其误差大小直接影响融合结果的有效性。低空间分辨率影像和高空间分辨率影像融合之前的空间配准,一般以高分辨率影像为参考影像,对低分辨率影像进行几何校正并重采样,使之与高分辨率影像的分辨率匹配。一般要求配准误差限制在高分辨率影像1个像素范围内,或低分辨率多光谱影像像素大小的10%~20%内。其次,根据实际应用目的选择合适的融合方法。最后还需对融合的影像进行评价。

以上是基于像素的多源遥感影像融合的大致过程。从融合过程来看,多源遥感影像融合成败的关键在于:

(1)根据实际应用目的选择合适的遥感影像数据;
(2)对影像数据有效地进行预处理,尤其是要高精度空间配准;
(3)寻求合适的融合方法。

一般来说,像素级影像数据融合的优点是对原始的观测数据处理,融合的影像保留了尽可能多的原始影像信息,避免了特征提取过程中信息损失。

11.1.3 多源遥感影像的空间配准方法

多源遥感影像融合的基础是影像间的空间配准。一般的方法是先进行人工选点,然后进行多项式校正。这一方法的缺点是人工选点的数目有限,影响了配准的精度和融合的效果,效率也较低。下面介绍一种基于SIFT特征点的小面元微分纠正法,流程如图11.1.1所示。

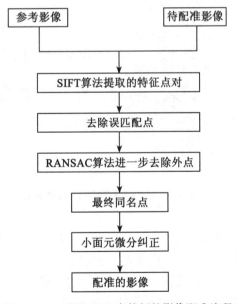

图11.1.1 基于SIFT点特征的影像配准流程

SIFT算法是David Lowe于1999年提出的局部特征描述子。它是一种通过在高斯差分尺度空间寻找极值点作为关键点,提取尺度、亮度、旋转不变量的算法。SIFT算法主要步骤如下:

(1)尺度空间构建。在构建的高斯金字塔影像基础上,相邻图层相减构造高斯差分尺度空间 DOG(Difference of Gaussian)。

为了有效地在尺度空间检测到稳定的关键点，David Lowe 提出了在高斯差分尺度空间(DOG scale-space)中检测极值点。高斯差分尺度空间利用不同尺度的高斯差分核与图像卷积生成。

(2)构建 DOG。其过程为：首先构建高斯金字塔影像。假设金字塔共 O 组(Octave)，每组 S 层，由于极值点的检测需要与相邻上下层图像进行比较，因此若要在这 S 层中完整检测极值点，需在每个 Octave 中建立 $S+3$ 层图像。利用不同尺度 σ 对图像高斯卷积建立金字塔影像。然后在建好的金字塔每层图像上，每个 Octave 中相邻图像相减，即生成高斯差分图像序列 DOG，如图 11.1.2 所示。

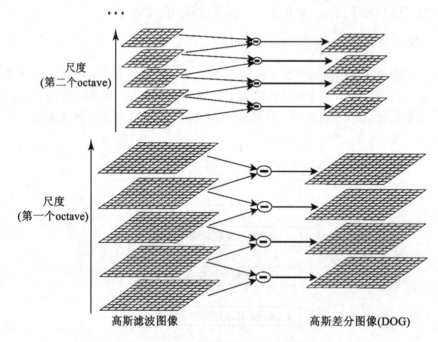

图 11.1.2 高斯差分影像 DOG 的构建

(3)关键点精确定位。精确定位每个候选点的位置和尺度，删除不稳定的候选点。

通过拟合泰勒公式展开的三维二次函数，精确定位关键点的位置和尺度，以达到亚像素精度。同时去除低对比度的关键点和不稳定的边缘响应点，以增强匹配稳定性，提高抗噪声能力，因为 DOG 算子会产生较强的边缘响应。

(4)关键点方向分配。利用关键点邻域像素的梯度方向分布特性，为每个关键点分配方向参数，使算子具备旋转不变性。

利用关键点邻域像素的梯度方向分布特性为每个关键点分配方向参数，使算子具备旋转不变性。以关键点为中心的邻域内各像素计算梯度值和梯度方向，统计邻域像素的梯度方向直方图。直方图的峰值代表了关键点方向。在梯度方向直方图中，当存在另一个相当于主峰值 80% 能量的峰值时，则将该方向认为是该关键点的辅方向。一个关键点可能会被指定多个方向(一个主方向，一个以上辅方向)，以增强匹配的稳健性。

至此，图像的关键点已检测完毕，每个关键点包含三个信息：位置、所处尺度、方向。

(5)关键点描述子构造。构造具有尺度、旋转不变性的128维描述子。

当两幅图像的 SIFT 特征向量生成以后，下一步就可以采用关键点特征向量的欧式距离作为两幅图像中关键点的相似性判据。取参考图像的某个关键点，通过遍历找到待配准图像中的距离最近的两个关键点。在这两个关键点中，如果次近距离除以最近距离小于某个阈值，则判定为一对匹配点。

最后构建三角网进行小面元微分纠正，实现多源遥感影像的配准。

11.1.4　像素级影像融合方法及其特点

对于高空间分辨率全色影像和低空间分辨率多光谱影像的融合而言，目的是获取空间分辨率增强的多光谱影像。理论上要求融合的影像不仅具有高空间分辨率影像的分辨率，而且不应使原多光谱影像的光谱特性产生变化。但实际上，通过融合增强多光谱影像分辨率，必然会产生多光谱影像光谱特性或多或少的变化。为保证地物在原始影像数据的光谱可分离性经融合后仍保持不变，即融合影像仍具有可分离性，适于计算机影像判读和分类等后续处理，应该在保持原多光谱影像的光谱特性变化小，以致人眼察觉不到或不影响计算机后续处理的前提下，将高空间分辨率全色影像和低空间分辨率多光谱影像融合，尽量增强多光谱影像的分辨率，改善后续处理效果，达到预期目的。

现有多源遥感影像像素级融合方法很多，从作用域出发，作者提出将像素级遥感影像融合法分为空间域融合和变换域融合两类，图 11.1.3 为现有像素级融合方法。

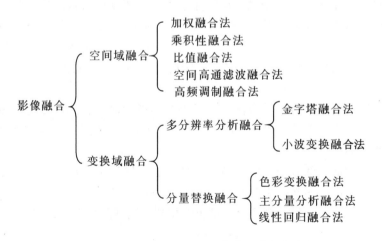

图 11.1.3　像素级融合方法

空间域融合法是指采用某种算法直接对空间配准的高空间分辨率影像和低分辨率多光谱影像在空间域进行处理，获得融合影像。

变换域融合法是指对低分辨率影像或高、低分辨率影像进行变换，并按一定规则在变换域进行融合处理,然后经逆变换获得融合的影像。

1. 空间域融合法

1)加权融合法

为了将高空间分辨率影像的空间信息传递给低空间分辨率的多波段影像上,获取空间分辨率增强的多光谱影像,加权融合法采用下式进行融合。

$$I_{fused}=A \cdot (P_H I_H + P_L I_L)+B \tag{11.1.1}$$

式中:I_{fused}为融合影像灰度值;A、B为常数;P_H、P_L是权系数,I_H、I_L分别是高空间分辨率影像和低分辨率多波段影像的像素灰度值。

该方法融合影像效果与权系数P_H、P_L和比例系数的选取有关。可用于 TM 和 SPOT 全色影像的融合,但融合影像与原多光谱影像的光谱特征有较大差异。

2)乘积性融合法

Cliche(1985)提出了三种乘积性融合方法对 SPOT 全色影像和多光谱影像融合,表达式如下

$$I_{fused}=A \cdot (I_H \cdot I_L^i)^{\frac{1}{2}}+B \tag{11.1.2}$$

$$I_{fused}=A \cdot (I_H \cdot I_L^i)+B \tag{11.1.3}$$

$$\begin{cases} I_{blue}=A_1 \cdot (I_H \cdot I_L^1)^{\frac{1}{2}}+B_1 \\ I_{green}=A_2 \cdot (I_H \cdot I_L^2)^{\frac{1}{2}}+B_2 \\ I_{red}=A_3 \cdot (0.25I_H+0.75I_L^3)+B_3 \end{cases} \tag{11.1.4}$$

式中:I_H代表全色影像;I_L^i代表第 i 波段多光谱影像。

式(11.1.2)的融合方法由于能保证融合影像像素灰度在灰度许可范围内且近似为反射率的线性函数,红、绿波段同全色影像融合效果较好,而红外波段因与全色影像相关性小,效果并不理想;式(11.1.3)的融合方法会导致融合的影像反差变小;式(11.1.4)的融合方法对红外波段采用加权融合,且权值大,因此能得到较满意的视觉结果。

3)比值融合法

比值处理是遥感影像处理中常用的方法。对于多光谱影像而言,比值处理可将反映地物细节的反射分量扩大,不仅有利于地物的识别,还能在一定程度上消除太阳照度、地形起伏阴影和云影等的影响。

高空间分辨率影像和低空间分辨率的多波段影像融合,针对不同影像类型提出了诸多比值融合法。如一种常用于多光谱影像增强的 Brovey 比值融合方法,该方法假设高分辨率全色影像的光谱响应范围与低分辨率多光谱影像相同,则其融合表达式如下

$$I_{fused}=\frac{XS_i \cdot PAN}{\sum_{j=1}^{n} XS_j} \tag{11.1.5}$$

式中:n 为多光谱波段数。其优点在于增强影像的同时能够保持原多光谱影像的光谱信息,但没解决波谱范围不一致的全色影像和多光谱影像融合的问题。该方法可用于 SPOT 全色与其多光谱影像、SPOT 全色与 TM 多光谱影像的融合。

4)空间高通滤波融合法

提高多光谱影像空间分辨率的方法之一,是将较高空间分辨率影像的高频信息(细节和边缘等)逐像素叠加到低空间分辨率的多光谱影像上。根据对高频信息分量的叠加方式可分为不加权和加权高通滤波融合法两种。

① 不加权融合法。

不加权融合法是采用一个较小的空间高通滤波器对高空间分辨率影像滤波,直接将高通滤波得到的高频成分依像素地加到各低分辨率多光谱影像上,获得空间分辨率增强的多光谱影像。常称为空间高通滤波融合法。融合表达式如下

$$F_k(i,j) = M_k(i,j) + \text{HPH}(i,j) \tag{11.1.6}$$

式中:$F_k(i,j)$ 表示第 k 波段像素 (i,j) 的融合值;$M_k(i,j)$ 表示低分辨率多光谱影像第 k 波段像素 (i,j) 的值;$\text{HPH}(i,j)$ 表示采用空间高通滤波器对高空间分辨率影像 $P(i,j)$ 滤波得到的高频影像像素 (i,j) 的值。该方法将较高空间分辨率影像的高频信息与多光谱影像的光谱信息融合,获得空间分辨率增强的多光谱影像,并具有一定的去噪功能。问题的关键是设计滤波器。合理的办法是用低通滤波器去匹配多光谱影像的点扩散函数,但精确测定多光谱影像的点扩散函数是很困难的,而且与点扩散函数匹配的低通滤波器受瞬时视场、传感器类型和重采样函数的影响。

作者根据成像系统点扩散函数特性和 Heisenberg 测不准原理,采用高斯滤波器对高分辨率影像滤波来获取低频成分和高频成分,然后进行融合,得到令人满意的融合影像。因为一般成像系统的点扩散函数呈正态分布,因此采用高斯正态分布函数作为滤波器对高分辨率影像滤波是合理的。若假定成像系统为线性不变系统,那么二维高斯滤波器可转化为一维高斯滤波器形式表示。对于一维高斯滤波器而言,只要给出方差 σ 参数,高斯滤波器也就可以确定了。根据 Heisenberg 测不准原理,采用高斯滤波器能保证滤波得到的高频成分产生的空间位置误差小,因而融合的影像对后续分类、边缘检测和分割处理都是有效的。

② 加权融合法(高频调制融合法)。

加权融合法,亦即高频调制融合法,是将高分辨率影像 $P(i,j)$ 与空间配准的低分辨率第 k 波段多光谱影像 $M_k(i,j)$ 进行相乘,并用高分辨率影像 $P(i,j)$ 经过低通滤波后得到的影像 $\text{LPH}(i,j)$ 进行归一化处理,得到增强后的第 k 波段融合影像。其公式为

$$F_k(i,j) = M_k(i,j) \cdot P(i,j) / \text{LPH}(i,j) \tag{11.1.7}$$

高分辨率影像 $P(i,j)$ 经过低通滤波后分解成 $\text{LPH}(i,j)$ 和 $\text{HPH}(i,j)$ 两部分。即

$$P(i,j) = \text{LPH}(i,j) + \text{HPH}(i,j) \tag{11.1.8}$$

将上式代入式(11.1.7),得

$$F_k(i,j) = M_k(i,j) + M_k(i,j) \cdot \text{HPH}(i,j) / \text{LPH}(i,j) \tag{11.1.9}$$

令 $K(i,j) = M_k(i,j) / \text{LPH}(i,j)$,则有

$$F_k(i,j) = M_k(i,j) + K(i,j) \cdot \text{HPH}(i,j) \tag{11.1.10}$$

可见式(11.1.10)对高分辨率影像高频部分 $\text{HPH}(i,j)$ 以权 $K(i,j)$ 调整,然后加到多光谱影像上。因此称为加权融合法。该方法的技术关键在于设计合适的低通滤波器。

高通滤波融合法虽然简单,对波段数没有限制。但不加权融合法对高分辨率影像进

行滤波后，滤波得到的高频分量会丢失高分辨率影像重要的纹理信息。对于负相关情形会产生人工效应，尤其在植被/土壤边缘附近。加权融合法的优点是在提高低多光谱影像的空间分辨率的同时，能够有效保护原始多光谱影像的光谱信息，并且对参加融合的多光谱影像的波段数没有限制。融合的影像对于农业区农作物识别与分类尤其适用。

在以上空间域融合法中，高频调制融合法简单、效果好，是一种应用较广的影像融合法。

2. 变换域融合法

变换域融合法是指对低分辨率影像或高、低分辨率影像进行某种变换，并按一定规则在变换域进行融合，然后经逆变换获得融合影像的方法。它可分为多分辨率分析融合法和分量替换融合法两类。

1) 多分辨率分析融合法

多分辨率分析融合法包括金字塔融合法和小波分析融合法。

(1) 金字塔融合法。

影像金字塔提供了一种灵活的、简便的多分辨率分层框架。对以金字塔形式表示的影像处理从粗分辨率向精分辨率进行或反向进行，能提高处理效率。

在影像融合方面，Burt 发展了基于拉普拉斯金字塔的融合方法。在此基础上 Burt 和 Kolczynski 提出了基于区域的选择准则，在影像梯度金字塔上计算活性测度进行融合；Toet 则探讨了基于影像反差金字塔的融合方法用于反差增强。S. Richard 等对基于高斯金字塔、拉普拉斯金字塔、反差金字塔和梯度金字塔的影像融合进行了比较；L. Alparone 等对基于小波变换和基于通用金字塔的融合法进行了比较，认为基于通用金字塔的融合方法具有较好的灵活性、适用性；当影像空间分辨率之比为有理数时，不必像使用小波变换融合法那样，要设计烦琐的滤波器。

实验结果表明，由 Toet 提出的基于反差金字塔融合的影像视觉效果最好；基于梯度金字塔对光谱扭曲较小，但会产生方块效应。

以上影像金字塔融合方法都是基于高斯线性滤波器进行金字塔分解的，线性滤波器常用来弥补传统采样方法的缺陷。但线性滤波不能很好地定位图像的边缘，并可能损失局部的边缘信息。相对而言，用形态学非线性滤波方法得到的边缘定位则比较准确，边缘信息更丰富。因此提出了基于形态学的金字塔融合方法。

与高斯滤波器不同，形态滤波器由一个滤波器和一个结构元素决定。经典的形态学滤波理论中，开运算是一个抗衰减的操作，而闭运算是一个产生衰减的操作。若 I_{open} 和 I_{close} 分别表示开运算和闭运算，则 $(I_{open}+I_{close})/2$ 具有无偏平滑的性质，可构成形态低通滤波器。结构元素可用欧氏距离法则生成，则影像形态金字塔分解如图 11.1.4 所示。

为完整地重建图像，用下面的公式来计算每一级残差：

$$D_{i+1}=I_i-\text{Expand}(I_{i+1}) \tag{11.1.11}$$

这里 $\text{Expand}(I_{i+1})$ 表示对 I_{i+1} 上采样并进行滤波插值的结果，插值滤波器采用的是开、闭运算的组合。通过对 I_{i+1} 进行上采样插值后，$\text{Expand}(I_{i+1})$ 与影像 I_i 具有同样的尺寸。在采样中，对图像的每两行两列只取一个像素，因此第 $i+1$ 级图像的长和宽都是第 i 级

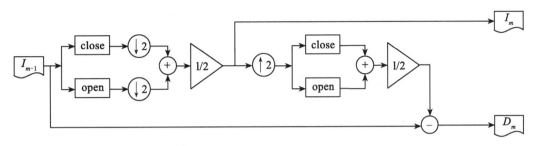

图 11.1.4　影像形态金字塔分解

图像的 1/2。

由式(11.1.12)可知

$$I_i = D_{i+1} + \text{Expand}(I_{i+1}) \qquad (11.1.12)$$

设金字塔层数为 N，则形态金字塔重建影像可写成

$$I = D_1 + \text{Expand}(D_2 + \text{Expand}(D_3 + \cdots + \text{Expand}(I_N))) \qquad (11.1.13)$$

基于形态学金字塔的影像融合法与拉普拉斯金字塔融合法的过程相似，区别在于塔形分解与重构不同。

与拉普拉斯金字塔、对比度金字塔的融合法相比，试验结果表明基于形态金字塔的融合方法更有效。

(2) 小波分析融合法。

很多国外内学者都对小波变换融合法进行了研究，并给出了应用实例。图 11.1.5 是基于 Mallat 小波变换的融合法的流程图。具体融合的过程为：首先，基于小波变换的多分辨率分析分别用于计算影像 A、B 的小波系数和近似数据；其次，对影像 A、B 小波分解后的最低分辨率层的基带数据进行加权融合处理，每级分解的小波系数根据融合模型计算融合后的小波系数；最后将融合后的基带数据与融合后的小波系数一起作逆小波变换得到融合影像。带采样的 Mallat 塔式算法在求小波系数时，必须进行二进制采样，这不仅会引起相位失真，而且不能很好地处理影像分辨率之比 $1/M$ 不为 $(1/2)^r$ 的情况。因此一般改用不带采样的多进制 Mallat 算法，从而既解决任意整数分辨率之比的情况，又不产生相位失真。但要设计具有紧支撑特性的 $1/M$ 带低通线性滤波器。这与采用 á Trous 小波算法进行融合是等价的，不带采样的 Mallat 算法与 á Trous 小波算法的主要区别在于：采用的滤波器不同，Mallat 算法采用正交滤波器，要求尺度滤波器和小波滤波器满足正交条件，而 á Trous 则不要求正交；Mallat 算法得到的是低尺度的小波系数，而 á Trous 算法得到的是同尺度的小波系数。由于二者是等价的，这里就不讨论 á Trous 融合算法。

多分辨率分析影像融合中所用小波变换的选择和滤波器的设计是很重要的，其中最短正交滤波器效果最好。Mallat 算法就是采用的这种滤波器，基带数据的融合模型和影像 A、B 的小波系数之间的融合模型研究是提高融合影像质量的关键。基带数据的融合模型往往对影像 A、B 最低分辨率的基带数据采用加权方式融合，并进行一致性检验。

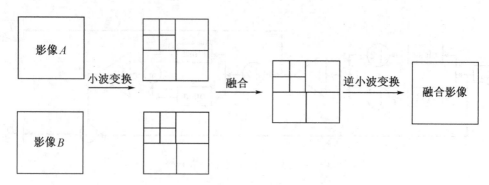

图 11.1.5　基于 Mallat 小波的影像融合

下面主要讨论影像 A、B 的小波系数之间融合模型。

① "标准"模型。

该模型仅用影像 A 的小波系数作为融合的小波系数,而不顾及影像 B 的小波系数(被抛弃),即没有顾及影像 A、B 的光谱差异。采用这种融合模型融合得到的影像空间分辨率提高了,但会导致小目标的光谱信息丢失,效果较差。这主要是因为仅采用影像 B 直接作为近似影像和没顾及 A、B 影像光谱差异的缘故。

② 加法模型。

融合的小波系数是取影像 A、B 的小波系数的和。采用这种融合模型融合,得到的影像在提高空间分辨率的同时,能在很大程度上保持光谱信息,比采用"标准"的小波融合模型融合效果好。

③ 基于局部方差的模型。

小波面局部区域方差的大小作为活性测度来确定融合的小波系数,即融合的小波系数取当前像素局部区域方差较大的系数。结果表明,采用该模型进行融合,融合的影像更加清晰,但在边缘附近可见振铃效应。

④ 基于局部绝对值的模型。

该模型采用局部区域内小波系数绝对值的最大值作为区域中心的活性测度,即融合的小波系数取当前像素局部区域小波系数绝对值的最大值中较大的系数,其融合效果与基于局部方差模型融合的结果相似。

⑤ 基于尺度自适应的融合模型。

根据小波变换同时具有时-频局部化特性,使融合的信息能自适应于不同传感器影像的局部信息。在大尺度下,同一子带抑制能量较大者,保护能量较小者;在小尺度下,同一子带保护能量较大者,即保护高频成分,使图像细节得到保护。这种有向竞争融合准则,可以提高融合影像的空间分辨率。

⑥ 基于 Wallis 变换的模型。

融合的小波系数是将影像 A 的小波系数拉伸成具有影像 B 的小波系数的均值和方差的小波系数。该方法既利用了影像 A 的高分辨率特性,又顾及了光谱特性。融合影像在提高空间分辨率的同时,整体上保持了光谱信息。

⑦ 基于最小二乘拟合的模型。

该模型假定影像 B 的小波系数与影像 A 的小波系数为线性关系，采用最小二乘拟合得到影像 B 的小波系数拟合值作为融合的小波系数。该方法利用了影像 A 的高分辨率特性，在最大程度上保持了光谱信息，融合的影像在提高空间分辨率的同时，保持了光谱信息最佳。其结果要比基于 Wallis 变换的融合模型的结果好。因此 Ranchin 这种融合方法称为 ARSIS 概念。ARSIS 来自法语 "Amélioration de la Résolutiuon Spatiale par Injection De Structures"，其含义是增加结构信息提高空间分辨率。

综上所述，选择合适的小波系数融合模型是获取高质量融合影像的关键之一。对高空间分辨率的影像与多光谱影像融合，选择合适的小波系数融合模型的融合方法，可获得空间分辨率增强且保留光谱特性的影像，优于 HIS 变换融合的多光谱影像，所得到的融合影像更适用于研究植被。

2) 分量替换融合法

分量替换融合法是将低空间分辨率多光谱影像进行某种变换，然后由高空间分辨率影像代替与其高度相关的分量，经逆变换获得空间分辨率增强的多光谱影像。

对空间配准的高空间分辨率影像与低分辨率多光谱影像进行融合时，分量替换融合法的基本思想是：把多光谱影像看做由空间和光谱两分量组成，为此首先将多光谱影像进行某种变换，试图分离两分量，得到与高分辨率影像高度相关的空间分量和光谱信息分量；其次，为增强空间信息，用高分辨率影像或高分辨率影像经灰度直方图匹配得到的影像代替多光谱影像变换后的空间分量（称替换分量），而保持光谱信息不变；最后逆变换至原始影像空间，得到融合影像。其目的是经过融合处理在保持原始光谱信息不变的同时，将高空间分辨率影像的空间信息传递到多光谱影像中，获得高分辨率多光谱影像。

下面给出分量替换融合法的数学形式。

设 $X_i(i=1,2,\cdots,n)$ 表示第 i 波段多光谱影像，I_i 表示变换后影像，n 为波段数，则将 X_i 变换成 I_i 可以写成

$$I_i = f(X_1, X_2, \cdots, X_n) \quad (11.1.14)$$

式中：f 是标准正交变换函数，假设 I_1 是与高空间分辨率影像最相关的分量，用高分辨率影像或高分辨率影像经灰度直方图匹配得到的影像 P 替换 I_1，并进行逆变换可得

$$X_i' = f^{-1}(P, I_2, \cdots, I_n) \quad (11.1.15)$$

X_i' 就是采用分量替换融合法得到的高分辨率多光谱影像。其中 f_i^{-1} 是 f_i 的反函数。

显然，要保持原始多光谱信息，即要使 X_i' 与 X_i 非常相似，则要求 P 与 I_1 接近相同或高度相关。P 与 I_1 的相似程度决定了分量替换融合法保持原始多光谱信息的能力。因此一般在分量替换之前，常对 P 进行直方图匹配、局部直方图匹配或灰度拉伸处理等预处理。

由于 I_1 由变换函数决定，不同的变换得到不同的 I_i，因而会产生不同的融合效果。主要包括 HIS 彩色变换融合法、主分量变换 PCA(Principal Component Analysis)融合法和线性回归分量替换融合法等。其中 HIS 彩色变换融合在第 4 章已作了介绍，下面阐述主分量变换融合法。

采用主分量变换对低分辨率多光谱影像与高空间分辨率影像融合时，首先对多光谱影像进行主分量变换。在进行主分量变换前，一般不用多光谱影像间的协方差矩阵而是用相关矩阵求特征值和特征向量，然后求得各主分量。采用相关矩阵求特征值和特征向量的理由是在相关矩阵中各波段的方差都归一化，从而使各波段具有同等的重要性。若采用协方差矩阵求特征值和特征向量，由于各波段影像的方差不同，则会导致各波段重要程度不一致。试验结果表明，对相关矩阵采用主分量变换融合的效果更好。

采用 PCA 融合法对低分辨率多光谱影像与高空间分辨率影像融合的流程如图 11.1.6 所示。

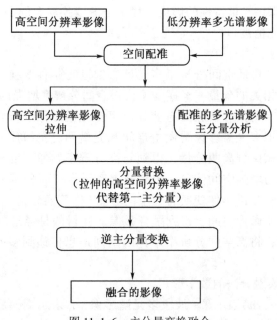

图 11.1.6 主分量变换融合

采用主分量变换融合法融合的影像不仅清晰度和空间分辨率比原多光谱影像提高了，而且在保留原多光谱影像的光谱特征方面优于 HIS 融合法，即光谱特征的扭曲程度小。因而可增强多光谱影像的判读和量测能力。此外，主分量变换法克服了 HIS 变换只能同时对 3 个波段影像融合的局限性，它可以对 2 个或 2 个以上多光谱波段进行融合。因此是一种使用范围较广的融合方法。

采用像素级影像融合技术，融合影像不仅清晰度和空间分辨率增强，而且能提高判读水平、分类精度、多时相监测能力和制作专题图的精度等，因此能广泛用于测绘、土地利用、农业、森林、海岸/冰/雪、地质、洪涝监测和军事等方面。

11.2 道路交通标志检测与识别

道路交通标志检测与识别系统是通过车载摄像头获取视频，进行交通标志检测与识别,提供导航和自动驾驶所需的道路交通信息。下面主要介绍自然场景下道路交通标志的检测与识别方法。

11.2.1 交通标志的基本特征

我国 2009 年颁布的道路交通标志详细分类如表 11.1 所示。表中禁令标志、警告标志和指示标志是主要交通标志。图 11.2.1 列举了这三种常见的一些交通标志。

表 11.1　　　　　　　　　　我国道路交通标志和标线分类

	1. 警告标志
	2. 禁令标志
	3. 指示标志
道路交通标志	4. 指路标志
	5. 旅游区标志
	6. 道路施工安全标志
	7. 辅助标志
	1. 禁止标线
道路交通标线	2. 指示标线
	3. 警告标线

图 11.2.1　常见的交通标志

这三类交通标志主要特点如下:
(1) 每类交通标志都有其特定的颜色;

(2) 各类交通标志都有其特定的形状和尺寸；

(3) 交通标志的安置有统一的规定，一般在车辆行驶方向的右侧或者道路上方悬臂上。

11.2.2 经典的交通标志检测与识别方法

如图 11.2.2 所示为自然场景下经典的交通标志检测与识别系统组成。它包括建立参考标志库、影像预处理、标志检测和标志识别四个模块。下面分别介绍各模块的相关内容。

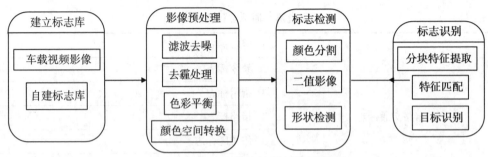

图 11.2.2 交通标志检测与识别系统

1) 建立参考标志库

将各交通标志归一化为相同尺寸，建立道路交通参考标志库。可用于待识别标志的几何纠正、检索与识别。

2) 影像预处理

获取的自然场景下道路交通标志视频会受恶劣天气影响导致图像质量下降，为提高交通标志检测与识别系统性能，有必要对图像进行增强处理。在交通标志检测与识别中常用预处理包括图像复原、色偏校正和中值滤波等。

其中雾霾天气下的图像复原算法通常分为四个步骤，流程如图 11.2.3 所示。

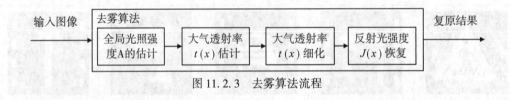

图 11.2.3 去雾算法流程

3) 交通标志检测

交通标志识别的检测是极其关键的一步，它是进行交通标志识别的基础和前提，并且对交通标志识别的精度和实时性有着直接的影响。因此，如何快速准确地进行交通标志的检测，对后续的识别工作至关重要。

传统交通标志的检测方法是将交通标志的颜色特征和形状特征结合进行检测的。图 11.2.4 为基于颜色和形状信息的标志检测流程。

(1) 基于 HSV 颜色空间的颜色分割：

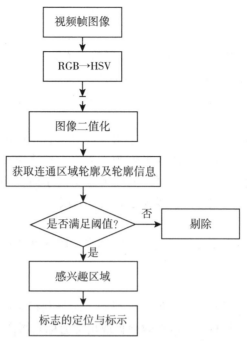

图 11.2.4 基于颜色和形状信息的标志检测

根据交通标志的颜色特征，可以在特定的颜色空间设置阈值，进行阈值分割，从而提取出感兴趣区域。因此自然场景下的交通标志彩色图像先采用 HSV 变换得到 H、S、V，在 H、S、V 颜色空间对交通标志图像进行阈值分割，可获得交通标志图像的初始分割结果。基于 HSV 空间的颜色分割步骤如下：

①按照式(11.2.1)将交通标志图像 R、G、B 三分量值均归一化到 0~1，即

$$\begin{cases} r = R/255 \\ g = G/255 \\ b = B/255 \end{cases} \quad (11.2.1)$$

②按式(11.2.2)~(11.2.4)进行颜色空间转换：

$$V = \max \quad (11.2.2)$$

$$S = \begin{cases} (V - \min)/V, & V \neq 0 \\ 0, & V = 0 \end{cases} \quad (11.2.3)$$

$$H = \begin{cases} 60(g - b)/(V - \min), & V = r \\ 120 + 60(b - r)/(V - \min), & V = g \\ 240 + 60(r - g)/(V - \min), & V = b \end{cases} \quad (11.2.4)$$

其中，$\max = \max(r, g, b)$，$\min = \min(r, g, b)$，当 $H < 0°$ 时，$H = H + 360°$。

③确定分割阈值。

根据交通标志的颜色特征进行交通标志的检测，首先需要分割出交通标志颜色区域，经过多次试验，最终定义 H、S、V 的取值范围。满足上述条件的区域即为交通标志区域。

④图像二值化。

根据各交通标志类别的颜色特点及其取值范围，采用阈值分割法进行二值化。

（2）二值化图像后处理：

交通标志图像分割生成的二值图像是进行形状检测的基础。但是，经过颜色分割的图像一般会存在很多噪声点。这会对交通标志的精确定位造成不同程度的影响。因此，为了消除噪声点的影响，增加交通标志检测的准确性，需要对二值化图像进行数学形态学处理。

①形态学处理。

噪声点往往使目标物体的边界变得不平滑，或者使目标区域不连通。这些噪声都会影响下一步工序。连续的开和闭运算能够在很大程度上解决这些问题。采用形态学方法对颜色分割后的二值图像进行处理，可以消除无意义的小面积物体、孤立点噪声等，并使得目标区域和其他背景区域分开，成为独立的连通域。

②中值滤波。

中值滤波是比较典型的非线性滤波，可以用来消除无意义的孤立点，同时能够保留图像的细节特征。

（3）交通标志形状检测：

交通标志形状主要有圆形、三角形和方形等。对分割得到的二值化图像后处理，通过对图斑进行几何形状的判断，可以有效地提取出交通标志影像兴趣区域 ROI。

形状检测的算法中提取的参数有：轮廓面积 $S_{轮}$、轮廓周长 $C_{轮}$、轮廓最小外接圆面积 $S_{圆}$、轮廓最小外接圆周长 $C_{圆}$、轮廓最小外接矩形面积 $S_{矩}$、轮廓最小外接矩形周长 $C_{矩}$、轮廓宽度 $W_{轮}$、轮廓高度 $H_{轮}$ 和轮廓半径 $R_{轮}$。

表 11.2 为交通标志视频图像检测三角形交通标志和圆形交通标志连通区域轮廓形状的阈值。

表 11.2 标准三角形/圆形性质及形状检测阈值

	三角形性质/特征	圆形性质/特征
标准图形性质	$H_{轮}/W_{轮}=\sqrt{3}/2$，$S_{轮}/S_{圆}=4\pi/3\sqrt{3}$，$S_{轮}/C_{轮}=R_{轮}/4$	$S_{轮}/S_{圆}=1$，$C_{轮}/C_{圆}=1$ $S_{轮}/S_{矩}=\pi/4$，$C_{轮}/C_{矩}=\pi/4$
形状检测阈值	$0.3<S_{轮}/S_{圆}<0.6$ 且 $0.4<S_{轮}/S_{矩}<0.7$ 且 $0.75<C_{轮}/C_{圆}<0.9$	$S_{轮}/S_{圆}>0.7$，$C_{轮}/C_{圆}>0.7$，$0.7<S_{轮}/S_{矩}<0.9$，$0.7<C_{轮}/C_{矩}<0.9$

基于轮廓几何形状的交通标志检测基本步骤如下：

①对分割后的二值影像进行边缘提取操作，整幅影像得到若干个封闭或者不封闭的几何形状。

②遍历所有的几何轮廓，进行凸面检测，去除凹面轮廓及非封闭轮廓。

③提取轮廓周长、最小外接圆轮廓等属性信息，利用阈值方法判断，提取出交通标志的轮廓。至此，完成交通标志的检测。

4）交通标志识别

（1）交通标志校正：

①尺度归一化。

检测到的交通标志区大小各异，因此需对检测到的交通标志进行尺度归一化处理，使之与参考标志库对应标志的大小一致。

②几何纠正。

采用仿射变换对检测到的交通标志区进行几何纠正。

(2)交通标志识别：

①基于分块特征匹配的交通标志识别法。

分块特征匹配法的基本思想是把交通标志图像的内核区域分成不同的小块，然后分别提取这些小块区域的特征，构成特征向量；将检测得到交通标志的分块特征向量和各参考标志分块特征向量匹配，就可以识别出交通标志。该方法实现简单，运算量小，可实现近实时识别。

②基于支持向量机的交通标志分类。

支持向量机是一种采用结构风险最小化为原则的统计学习算法。该方法的基本思想是在样本的输入空间或者特征空间里（n 维特征，$n>2$，通常是高维空间中）构造出一个最优超平面 OSH(Optimal Separating Hyperplane)，使得超平面分开的两类样本之间的距离能够达到最大，从而获得好的泛化能力。选择 SVM 作为交通标志的分类器，主要因为相较于其他的分类器，SVM 具有更快的学习速度和较高的分类精度。另外，其凸面代价函数总能找到一个最优的决策边界，尤其在样本较少的情况下也能有好的分类效果。

如图 11.2.5 为分类算法流程。在几何校正后 ROI 上提取分块特征和 HOG 特征。在此之前要准备大量样本，样本的 ROI 同样要经过交通标志校正处理，保证了待分类目标和模板库标志特征一致，提取样本上的分块特征和 HOG(Histogram of Oriented Gradients, HOG)特征进行 SVM 训练，得到支持向量。最后用训练出的支持向量进行分类。

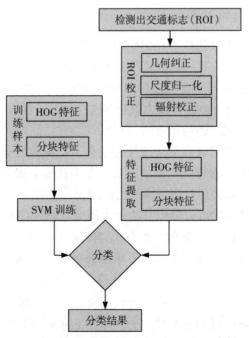

图 11.2.5　交通标志分类流程

其中方向梯度直方图 HOG 是一种特征描述子，2005 年在 CVPR 会议上由法国国家计算机科学及自动控制研究所的 Navneet Dalal 等提出。该方法使用梯度方向直方图特征来表达人体，提取人体外形信息和运动信息，形成丰富的特征集，在行人检测方面取得了巨大的成功。为了使方向梯度直方图兼顾空间分布信息，特征提取过程中分为四个层次：窗口、区块、单元、像素。如图 11.2.6 所示，输入的窗口被划分成为一系列等大的区块，区块与区块之间相互重叠，每个区块由 2×2 或 3×3 个单元组成，每个单元又是由若干个像素构成。

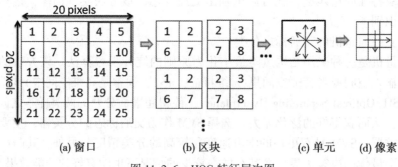

图 11.2.6　HOG 特征层次图

HOG 描述子(特征向量)的生成步骤为：a. 图像归一化；b. 利用一阶微分计算图像梯度；c. 基于梯度幅值的方向权重投影；d. HOG 特征向量归一化；e. 得出 HOG 最终特征向量。

11.2.3　交通标志智能检测与识别方法

交通标志信息提取一般包括检测和识别两个步骤，检测是识别的前提和基础，检测阶段获取样本中交通标志的位置，识别阶段判断标志的具体类别。为此，首先阐述基于深度学习的交通标志智能检测主要方法，具体介绍基于 YOLOv3 的交通标志检测方法；然后介绍基于 TSDNet-40 的交通警告标志识别方法。

1) 基于深度学习的交通标志检测方法

基于深度学习的目标检测取得了突破性的成果，检测方法分为两个主要流派：基于区域的双步方法和不基于区域的单步方法。双步方法首先生成众多候选框，再对每个候选框进行精分类和回归，最终通过删选得到检测结果，主要方法有 R-CNN 系列、结合通道剪枝与 ROI Align 的 PFR-CNN；单步方法是使用全卷积网络直接对每个位置输出分类和回归，不需要生成候选框，主要方法有 SSD、RetinaNet、YOLOv3。

双步目标检测算法是由传统图像识别方法发展而来的，包含候选框生成和候选框分类回归两步。其代表算法为 Faster R-CNN。图 11.2.7 展示了 Faster R-CNN 的网络结构，其主要由四部分组成：①基础网络(Backbone)，用于从图片提取特征，采用基于 ImageNet 预训练的 VGG-16，将其去掉 FC 层进行特征提取；②RPN(Region Proposal Network)网络，用于推荐候选区域，这是 Faster R-CNN 的主要创新。其输入为从图片提取到的特征，输出为多个候选区域；③ROI 池化(Pooling)，RPN 网络提取到的候选区域大小不一，借助 ROI Pooling 将提取的候选区域归一化到相同尺寸，若进行最大池化层(Max Pooling)操作，就从每个区域中选择最大值，并将其放在输出中相应的位置。如果要为多通道图像进行池化操作，则应分别对每个通道进行池化。④分类和回归网络，该网络的输入为候选框特征，输出为该候选框的所属类别和其在图像中的具体位置。

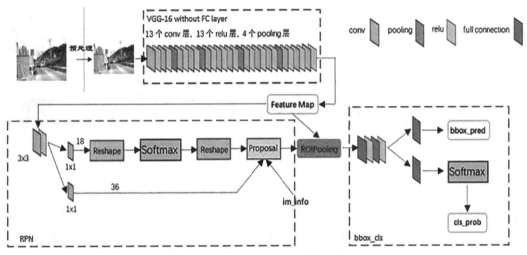

图 11.2.7 Faster R-CNN 网络结构图

2016 年，Joseph Redmon 等发表了有关 YOLOv1 目标检测框架的研究成果，创造性地提出了单步目标检测思路，以其超快的速率引起学术界广泛重视。单步目标检测的主要思路是均匀地在图片的不同位置进行密集抽样，抽样时可以采用不同尺度和长宽比，然后利用 CNN 提取特征后直接进行分类与回归，整个过程只需要一步，所以其速度快。经过这些年的发展，单步目标检测方法在保证速度的基础上精度已有大幅度提升，出现了 SSD、YOLOv3 等优秀的目标检测算法。

最新的 YOLOv3 算法具有结构简洁，易于实现等优点。其网络结构如图 11.2.8 所示，YOLOv3 包含特征提取网络 DarkNet-53、特征金字塔融合和类别位置回归三部分。输入待检测图片后，首先经过 DarkNet-53 进行特征提取，得到尺度分别缩小 8、16、32 的三组特征图；其次采用卷积层调整、上采样接通道合并的方法对三组特征进行融合，得到网络的三组输出；最后在三组输出上计算代价函数，采用 BP 算法迭代进行优化。YOLOv3 中的每组输出在每个位置上都会拟合三个锚点(anchors)，通过对每个位置上的 anchors 进行精修生成预测结果。

(1)特征提取网络 DarkNet-53。

DarkNet-53 借鉴了 ResNet 中跨层连接的思想，进行去池化、通道调整等改进，共包含五阶段的卷积残差块。随着网络的加深，每个阶段特征图尺寸减小为原来的一半。DarkNet-53 的最大特点是去池化层，其特征图尺寸的变化是通过改变卷积层卷积核的步长来实现的，这样可以更充分地利用图像信息。但这要求输入图像的尺寸必须为 32 的整

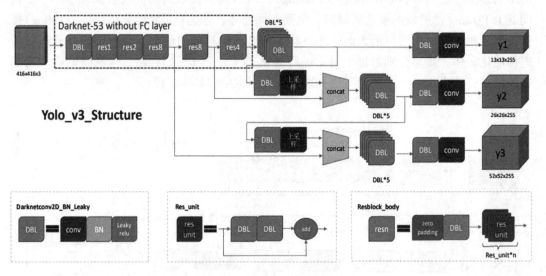

图 11.2.8 YOLOv3 网络结构

数倍。不同于 ResNet 中先用 1×1 卷积降低通道数，经过 3×3 卷积后再提升通道数；DarkNet-53 中交替使用 1×1 和 3×3 卷积，这可使网络计算的每秒浮点数更高，更充分利用 GPU 计算资源。通道减半的 1×1 卷积层在不改变卷积层感受野的前提下，可以增加网络的特征表达能力。

(2) 特征金字塔融合。

为提升小目标检测效果，采用特征金字塔融合。低层特征图中语义信息较少，位置信息丰富；而高层特征图中语义信息丰富，位置信息较少。特征融合通过将不同层次的特征图进行合并，综合利用语义信息和位置信息进行检测。图 11.2.9 展示了目标检测特征融合的发展历程。图 11.2.9(a) 中通过对原图像进行多尺度缩放输入网络进行检测，其计算量大且模型结构复杂；图 11.2.9(b) 中只利用顶层特征进行检测，代表性算法有 Faster R-CNN；图 11.2.9(c) 中直接在特征提取网络进行多阶段预测，代表性算法有 SSD；图 11.2.9(d) 在特征提取网络和预测特征图间加入横向连接，进行特征融合，再分别在多尺度特征图上进行预测。

(3) 损失函数。

损失函数是神经网络的重要组成部分，其定义了网络优化的目标，对模型的表现效果有决定性影响。目标检测中损失函数包含回归和分类两部分，回归部分用于确定待检测目标的位置；分类部分用于确定检测目标的种类。回归损失函数预测 anchor 与对应真值之间的偏差；分类损失函数包含两部分：目标置信度和每类得分预测。

图 11.2.10 为改进的 YOLOv3 检测流程图。在 YOLOv3 的基础上利用 K-means 聚类进行 anchors 超参数设置，同时采用更大尺寸的图像作为输入，进行模型调参后，实现了基于 YOLOv3 的交通警告标志检测。

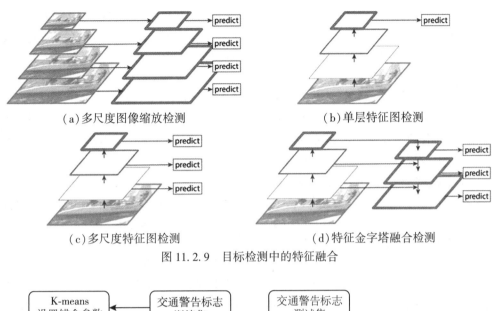

(a) 多尺度图像缩放检测　　(b) 单层特征图检测

(c) 多尺度特征图检测　　(d) 特征金字塔融合检测

图 11.2.9　目标检测中的特征融合

图 11.2.10　改进的 YOLO v3 检测流程图

在 Ubuntu16.04 系统下，采用 TensorFlow 的 Keras 深度学习框架（Keras 是一套高层神经网络 API 库，支持快速模型搭建，具有用户友好、模块性强和易于扩展等优点），采用 Python 语言编程。实验硬件环境：CPU 为英特尔酷睿 i7-7700k，显卡为英伟达 GTX 1060 6G 显存。

表 11.3 列出了改进的 YOLO 和 Faster R-CNN、PFR-CNN 等主流方法在 GTSDB 和 CT-WSDB 数据集上的检测效果。

表 11.3　　各算法在 GTSDB 和 CTWSDB 上的检测精度

算法	输入尺寸	基础网络	CTWSDB	GTSDB	sec/img
Faster R-CNN	1600×900	VGG16	88.5%	89.4%	0.32
PFR-CNN	1280×720	VGG16	83.5%	89.2%	**0.12**
PFR-CNN	1600×900	VGG16	89.7%	89.8%	0.16
改进的 YOLOv3	960×960	DarkNet53	**95.6%**	94.9%	0.17

由表 11.3 可知，在 960×960 的图片输入尺寸下，改进的 YOLOv3 在 GTSDB 和 CTWSDB

上平均精度 mAP 分别为 94.9%和 95.6%。相较于 Faster R-CNN，改进的 YOLOv3 在更小输入尺寸上得到更高的检测精度，且耗时仅为前者的 60%，精度提升最主要的原因为多尺度融合，耗时减少的原因为 Faster R-CNN 将所有候选框进行 ROI Pooling 后进行单独分类和回归，而改进的 YOLO 直接通过卷积进行分类与回归，省略了候选框生成步骤。相较于输入尺寸为 1600×900 的 PFR-CNN 网络，改进的 YOLOv3 在输入图片减小的同时，精度反而分别提升 5.1%和 5.9%，耗时仅有 0.01s 的增加。耗时接近的原因为：PFR-CNN 采用通道剪枝的方法进行加速。比较两种输入尺寸的 PRF-CNN 检测结果可知：增加网络输入图片的分辨率是一种有效提升检测精度的方法，代价则是耗时和计算量的增加。

2) 基于深度学习的交通警告标志识别方法

近年来，图像识别精度被不断刷新，诞生了 AlexNet、VGGNet、Inception 系列、ResNet、DenseNet 等诸多经典的卷积神经网络模型，以及 Xception、ResNeXt 等众多改进方法，这些优秀的模型及其变种得到广泛应用。

交通警告标志识别数据集相较于 Pascal VOC 等其他数据集有两个重要特点：识别图像目标尺寸小，不同标志间区别不明显。当前已出现了 TSNet-9、MCDNN 等交通标志识别模型。TSNet-9 是重复使用 3×3 卷积层和下采样层的浅层模型，在 GTSRB 数据集上获得较高精度，但是当数据中难样本较多时，其精度下降明显。MCDNN 采用多模型融合策略进行识别，但其存在模型精度较低的缺陷。

交通警告标志识别采用 DenseNet 密集连接的思想，设计了 TSDNet-40 网络，表 11.4 为其网络结构，该网络包含三个 Dense Block，不同 Dense Block 由包含下采样层的过渡（Transition）层连接，最后一个 Dense Block 后接全连接层用来预测识别结果。三个 Dense Block 内分别含有 6、12 和 18 个卷积层，转换层由 1×1 的卷积层和步长为 2 的最大池化层组成。除过渡层外，其余卷积操作的卷积核均为 3×3、步长和边缘填充均为 1，这可保证卷积前后特征图尺寸不变。在网络最后一层全连接前加入 DropOut 层，训练阶段以 0.5 的概率忽略部分连接，测试时不忽略部分连接，可防止模型过拟合，提升网络的泛化能力。

表 11.4   TSDNet-40 网络

Layer Name	Kernel_size	Stride	Input_size	Output_size
Conv1	3×3	1	32×32×3	32×32×16
Dense Block1	3×3	1	32×32×16	32×32×52
Transition1	2×2	2	32×32×52	16×16×26
Dense Block2	3×3	1	16×16×26	16×16×98
Transition2	2×2	2	16×16×98	8×8×49
Dense Block3	3×3	1	8×8×49	8×8×193
Transition3	3×3	1	8×8×193	4×4×96
Flatten+FC1	/	/	4×4×96	1000
DropOut	/	/	1000	1000
FC2	/	/	1000	Class_num

多模型融合是指采用同一网络，针对不同方式处理的训练集，训练多个模型。测试时利用多模型进行联合决策。在训练过程中，首先对样本进行随机裁剪、随机旋转、尺度缩放等数据增广，然后对增广后的图像分别进行对比度调整、直方图均衡化和自适应直方图均衡化，利用得到的四组训练集可训练四个识别模型；测试过程中，同样对测试集进行对比度调整、直方图均衡化和自适应直方图均衡化，分别输入不同模型进行识别，得到四组识别得分，对四组得分进行相加，取得分最高的类别作为最终识别结果。

表 11.5 列出了 TSDNet-40 和 TSNet-9、MCDNN 等当前主流方法在 GTSRB 和 CTWSDB 数据集上的识别结果。表中 TSNet-9 和 TSDNet-40 为单模型方法，MCDNN、TSNet-9 融合和 TSDNet-40 融合为多模型融合方法。

表 11.5　　各算法在 GTSDB 和 CTWSDB 上的识别准确率

Method	CTWSRB	GTSRB
TSNet-9	97.99%	**99.18%**
TSDNet-40	**98.37%**	98.65%
MCDNN	92.60%	99.46%
TSNet-9 融合	98.99%	**99.54%**
TSDNet-40 融合	**99.80%**	99.48%

在 GTSRB 公开数据集上，TSDNet-40 单模型模型精度为 98.65%，多模型融合之后的精度为 99.48%，稍低于 TSNet-9，其主要原因是 GTSRB 数据集仅有 43 类交通标志，且其中样本质量都比较高，浅层网络 TSNet-9 即可达到较高的精度，而深层网络则有过拟合的风险。而在 CTWSRB 数据集上，TSDNet-40 单模型精度为 98.37%，多模型融合之后精度达到 99.80%，无论是单模型还是多模型融合，精度均超越了目前最好的 TSNet-9。原因为国内数据集中包含较多的难样本，TSDNet-40 深层网络相较于浅层网络可学习到更多的抽象特征，更适合于复杂场景下的交通警告标志识别。

在国内识别数据集 CTSRB 上，多模型融合的 TSDNet-40 网络得到了 99.80% 的识别精度，领先现有的主流识别模型。

11.3　OCR 文字识别技术

OCR(Optical Character Reader)指的是光学文字读取装置。OCR 装置主要由图像扫描仪和装有用于分析、识别文字图像专用软件的计算机构成。通用的 OCR 是先用图像扫描仪将文本以图像方式输入，计算机对该图像进行版面分析后提取出文字行，最后进行文字识别并把识别结果以文字代码形式输出。OCR 技术在过去仅用于一些专门领域，随着个人计算机性能的提高，现在在市场上已经可以买到低价位的通用 OCR 软件。这些软件通过版面分析技术来实现高精度的文字识别。图 11.3.1 为一般的文字图像处理流程图。本节对通用 OCR 算法进行简要说明。

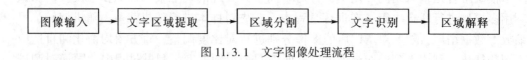

图 11.3.1　文字图像处理流程

11.3.1　版面分析方法

OCR 的功能是先从文本中按行提取出文字序列,接下来再对其进行文字识别处理,最后按照文字的行序输出文字编码。在一般的文本中,除了文字行以外,还有图、表、公式等内容,要求各文字行从这些内容中分离出来。由于在文字行中包含有正文、注音文字、脚注、图表标题、题目、页码等属性不同的文字,所以根据文字的属性可得到正确的文字行。提取包含在文本中的各要素并进行解释的过程称为版面分析。版面分析一般包括:

1. 图像的输入

文字图像一般可由图像扫描仪输入。分辨率可以按输入对象的不同进行调整,其通常范围为 200~400dpi,图像扫描仪都带有二值化功能,可很方便二值化。

2. 文字区域的提取

输入的文本限定在输入图像中的一部分,所以需要去除其周围的非文字部分,限定文字区域。用边界跟踪法和贴标签法将包围黑色像素的矩形区域提取出来,检测输入的文本是否有倾斜。倾斜的检测方法是对于文本图像的某一局部区域,在某一角度方向上将黑色像素进行投影并统计其分布 $h(i)$,则分布起伏的大小可用 $\sum(h(i)-h(i-1))^2$ 或 $h(i)$ 的方差来衡量。按 1 度的间隔在 ±5 度的范围内观测该起伏量,将观察值进行插值处理后求其最大值。据此估计出该最大值对应的方向即为文字序列的正确方向。最后对图像旋转可实现倾斜的校正。将图像按顺时针方向旋转 θ 角度的计算公式如下:

$$\begin{bmatrix} x' \\ y' \end{bmatrix} = \begin{bmatrix} \cos\theta & -\sin\theta \\ \sin\theta & \cos\theta \end{bmatrix} \begin{bmatrix} x \\ y \end{bmatrix} \tag{11.3.1}$$

这里以图像的左上角为原点,x 为横坐标方向,y 为纵坐标方向,$[x,y]^T$ 为旋转前的坐标,$[x',y']^T$ 为旋转后的坐标。

3. 区域分割

区域分割是指将文字图像分割为几个相对独立的部分。文本的构成要素中既有图表、照片这种占有较大面积的部分,也有由文字集合组成的文字行部分。

1) 图表、照片的提取

在文本图像中,先找出包围各连接成分的最小矩形区域,大面积矩形对应的部分是图表或照片区域。将这些大面积区域从图像中消除之后,剩下的便是由文字构成的矩形群。对提取出的大面积矩形进行图、表、照片的判断时,利用矩形内黑色像素所占面积的比率、连续的黑色像素的长度(黑线段)、白色像素的长度(白线段)的直方图等统计判别方法进行区分。

2) 文字行的提取

文字行的提取通常采用合并方式和分割方式。所谓合并方式，是当黑色像素块与块之间的空白部分(白线段长)小于某一指定阈值时，将这些白色像素用黑色像素来替代，将近邻的连接黑色像素块进行合并，由此生成文字行的方式。分割方式是利用格线或空白带求分割点，对文字反复进行二分割的方法。

对于提取出的各文字行，由行的起始位置、结束位置、行幅、行间距等行属性来确定出行属性集合，形成一个行块。由各行块的位置决定各个行的顺序。

另外，为了使文字行的提取更具有一般性，要求它也能处理纵排的文本、横排的文本以及纵横混排的文本。纵排文本旋转90°后，按横排文本处理定出各文字行。

4. 文字区域的分割与文字识别

求得文字行后，需要将其中的每个文字区域一个一个地分割提取出来并对其进行文字识别。通常，文字区域的提取与文字识别分别属于不同的处理，但是由于文字区域的提取处理本身很难判定其结果的正确性，所以通常是利用文字识别的评价值来判断单个文字区域分割的正确性。

5. 区域解释

区域解释是指利用生成的各对象的关系结构和文字识别的结果，对归为同一处理对象赋予属性的过程。例如，文本由标题、作者、所属、正文、图、页码等逻辑要素构成，把文本作为一个整体来看时，需要找出这些逻辑要素与各对象之间的对应关系。该方法的设计思想是：先将逻辑要素的特征作为知识存储起来，再将其与观测到的特性进行匹配比较。如果一个对象区域与多个要素都有关，则需要利用逻辑要素的关系结构来去除其中具有矛盾关系的部分。

11.3.2 文字识别技术

文字识别的思想始于20世纪30年代左右，因为当时还没有计算机，所以无法具体实现，依据的原理就是模板匹配。1970年左右开始，随着计算机的小型化和高性能化的发展，计算机在研究所和大学实验室得到普及，到20世纪80年代，文字识别技术得到了广泛的研究。该期间发表的研究论文在模式识别研究领域中所占的比重很大。欧美等使用罗马字母的国家，文字种类少，对印刷文字的识别显得容易些。汉字是历史悠久的中华民族文化的重要结晶，闪烁着中国人民智慧的光芒。汉字数量众多，仅清朝编纂的《康熙字典》就包含了49 000多个汉字，其数量之大，构思之精，为世界文明史所仅有。由于汉字为非字母化、非拼音化的文字，所以在信息技术及计算机技术日益普及的今天，如何将汉字方便、快速地输入到计算机中已成为关系到计算机技术能否在我国真正普及的关键问题。

由于汉字数量众多，汉字识别问题属于超多类模式集合的分类问题。汉字识别技术可以分为印刷体识别及手写体识别技术。而手写体识别又可以分为联机与脱机两种。这种划分方法可以用图 11.3.2 来表示。

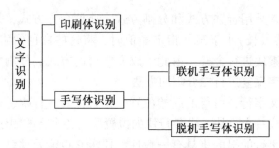

图 11.3.2　文字识别的分类

从识别技术的难度来说，手写体识别的难度高于印刷体识别，而在手写体识别中，脱机手写体的难度又远远超过了联机手写体识别。到目前为止，除了脱机手写体数字的识别已有实际应用外，汉字等文字的脱机手写体识别还处在实验室阶段。联机手写体的输入，是依靠电磁式或压电式等手写输入板来完成的。20 世纪 90 年代以来，联机手写体的识别正逐步走向实用，方兴未艾。中国大陆及台湾地区的科研工作者推出了多个联机手写体汉字识别系统，国外的一些大公司也开始进入这一市场。脱机手写体和联机手写体识别相比，印刷体汉字识别已经实用化，而且在向更高的性能、更完善的用户界面的方向发展。

文字识别系统很多，文字识别的大致步骤包括文字图像的预处理、特征提取和分类。

1. 文字图像的预处理

在版面分析基础上，分割出的单个文字所构成的文字图像为二值图像。需要对其进行尺寸规格化处理和细线化处理等预处理。尺寸规格化处理时，常将一个文字规格化为 32×32～64×64 的图像。细线化处理是为了提取构成文字线的像素特征。所谓的像素特征是指端点、文字线上的点、分支点、交叉点等，可根据像素的连接数来判断。另外，由细线化处理后的图像中也能提取出线段的方向。

2. 文字图像的特征提取

特征提取的目的是从图像中提取出有关文字种类的信息，滤掉不必要的信息。特征提取方法虽然很多，但常用的有网格特征提取、周边特征提取、方向特征提取三种方法。当手写文字作为识别对象时，有关于文字线方向特征、线密度特征等提取方法。另外，还有注重背景而不是文字线的构造集成特征的提取方法。

3. 识别

识别方法是整个系统的核心。识别汉字的方法可以大致分为结构模式识别、统计模式识别及两者的结合。下面分别简介如下：

1) 结构模式识别

汉字是一种特殊的模式，其结构虽然比较复杂，但具有相当严格的规律性。换言之，汉字图形含有丰富的结构信息，可以设法提取结构特征及其组字规律，作为识别汉字的依据，这就是结构模式识别。结构模式识别是早期汉字识别研究的主要方法。其主要出发点是依据汉字的组成结构。从汉字的构成上讲，汉字是由笔画（点、横、竖、撇、捺等）、偏旁部首构成的；还可以认为汉字是由更小的结构基元构成的。由这些结构基元及其相互关系完全可以精确地对汉字加以描述，在理论上是比较恰当的。其主要优点在于对字体变化的适应性强，区分相似字能力强。但抗干扰能力差，因为实际得到的文本图像中存在着各种干扰，如倾斜、扭曲、断裂、粘连、纸张上的污点和对比度差等。这些因素直接影响到结构基元的提取，假如结构基元不能准确地得到，后面的推理过程就成了无源之水。此外，结构模式识别的描述比较复杂，匹配过程的复杂度因而也较高。所以在印刷体汉字识别领域中，纯结构模式识别方法已经逐渐衰落，方法正日益受到挑战。

2) 统计模式识别

统计决策论发展较早，理论也较成熟。其要点是提取待识别模式的一组统计特征，然后按照一定准则所确定的决策函数进行分类判决。常用于文字识别的统计模式识别方法有：

(1) 模板匹配：

模板匹配以字符的图像作为特征，与字典中的模板相比，相似度最高的模板类即为识别结果。这种方法简单易行，可以并行处理。但是一个模板只能识别同样大小、同种字体的字符，对于倾斜、笔画变粗变细均无良好的适应能力。

(2) 特征变换方法：

对字符图像进行二进制变换（如 Walsh，Hardama 变换）或更复杂的变换（如 Karhunen-Loeve，Fourier，Cosine，Slant 变换等），变换后的特征的维数大大降低。但是这些变换不是旋转不变的，因此对于倾斜变形的字符的识别会有较大的偏差。二进制变换的计算虽然简单，但变换后的特征没有明显的物理意义。K-L 变换虽然从最小均方误差角度来说是最佳的，但是运算量太大，难以用于实际。总之，变换特征的运算复杂度较高。

(3) 投影直方图法：

利用字符图像在水平方向及垂直方向的投影作为特征进行文字识别。该方法对倾斜旋转非常敏感，细分能力差。

(4) 几何矩特征：

M. K. Hu 提出利用矩不变量作为特征的想法，引起了研究矩的热潮。研究人员又确定了数十个移不变、比例不变的矩。我们总希望找到稳定可靠的、对各种干扰适应能力很强的特征，在几何矩方面的研究正反映了这一愿望。以上所涉及的几何矩均在线性变换下保持不变。但在实际环境中，很难保证线性变换这一前提条件。

(5) Spline 曲线近似与傅里叶描绘子法：

两种方法都是针对字符图像轮廓的。Spline 曲线近似是在轮廓上找到曲率大的折点，利用 Spline 曲线来近似相邻折点之间的轮廓线。而傅里叶描绘子则是利用傅里叶函数模拟封闭的轮廓线，将傅里叶级数的各个系数作为特征的。前者对于旋转很敏感。后者对于轮廓线不封闭的字符图像不适用，因此很难用于笔画断裂的字符的识别。

(6) 笔画密度特征法：

笔画密度的描述有许多种，这里采用如下定义：字符图像某一特定范围的笔画密度是在该范围内，扫描线沿水平、垂直或对角线方向扫描时的穿透次数。这种特征描述了汉字的各部分笔画的疏密程度，提供了比较完整的信息。在图像质量可以保证的情况下，这种特征相当稳定。在脱机手写体的识别中也经常用到这种特征。但是在字符内部笔画粘连时误差较大。

(7) 外围特征：

汉字的轮廓包含了丰富的特征，即使在字符内部笔画粘连的情况下，轮廓部分的信息也还是比较完整的。这种特征非常适合于作为粗分类的特征。

(8) 基于微结构特征的方法：

这种方法的出发点在于：汉字是由笔画组成的，而笔画是由一定方向、一定位置关系与长宽比的矩形段组成的。这些矩形段则称为微结构。利用微结构及微结构之间的关系组成的特征对汉字进行识别，尤其是对于多体汉字的识别，获得了良好的效果。其不足之处是，在内部笔画粘连时，微结构的提取会遇到困难。

当然还有许多统计特征识别法，诸如图描述法、包含配选法、脱壳透视法、差笔画法等，这里就不一一介绍了。

统计特征的特点是抗干扰性强，匹配与分类的算法简单，易于实现。不足之处在于细分能力较弱，区分相似字的能力差一些。

3) 统计识别与结构识别的结合

结构模式识别与统计模式识别各有优缺点，这两种方法正在逐渐融合。网格化特征就是这种结合的产物。字符图像被均匀地或非均匀地划分为若干区域，称之为"网格"。在每一个网格内寻找各种特征，如笔画点与背景点的比例，交叉点、笔画端点的个数，细化后的笔画的长度、网格部分的笔画密度等。特征的统计以网格为单位，即使个别点的统计有误差也不会造成大的影响，增强了特征的抗干扰性。这种方法正得到日益广泛的应用。

4) 人工神经网络

在英文字母与数字的识别等类别数目较少的分类问题中，常常将字符的图像点阵直接作为神经网络的输入。不同于传统的模式识别方法，在这种情况下，神经网络所"提取"的特征并无明显的物理含义，而是储存在神经物理中各个神经元的连接之中，省去了由人来决定特征提取的方法与实现过程。从这个意义上来说，人工神经网络提供了一种"字符自动识别"的可能性。此外，人工神经网络分类器是一种非线性的分类器，它可以提供我们很难想象到的复杂的类间分界面，这也为复杂分类问题的解决提供了一种可能的解决方式。

目前，对于像汉字识别这样超多类的分类问题，人工神经网络的规模会很大，结构也很复杂，还远未达到实用的程度。其中的原因很多，主要的原因在于对人脑的工作方式以及人工神经网络本身的许多问题还没有找到完美的答案。

下面以识别数字 0~9 为例，给出一种具体的识别方法。识别过程包括数字端点数提取、数字编码、识别三个阶段。

(1)数字"端点数"的计算：

像素为端点的条件是在其 8 邻域中白色像素的个数只有一个。计算数字满足端点条件的像素个数即为该数字的端点数。端点数为 0 的数字包括 0、8；端点数为 1 的数字包括 6、9；端点数为 2 的数字包括 1、2、3、4、5 和 7。

(2)数字的编码：

数字的编码采用方向链码表示方法。数字编码的起始点为从上向下扫描时最先遇到的端点。对于没有端点的数字(0、8)，以最上面的像素作为起始点。编码后的数字在后续的识别阶段，用来与事先准备好的局部模式进行匹配。

(3)识别：

将经过编码的数字与事先存储好的局部模式进行匹配，就可确定出该编码数字对应的数字。

11.4 运动图像分析

我们感知的场景是三维的，而且常随时间变化，即动态场景。前面介绍的单幅静态图像(单色或彩色)处理与分析技术，用于动态场景运动特性估计、目标识别、跟踪、监测等是不够的。需要以不同时间、不同波谱、不同位置、不同空间分辨率、不同传感器来获取多时相、多光谱、多角度、多空间分辨率、多传感器图像，综合地分析这些多幅图像，以获取场景目标更丰富、更精确的信息。

图像序列分析经常指的是分析用一个传感器或传感器组采集的一组随时间变化的图像。目的是从图像序列中检测出运动信息，估计三维运动和结构参数，识别和跟踪运动目标等。根据采集序列图像传感器的数目多少，图像序列分析可分为单目、双目和多目图像序列分析。根据摄像机和场景是否运动将序列图像分析划分为三种模式：摄像机静止—物体运动、摄像机运动—物体静止和摄像机运动—物体运动。每一种模式需要不同的分析方法和算法。摄像机静止—场景运动是一类非常重要的动态场景分析，包括运动目标检测、目标运动特性估计等，主要用于预警、监视、目标跟踪等场合。摄像机运动—物体静止是另一类非常重要的动态场景分析，包括基于运动的场景分析与理解、三维运动分析等，主要用于移动机器人视觉导航、目标自动锁定与识别、三维场景分析等。在动态场景分析中，摄像机运动—物体运动是最一般的情况，也是最难的问题，目前对该问题研究的还很少。

常常把时间间隔比较短的序列图像叫做运动图像。运动图像分析包括运动特性检测、运动矢量分析、目标形变或三维形状识别、运动目标跟踪等。

对许多应用来说，检测图像序列中相邻两帧图像的差异是非常重要的步骤。检测图像序列相邻两帧之间变化的最简单方法是直接比较两帧图像对应像素点的灰度值，帧 $f(x, y, j)$ 与帧 $f(x, y, k)$ 之间的变化可用一个二值差分图像 $DP_{jk}f(x, y)$ 表示。

$$DP_{jk}f(x, y) = \begin{cases} 1, & \text{如果 } |f(x, y, j) - f(x, y, k)| > T \\ 0, & \text{其他} \end{cases} \quad (11.4.1)$$

式中：T 是阈值。

在差分图像中，取值为 1 的像素点被认为是物体运动或光照变化的结果，这里假设帧与帧之间已配准，图 11.4.1 和图 11.4.2 给出了两种图像变化情况，一种是由于光照变化造成的图像变化，另一种是由于物体的运动产生的图像变化。需要指出，阈值在这里起着非常重要的作用，对于缓慢运动的物体和缓慢光强变化引起的图像变化，在一个给定的阈值下可能检测不到。

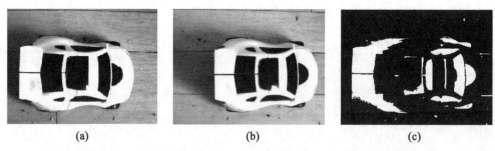

图 11.4.1　(a)和(b)是取自一个运动玩具车场景图像序列的两帧图像，
(c)是它们的差分图像($T=62$)

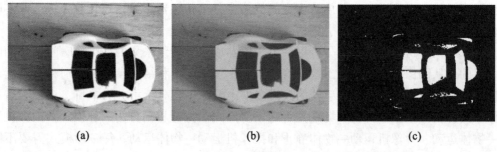

图 11.4.2　(a)和(b)是取自光照变化的图像序列的两帧图像，
(c)是它们的差分图像($T=54$)

运动图像分析最根本的是从多帧图像寻找对应同一目标的匹配方法，可以使用上面最简单的图像差分法，一直到求出图形结构之间的匹配这样较复杂的方法。场景中任何可察觉的运动都会体现在场景图像序列的变化上，动态场景分析的许多技术都是基于对图像序列变化的检测。检测图像变化可以在不同的层次上进行，如像素、边缘或区域。在检测这种变化后，就可以分析其运动特性。

一旦检测出目标运动信息或估计出三维运动和结构参数，可以通过目标的形状、运动等属性，根据目标模型的先验知识，识别出目标，确定并预测目标当前与未来的位置，亦即解决了目标识别与跟踪问题。图像运动估计是动态场景分析的基础，现在已经成为计算机视觉新的研究热点。感兴趣的读者可以查阅有关文献。

习题

1. 什么是多源遥感影像融合？关键技术包括哪些方面？
2. 交通标志的经典检测与识别方法与深度学习检测与识别方法，有何区别与联系？

第 12 章　数学形态学

数学形态学的数学基础是集合论。数学形态学基于探测的思想,利用一个称作结构元素的"探针"收集图像信息,当探针在图像中不断移动时,便可以考察图像各个部分之间的相互关系,从而了解图像的结构特征。作为探针的结构元素,可直接携带知识(形态、大小、灰度和色度信息)来探测研究图像的结构特点。数学形态学能简化图像数据,保持它们基本的形状特性,并除去不相干的结构。因此可用于图像增强、特征提取、图像分割等。数学形态学的基本运算有四个:膨胀、腐蚀、开运算与闭运算。基于这些基本运算可推导和组合成各种数学形态学实用算法。下面分别介绍二值图像、灰度图像数学形态学的基本运算、性质及相关实用算法。

12.1　二值图像数学形态学

12.1.1　膨胀与腐蚀

二值形态学中以集合作为运算对象。设集合 A 为图像集合,集合 B 为结构元素集合,数学形态学运算即是用集合 B 对集合 A 进行运算。对每个结构元素可以指定一个原点,它是结构元素参与形态学运算的参考点。原点既可以包含在结构元素中,也可以在结构元素之外,但运算的结果有时会因为原点的选择不同而不同。腐蚀和膨胀是数学形态学运算中的两个最基本的运算。

1. 膨胀

膨胀是使目标区域范围"变大",将与目标区域接触的背景点合并到该目标物中,使目标边界向外部扩张。可以用来填补目标区域中某些空洞以及消除包含在目标区域中的小颗粒噪声。膨胀的表达式为:

$$A \oplus B = \{x, y \mid (B)_{xy} \cap A \neq \varnothing\} \tag{12.1.1}$$

上式表示用结构元素 B 膨胀 A。将结构元素 B 的原点移动到图像像元 (x, y) 位置,如果 B 在图像像元的 (x, y) 处与 A 的交集不为空,则输出的对应像元 (x, y) 赋值为 1,否则为 0。二值图像膨胀运算过程如图 12.1.1 所示。

2. 腐蚀

腐蚀是使目标区域范围缩小,使其边界收缩。可以用来消除小且无意义的目标物。腐蚀的表达式为:

$$A \ominus B = \{x, y \mid (B)_{xy} \subseteq A\} \tag{12.1.2}$$

上式表示用结构元素 B 腐蚀 A。将结构元素 B 的原点移动到图像像元 (x, y) 位置，如果 B 在 (x, y) 处完全被包含在图像 A 的对应区域（即 B 中为 1 的元素位置上对应的 A 图像值全部为 1），则将输出图像对应的像元 (x, y) 赋值为 1，否则赋值为 0。二值图像腐蚀运算过程如图 12.1.2 所示。

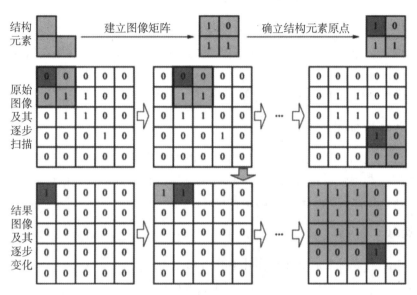

图 12.1.1 二值图像膨胀运算过程

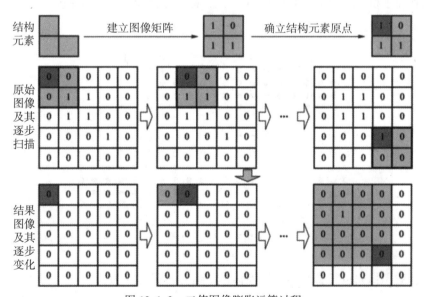

图 12.1.2 二值图像膨胀运算过程

3. 膨胀和腐蚀运算的性质

腐蚀和膨胀运算具有以下性质：

(1) 交换律：$A \oplus B = B \oplus A$；

(2) 结合律：$A \oplus (B \oplus C) = (A \oplus B) \oplus C$，$A \ominus (B \ominus C) = (A \ominus B) \ominus C$；

(3) 标量分配律：$t(A \oplus B) = tA \oplus tB$，$t$ 为常数。

(4) 对偶性：$(A \ominus B)^c = A^c \oplus \hat{B}$，$(A \oplus B)^c = A^c \ominus \hat{B}$

其中，A^c 表示图像 A 的补，即二值图像里的求反；$\hat{B}$ 是 B 相对其原点的反射，$\hat{B}(x, y) = B(-x, -y)$。

(5) 平移不变性：$(A + x) \oplus / \ominus B = (A \oplus / \ominus B) + x$

12.1.2 开运算与闭运算

在腐蚀和膨胀两种基本运算的基础上，可以构造出形态学运算族，它由腐蚀和膨胀两个运算的复合和集合运算(并、交、补等)组成的所有运算构成。在运算族中，开运算和闭运算是形态学运算族中最重要的组合运算。

1. 开运算与闭运算

对图像先进行腐蚀然后膨胀称作开运算，表达式为：

$$A \circ B = (A \ominus B) \oplus B \tag{12.1.3}$$

二值图像开运算示意图如图 12.1.3 所示。可见，二值图像开运算能够去除孤立的小点，毛刺和小桥(联通两块区域的小点)，而总的位置和形状保持不变。

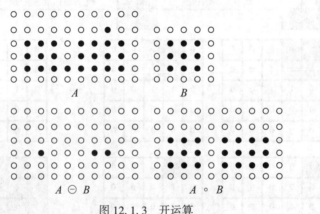

图 12.1.3 开运算

反之，对图像先进行膨胀然后腐蚀称作闭运算，表达式为：

$$A \cdot B = (A \oplus B) \ominus B \tag{12.1.4}$$

二值图像闭运算示意图如图 12.1.4 所示。可见，闭运算能消除小孔，弥合小裂缝，而总的位置和形状保持不变。

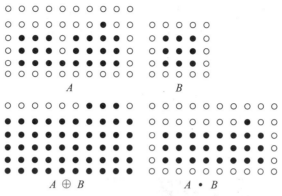

图 12.1.4 闭运算示意图

2. 开运算与闭运算的性质

(1) 开运算和闭运算具有对偶性,即

$$(A^c \circ B)^c = A \cdot B;$$
$$(A^c \cdot B)^c = A \circ B;$$

其中,A^c 表示图像 A 的补。

(2) 递增性:

若 $A_1 \subseteq A_2$,则 $A_1 \circ B \subseteq A_2 \circ B$,$A_1 \cdot B \subseteq A_2 \cdot B$

(3) 延伸性:开运算是非延伸的,$A \circ B$ 是 A 的子集;闭运算是延伸的,A 是 $A \cdot B$ 的子集,即

$$A \circ B \subseteq A \subseteq A \cdot B$$

(4) 幂等性:在对一个图像 A 使用结构元素进行开运算(或闭运算)后,若再与同一个结构元素进行开运算(或闭运算)所得结果不变,即

$$A \circ B \circ B = A \circ B;$$
$$A \cdot B \cdot B = A \cdot B;$$

12.1.3 击中击不中变换

在图像分析中,同时探测图像的内部和外部对于研究图像中的物体和背景之间的关系具有很好的效果。一个图像的结构一般可以通过其内部各成分之间的关系来确定。为了研究图像的结构,可以逐步利用各种结构元素对其进行检验,指定哪些成分包括在图像内,哪些在图像外,最终确定图像的结构。

击中击不中变换在一次运算中可以同时捕获到内外标记,其定义如下:

设 X 为目标图像,B 为结构元素,且 B 由两个不相交的部分 $B1$ 和 $B2$ 组成,即 $B = B1 \cup B2$,且 $B1 \cap B2 = \varnothing$。则目标图像 X 被结构元素 B 击中的数学表达式为

$$X \otimes B = \{x \mid (B_1)_1 \subseteq X, (B_2)_2 \subseteq X^c\} \tag{12.1.5}$$

其中,$\otimes$ 表示击中击不中变换的运算符。

击中击不中变换的含义是在目标图像 X 被结构元素 B 击中的输出结果中,每点 x 必

须同时满足两个条件：B_1 被 x 平移后包含在 X 内，B_2 被 x 平移后不包含在 X 内。可见，击中击不中变换相当于一种严格的模板匹配。它不仅指出被匹配点所满足的性质，即模板的形状，同时也指出这些点所不满足的性质，即对周围背景的要求。可见，击中击不中变换的另一种表达形式为：

$$X \otimes B = (X \ominus B_1) \cap (X^c \ominus B_2) \tag{12.1.6}$$

其实现过程如图 12.1.5 所示。

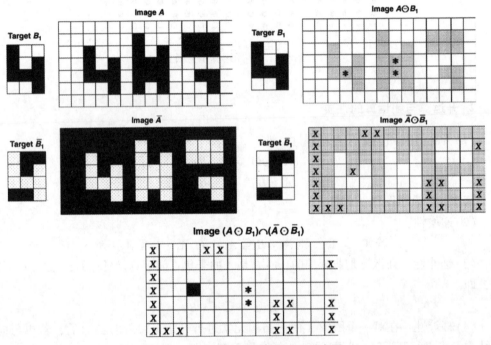

图 12.1.5　击中击不中变换过程示意图

12.1.4　二值形态学实用算法

目前，数学形态学已经成为图像处理理论的一个重要方面，在医学成像、计算机视觉、地质地理学以及遥感技术等领域得到广泛应用。在这些领域中，通过对二值形态学的基本运算的不同组合，能够实现去噪、边缘提取、区域填充等一系列功能。

1. 去噪

选择合适的结构元素，将开运算和闭运算结合起来即可构成形态学去噪功能，如图 12.1.6 所示。

2. 边缘提取

设集合 A 的边界记为 $\beta(A)$，B 是一个合适的结构元素，则令 A 被 B 腐蚀，然后求集合 A 和它的腐蚀的差就是提取边缘。

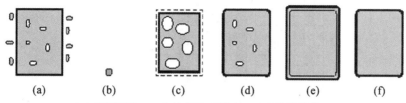

(a)目标图像 A，内外部均有噪声；(b)结构元素 B；
(c)用 B 对 A 进行腐蚀；(d)用 B 对(c)进行膨胀；
(e)用 B 对(d)进行膨胀；(f)用 B 对(e)进行腐蚀

图 12.1.6　形态学噪声滤除器示意图

$$\beta(A) = A - (A \ominus B) \tag{12.1.7}$$

边缘提取过程示意图如图 12.1.7 所示。

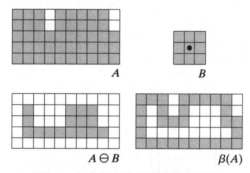

图 12.1.7　形态学边缘提取示意图

3. 区域填充

利用形态学进行区域填充的方法如下：

$$X_k = (X_{k-1} \oplus B) \cap A^c \quad k = 1, 2, 3, \cdots \tag{12.1.8}$$

其中，X_0 是区域填充的起始点，B 为用来填充的结构元素，A^c 是 A 的补集。上述过程不断迭代，直到 X_k 与 X_{k-1} 相等为止。最终的填充结果是 X_k 与原始影像 A 的并集。其过程示意图如图 12.1.8 所示。

4. 连通成分的提取

从原始二值图像 A 中搜索某个连通成分 Y，并将其所有像元置为 1 的处理过程称作连通成分提取。单个连通成分提取方法如下：

$$X_k = (X_{k-1} \oplus B) \cap A \quad k = 1, 2, 3, \cdots \tag{12.1.9}$$

其中，X_0 是方法如下量提取的起始点，B 为用来填充的结构元素，上述过程不断迭代，直到 X_k 与 X_{k-1} 相等为止。其过程示意如图 12.1.9 所示。

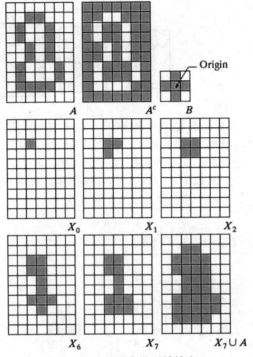

图 12.1.8 形态学区域填充

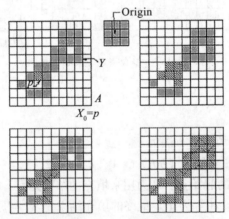

图 12.1.9 连通成分提取

5. 细化

细化是指将图像中的曲线型物体变成一个像素宽的线型图。细化运算不能将单一目标分成多个区域，不能去除终端的点使目标变短。在实际运算中通常使用一系列相互之间存在对应关系的结构元素组，借助击中击不中变换实现细化。

常用的八方向对称结构元素组如图 12.1.10 所示。

利用八方向对称结构元素组对图像 A 进行细化的过程如图 12.1.11 所示。

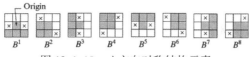

图 12.1.10　八方向对称结构元素

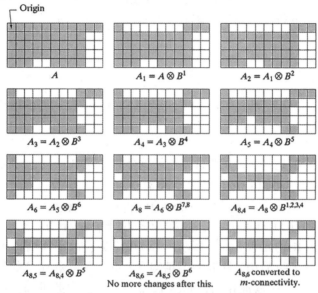

图 12.1.11　利用八方向对称结构元素组细化过程示意图

6. 粗化

粗化是细化的对偶运算。对 A 进行粗化，首先要求 A 的补集 A^c，再对 A^c 进行细化，再对细化后的结果求补集，最后去除孤立的端点得到粗化结果，如图 12.1.12 所示。

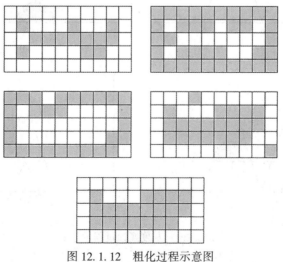

图 12.1.12　粗化过程示意图

12.2 灰度形态学分析

假定 $f(x, y)$ 为一幅灰度图像，$b(s, t)$ 为一对称、平坦、原点位于中心的结构元，类似于二值图像形态学分析的结构元，用来检查给定图像中特定特性的"探测器"。下面介绍灰度图像形态学分析中的腐蚀、膨胀、开运算、闭运算概念、性质及其相关组合运算的应用。

12.2.1 腐蚀

用结构元素 $b(s, t)$ 对输入图像 $f(x, y)$ 在 (x, y) 进行灰度腐蚀用 $f \ominus b(x, y)$ 表示，则有

$$(f \ominus b)(x, y) = \min\{f(s + x, t + y)\} \quad (s, t) \in b \quad (12.2.1)$$

该表达式的意义就是腐蚀结果为选择与 b 重合的区域中 (x, y) 的最小值。

对于一维函数 $f(x)$ 用 $b(s)$ 进行腐蚀，则有：

$$(f \ominus b)(小) = \min\{f(s + x)\} \quad s \in b \quad (12.2.2)$$

若对于所有 x 都有 $b(x) \leq f(x)$，则称 $b(x)$ 位于 $f(x)$ 下方。对于一维函数 $f(x)$ 用 $b(s)$ 进行腐蚀，由于结构元素 $b(x)$ 必须在 $f(x)$ 的下方，故平移结构元素的定义域必为 $f(x)$ 定义域的子集。$(f \ominus b)(s)$ 就是 由与结构元 b 重合区域中 $f(x)$ 的最小值。结构元素从 $b(x)$ 的下方对 $f(x)$ 产生滤波作用，如图 12.2.1 所示。由此可知，灰度图像腐蚀产生的图像比原图像暗，且亮特征变小，暗特征变大。

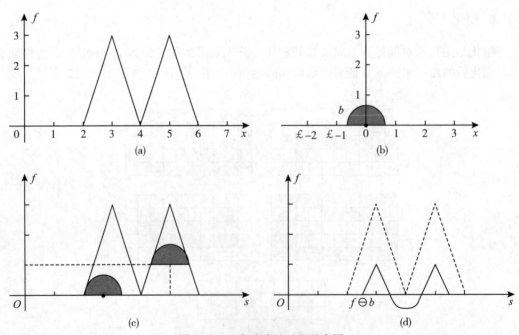

图 12.2.1 灰度腐蚀过程示意图

12.2.2 膨胀

用结构元素 b 在 (x, y) 对图像 $f(x, y)$ 的膨胀,定以为 $\hat{b}(x, y)$ 与 $f(x, y)$ 重合区域中的最大值。即

$$(f \oplus b)(x, y) = \max\{f(s-x, t-y)\} \quad (s, t) \in \hat{b} \tag{12.2.3}$$

其中 $\hat{b}(x, y) = b(-x, -y)$。

类似的,一维函数的膨胀为:

$$(f \oplus b)(x) = \min\{f(s-x)\} \quad s \in \hat{b} \tag{12.2.4}$$

如图 12.2.2 所示,灰度图像膨胀产生的图像比原图像亮,且亮特征变大,暗特征变小。

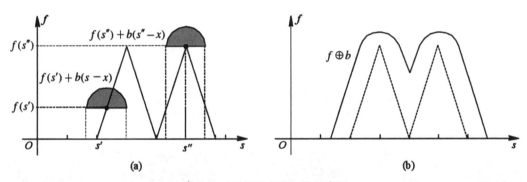

图 12.2.2 灰度膨胀过程示意图

12.2.3 开运算和闭运算

灰度形态学的开运算和闭运算的定义与二值形态学中是一致的。用结构元素 b 对灰度图像 f 做开运算,记为 $f \circ b$,其定义为:

$$f \circ b = (f \ominus b) \oplus b \tag{12.2.5}$$

用结构元素 b 对灰度图像 f 做闭运算,记为 $f \cdot b$,其定义为:

$$f \cdot b = (f \oplus b) \ominus b \tag{12.2.6}$$

开运算和闭运算的运算过程如图 12.2.3 所示。

可见,在开运算过程中,所有比球体直径窄的波峰在幅度和尖锐上都减少了,因此开运算可以去除相对于结构元素较小的明亮细节,保持图像整体的灰度级和较大的明亮区域不变。而闭运算则增加了所有比球体直径窄的波谷的幅度和尖锐度,因此闭运算可以除去图像中暗细节部分,保持图像整体的灰度级和较大的暗区域不受影响。具体示例如图 12.2.4 所示。

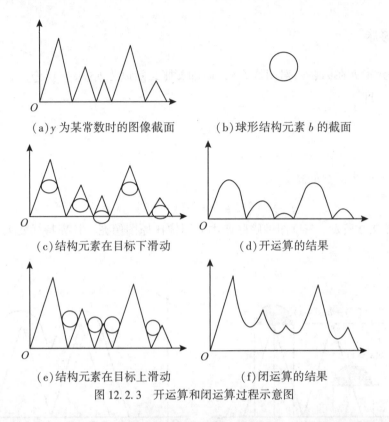

(a) y 为某常数时的图像截面　　(b) 球形结构元素 b 的截面

(c) 结构元素在目标下滑动　　(d) 开运算的结果

(e) 结构元素在目标上滑动　　(f) 闭运算的结果

图 12.2.3　开运算和闭运算过程示意图

(a) 原图像 　　　　(b) 开运算后结果 　　　　(c) 闭运算后结果

图 12.2.4　开运算和闭运算效果示例

12.2.4　基本运算性质

1. 对偶性

与二值开运算和闭运算相同，灰度开运算和闭运算同样具有对偶性，即

$$(A \cdot B)^c = A^c \circ \hat{B};$$

$$(A \circ B)^c = A^c \cdot \hat{B};$$

2. 延伸性

开运算是非延伸的，$A \circ B$ 是 A 的子集；闭运算是延伸的，A 是 $A \cdot B$ 的子集，即
$$A \circ B \subseteq A \subseteq A \cdot B$$

3. 递增性

若 $A_1 \subseteq A_2$，则 $A_1 \circ S \subseteq A_2 \circ S$，$A_1 \cdot S \subseteq A_2 \cdot S$

4. 幂等性

在对一个图像 A 使用结构元素进行开运算(或闭运算)后，若再与同一个结构元素进行开运算(或闭运算)所得结果不变，即
$$A \circ B \circ B = A \circ B;$$
$$A \cdot B \cdot B = A \cdot B;$$

12.2.5 灰度形态学实用算法

1. 形态学梯度

利用扁平结构元素 g 对 f 做腐蚀和膨胀运算即可得到 f 的局部极大值和极小值，并由此可以得到图像的形态学梯度。形态学梯度的定义为：
$$\text{GRAD}(f) = (f \oplus g) - (f \ominus g); \tag{12.2.7}$$
灰度形态学梯度通常应用于灰度图像的边界提取，示例如图 12.2.5 所示。

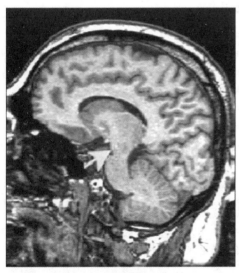
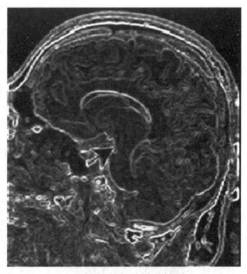

(a) 原图像　　　　　　　　　　(b) 灰度形态学梯度结果

图 12.2.5　灰度形态学梯度效果示例

2. 形态学平滑

从 12.2.3 小节可知,开运算能够抑制比结构元素小的亮细节,而闭运算则能抑制暗细节,而在实际的图像处理过程中,仅仅采用其中的一种运算滤波效果往往并不好。而对图像进行先开运算后闭运算(或先闭运算后开运算)则能够实现图像的平滑,记作:

$$g = (f \circ b) \cdot b \text{ 或 } g = (f \cdot b) \circ b \tag{12.2.8}$$

其中,f 为原始图像,b 为结构元素,其效果示例如图 12.2.6 所示。

(a)原图像　　　　　　　(b)灰度形态学平滑(先开运算后闭运算)

图 12.2.6　灰度形态学平滑

要注意的是,虽然先开运算后闭运算和先闭运算后开运算都能够达到平滑的结果,但二者的结果并不相等。

3. 粒度测定

统计相同形状不同大小的粒子位置和数量的过程叫做粒度测定。其步骤如下:
(1)对影像进行形态平滑;
(2)使用逐渐增大的结构元素进行开运算;
(3)不同尺度结构元素的开运算结果求差分;
(4)差分曲线有较大尖峰的地方就是提取的相应大小的粒子。
其具体示例如图 12.2.7 所示。

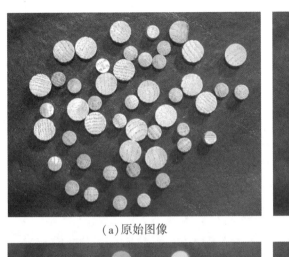
(a) 原始图像

(b) 结构元素大小为 3 开运算结果

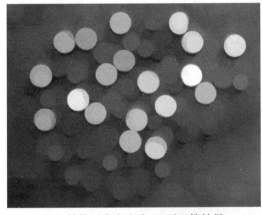
(c) 结构元素大小为 19 开运算结果

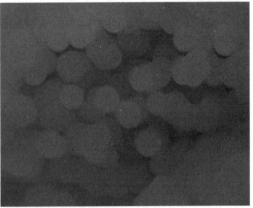
(d) 结构元素大小为 30 开运算结果

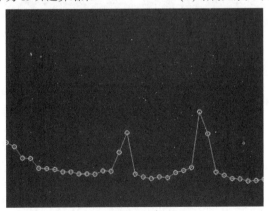
(e) 差分曲线图

图 12.2.7　粒度测定

可见，在差分折线图中有两个明显的波峰，则说明在原始图像中存在两种大小的粒子，且粒子的大小即为峰值点对应结构元素的大小。

习题

1. 什么是数学形态学？它有哪些应用？
2. 形态学滤波有什么特点？
3. 设计一个图像形态学梯度锐化算法。

附录

英汉专业术语对照

A

Algebraic approach restoration	代数法复原
Algebraic operation	代数运算
Artificial neural network	人工神经网络
Autocorrelation	自相关

B

Back-propagation neural network	前向反馈神经网络
Binary image	二值图像
Bit reduction	比特压缩
Block circulating matrix	分块循环矩阵
Blur	模糊
Border	边框
Boundary chain code	边界链码
Boundary pixel	边界像素
Boundary tracking	边界跟踪
Brightness	亮度
Butterworth lowpass filtering	巴特沃思低通滤波

C

Chain code	链码
Change detection	变化检测
Class	类
Cluster	聚类，集群
Cluster analysis	聚类分析
Coherent noise	相干噪声
Concave	凹的
Connected	连通的
Connectivity	连通性

Constrained filtering restoration	约束滤波复原
Constrained restoration	约束复原
Contour encoding	轮廓编码
Contrast	对比度
Contrast stretch	对比度扩展
Convex	凸的
Convolution	卷积
Convolution kernel	卷积核
Cosine transform	余弦变换
Covariance matrix	协方差矩阵
Cross-correlation	互相关
Cumulative distribution function	累积分布函数

D

Decision rule	决策规则
Degradation model restoration	退化模型复原
Digital image	数字图像
Digital image processing	数字图像处理
Digitization	数字化
Dilation	膨胀
Distance measure	距离测度
DPCM	差分脉冲编码调制

E

Edge	边缘
Edge detection	边缘检测
Edge enhancement	边缘增强
Edge image	边缘图像
Edge linking	边缘连接
Edge operator	边缘算子
Edge pixel	边缘像素
Enhance	增强
Entropy	熵
Erase	腐蚀
Euler	欧拉
Euler number	欧拉数
Exponential filter	指数滤波器
Exponential lowpass filtering	指数低通滤波

F

False contouring	假轮廓
Fast Fourier transformation (FFT)	快速傅里叶变换
Feature	特征
Feature extraction	特征检测
Feature matching	特征匹配
Feature selection	特征选择
Feature space	特征空间
Fourier descriptor	傅里叶描绘子
Fourier transform	傅里叶变换
Fourier transform pair	傅里叶变换对
Fractal	分形
Frequency domain	频率域

G

Gaussian noise	高斯噪声
Geometric correction	几何校正
Gradient	梯度
Grammar	语法
Gray level	灰度级
Gray scale	灰度
Gray-scale transformation	灰度变换

H

Hadamard transform	哈达玛变换
Hadamard transform encoding	哈达玛变换编码
Hadamard transform matrix	哈达玛变换矩阵
Highpass filtering	高通滤波
Histogram	直方图
Histogram equalization	直方图均衡化
Histogram specification	直方图规定化
Histogram threshold	直方图门限化
Hole	孔
Homomorphic filtering	同态滤波

I

Ideal lowpass filtering	理想低通滤波

Image	图像
Image acquisition	图像获取
Image algebra	图像代数
Image analysis	图像分析
Image averaging	图像平均
Image compression	图像压缩
Image display	图像显示
Image encoding	图像编码
Image enhancement	图像增强
Image fidelity	图像保真
Image-matching	图像匹配
Image model	图像模型
Image processing operation	图像处理运算
Image quality	图像质量
Image reconstruction	图像重构
Image registration	图像配准
Image representation	图像表示
Image restoration	图像复原
Image segmentation	图像分割
Image sharpening	图像尖锐化
Image smoothing	图像平滑
Image storage	图像存储
Image transforms	图像变换
Imaging model	成像模型
Information preserving encoding	信息保持编码
Interactive restoration	会话复原
Interpolation	插值
Inverse filter restoration	反向滤波复原

J

JPEG	联合图像专家组

K

Karhunen-Loeve transform	K-L 变换
Kenerl	核

L

Laplacian	拉普拉斯

Least-squares filter restoration	最小二乘滤波复原
Line detection	线检测
Local operation	局部运算
Local property	局部特性
Lossless image compression	无失真图像压缩
Lossy image compression	有失真图像压缩
Low-pass filtering	低通滤波

M

Markov random field	马尔可夫随机场
Marr operators	马尔算子
Measurement space	度量空间
Misclassification	误分类
Moment	矩
Morphology	形态学
Multi-spectral Image	多光谱图像

N

Neighborhood	邻域
Neighborhood operation	邻域运算
Noise	噪声
Noise reduction	噪声抑制
Non-uniform quantization	非均匀量化

O

Object	目标
One-dimensional Fourier transform	一维傅里叶变换
Optical image	光学图像
Optimal threshold	最佳门限
Ordered Hadamard transform	有序哈达玛变换

P

Pattern	模式
Pattern class	模式类
Pattern classification	模式分类
Pattern recognition	模式识别
Picture element	图像元素
Pixel	像素

Point-dependent segmentation	点分割
Point operation	点运算
Point spread function	点扩展函数
Predictive coding	预测编码
Principal components	主分量
Probability density function	概率密度函数
Pseudo-color	伪彩色
Pseudo-color transformations	伪彩色变换
Pseudo-color slicing	伪彩色密度分层

Q

Quadtrees	四叉树
Quantitative image analysis	定量图像分析
Quantization	量化

R

Reconstruction	重建
Region clustering	区域聚合
Region-dependent segmentation	区域分割
Region description	区域描绘
Region growing	区域生长
Region merging	区域合并
Region splitting	区域分割
Ringing	振铃
Roberts gradient	罗伯特梯度

S

Sampling	取样,抽样
Sampling interval	取样间隔
Sampling theory	取样定理
Scotopic vision	暗视觉
Sequency	列率
Shape	形状
Skeleton	骨架
Smoothing	平滑
Spatial coordinates	空间坐标
Spatial domain	空间域
Spatial invariance	空间不变

Splitting and merging	分裂与合并
Statistical pattern recognition	统计模式识别
Structural pattern recognition	结构模式识别
Syntactic pattern recognition	句法模式识别
System	系统

T

Template matching	模板匹配
Texture	纹理
Thinning	细化
Tree grammar	树文法
Threshold	阈值
Threshold gradient	阈值梯度
Transfer function	传递函数
Transform coding	变换编码
Trapezoidal low-pass filtering	梯形低通滤波
Two-dimensional Fourier transform	二维傅里叶变换

U

Unconstrained restoration	非约束复原
Uniform quantization	均匀量化
Uniform sampling	均匀取样

V

Visible spectrum	可见光谱
Vertex	顶点

W

Walsh transform	沃尔什变换
Walsh-Hadamard transform	沃尔什-哈达玛变换
Wavelet	小波
Wiener filter restoration	维纳滤波复原
Window	窗口

参 考 文 献

[1] Kenneth R Castle. Digital Image Processing. Prentice Hall, 1995.
[2] Image Processing[M]. Fourth Edition, John Wiley & Sons, Inc. 2006.
[3] 荆仁杰,等. 计算机图像处理[M]. 杭州:浙江大学出版社,1990.
[4] 章毓晋. 图像工程[M]. 第三版. 北京:清华大学出版社,2013.
[5] 徐建华. 图像处理与分析[M]. 北京:科学出版社,1992.
[6] 赵荣椿,等. 数字图像处理导论[M]. 西安:西北工业大学出版社,1995.
[7] R. C. 冈萨雷斯,R. E. 伍兹. 数字图像处理[M]. 阮秋琦,阮宇智,译. 北京:电子工业出版社,2020.
[8] 王润生. 图像理解[M]. 长沙:国防科技大学出版社,1995.
[9] 容观澳. 计算机图像处理[M]. 北京:清华大学出版社,2000.
[10] 王积分,张新荣. 计算机图像识别[M]. 北京:中国铁道出版社,1988.
[11] 万发贯,柳健,文灏. 遥感图像数字处理[M]. 武汉:华中理工大学出版社,1991.
[12] 张远鹏,董海,周文灵. 计算机图像处理技术基础[M]. 北京:北京大学出版社,1996.
[13] 崔屹. 图像处理与分析——数学形态学[M]. 北京:科学出版社,2000.
[14] 蔡元龙. 模式识别[M]. 西安:西安电子科技大学出版社,1985.
[15] 田春秀行等,著. 赫荣威,万军,金国培,等译. 计算机图像处理[M]. 北京:北京师范大学出版社,1988.
[16] 夏德深,傅德胜. 现代图像处理技术与应用[M]. 南京:东南大学出版社,1997.
[17] 沈清,汤霖. 模式识别导论[M]. 长沙:国防科技大学出版社,1991.
[18] 张大鹏. 模式识别与图像处理并行计算机系统设计[M]. 哈尔滨:哈尔滨工业大学出版社,1998.
[19] 戴昌达,姜小光,唐伶俐. 遥感图像应用处理与分析[M]. 北京:清华大学出版社,2004.
[20] 贾永红. 多源遥感影像数据融合技术[M]. 北京:测绘出版社,2005.
[21] 刘明忠,贾永红. 基于Inception结构的手写汉字档案文本识别方法[J]. 武汉大学学报(信息科学版),2022,47(04):632-638.
[22] 贾永红,胡志雄,周明婷,等. 自然场景下三角形交通标志的检测与识别[J]. 应用科学学报,2014,32(4):423-426.
[23] 张谦,贾永红,吴晓良,胡忠文. 一种带几何约束的大幅面遥感影像自动快速配准方法[J]. 武汉大学学报(信息科学版),2014,39(01):17-21+31.